"十四五"普通高等学校规划教材

Access 数据库技术及应用

主　编　张志辉　余志兵　廖建平

副主编　李红斌　田萍芳　梅雪飞　刘　星

中国铁道出版社有限公司
CHINA RAILWAY PUBLISHING HOUSE CO., LTD.

内 容 简 介

本书在介绍数据库基本理论基础上，以实例带动教学，详细介绍了数据库的基本概念、Access 2010 关系数据库管理系统的主要功能和使用方法、数据库及表的基本操作、数据查询、窗体、报表、宏、模块和 VBA 以及数据库应用系统开发实例等内容。书中给出了大量的范例和提示，每章配有习题，并配有辅助实验教材，既可以帮助教师合理安排教学内容，又可以帮助学习者举一反三，快速掌握所学知识。

本书适合作为普通高等学校非计算机专业数据库课程的教材，也可作为全国计算机等级考试二级 Access 数据库程序设计的培训教材，以及其他人员学习 Access 数据库程序设计的参考用书。

图书在版编目（CIP）数据

Access 数据库技术及应用/张志辉, 余志兵, 廖建平

主编. —北京:中国铁道出版社有限公司,2021.4（2024.1 重印）

"十四五"普通高等学校规划教材

ISBN 978-7-113-27690-4

Ⅰ. ①A… Ⅱ. ①张… ②余… ③廖… Ⅲ. ①关系数据库

系统-高等学校-教材 Ⅳ. ①TP311.138

中国版本图书馆 CIP 数据核字(2020)第 273189 号

书　　名：Access 数据库技术及应用

作　　者：张志辉　余志兵　廖建平

策　　划：徐海英　　　　　　　　　　　编辑部电话：（010）63551006

责任编辑：祁　云　李学敏

封面设计：刘　颖

责任校对：孙　玫

责任印制：樊启鹏

出版发行：中国铁道出版社有限公司（100054，北京市西城区右安门西街 8 号）

网　　址：http://www.tdpress.com/51eds/

印　　刷：三河市宏盛印务有限公司

版　　次：2021 年 4 月第 1 版　2024 年 1 月第 3 次印刷

开　　本：850 mm×1168 mm　1/16　印张：15.75　字数：411 千

书　　号：ISBN 978-7-113-27690-4

定　　价：46.00 元

前 言

当代信息社会的发展，对大学生信息素养与能力的培养提出了新的要求。所谓信息素养与能力，国际 21 世纪教育委员会的报告认为是"吸收、处理、创造信息和组织利用、规划资源"的能力和素质。也就是说，要求信息社会中的每一名大学生，都能够在浩瀚的信息海洋中进行有效检索，发现有用的信息，并通过适当的分析处理，使获取的信息在自己的学习、工作和生活中发挥作用。

数据库技术是现代数据管理技术的核心，也是计算机科学技术的热点研发领域之一。它研究如何组织和存储数据，如何高效地获取和处理数据。因此，能够利用数据库工具对数据进行基本的管理、分析、加工和利用，对于大学生是非常必要的。

Microsoft Office Access 是由微软发布的关系数据库管理系统。它结合了 Microsoft Jet Database Engine 和图形用户界面两项特点，是 Microsoft Office 系列应用软件的一个重要组成部分。Access 能够存取 Access/Jet、Microsoft SQL Server、Oracle 和任何 ODBC 兼容数据库内的资料。熟练的软件设计师和资料分析师利用它来开发应用软件，而普通用户也能使用它来开发简单的应用软件。本书基于 Access 2010 版本进行讲解。

本书以教育部的《全国计算机等级考试二级 Access 数据库程序设计考试大纲》为依据，从实用性和先进性出发，以通俗易懂的语言、示例化的方法，深入浅出地讲解了 Access 数据库的各项功能及应用。通过一个完整的数据库应用实例，直观系统地介绍了数据库基础知识和应用开发技术。

全书共分 8 章：第 1 章介绍了数据库基础理论、关系数据库系统的基本概念；第 2 章介绍了数据库的基本操作及表的创建及操作；第 3 章介绍了查询的创建和使用；第 4 章介绍了窗体、控件、主/子窗体和切换面板的设计与应用；第 5 章介绍了报表的设计、排序与分组、计算技巧和预览打印等；第 6 章介绍了宏的创建、操作及运行；第 7 章介绍了模块与 VBA 编程基础；第 8 章以商品销售管理系统为例介绍了数据库应用系统设计开发技术及流程。

本书由张志辉、余志兵、廖建平任主编，李红斌、田萍芳、梅雪飞、刘星任副主编。其中，第 1、3 章由张志辉编写，第 2、5、6 章由余志兵编写，第 4 章由李红斌编写，第 7、8 章由廖建平编写。

由于时间仓促，编者水平有限，书中难免存在一些不妥及疏漏之处，敬请同行及广大读者批评指正，编者不胜感激。

编 者
2020 年 8 月

目 录

第1章

数据库基础

数据库技术是计算机科学的一个重要分支。数据库管理系统作为数据管理最有效的手段之一，广泛应用于各行各业，成为存储、使用、处理信息资源的主要手段，是任何一个行业信息化运作的基石。本章介绍了数据库管理系统、数据库系统、数据模型、关系数据库及其基本运算等知识。

1.1 数据库管理系统

信息在现代社会中起着越来越重要的作用，信息资源已成为社会发展的重要基础和财富，信息资源的开发和利用水平也成为衡量一个国家综合国力的重要标志。随着计算机技术的发展，计算机的主要应用已从科学计算逐渐转变为事务处理。据统计，目前全世界 80% 以上的计算机主要从事事务处理。在进行事务处理时，并不需要进行复杂的科学计算，而主要从事大量数据的存储、查找、统计等工作。为了有效地使用保存在计算机系统中的大量数据，必须采用一整套严密合理的数据处理方法，即数据管理。数据管理是指对数据的收集、整理、组织、存储、查询、维护、传送和使用等工作，数据库技术就是作为数据管理中的一门技术而发展起来的。

数据库技术所研究的问题就是如何科学地组织和存储数据，如何高效地获取和处理数据。而今，各种数据库系统不仅已成为办公自动化系统（OAS）、管理信息系统（MIS）和决策支持系统（DSS）的核心，并且正与计算机网络技术紧密地结合起来，成为电子商务、电子政务及其他各种现代化信息处理系统的核心，得到了越来越广泛的应用。

1.1.1 信息、数据和数据库

信息是客观世界在人们头脑中的反映，是客观事物的表征，是可以传播和加以利用的一种知识。数据（data）则是信息的载体，是对客观存在实体的一种记载和描述。

数据是存储在某种媒体上能够识别的物理符号。数据的概念包括两个方面：其一是描述事物特征的数据内容；其二是存储在某种媒体上的数据形式。在我们的日常生活中，数据无所不在，数字、文字、图形、图像、动画、影像、声音等都是数据，人们通过数据来认识世界、交流信息。也就是说，对信息的记载和描述产生了数据；反之，对众多相关的数据加以分析和处理又将产生新的信息。

尽管信息与数据两个术语严格地讲是有区别的，但在很多场合下，不严谨地区分它们也不致引发误解。因此，使用中很多时候都不严格区分这两个术语。

数据库（database，DB）是指数据存放的地方，它保存的是某个企业、组织或部门的有关数据。

比如一个学校可以将全部学生的情况存入数据库进行管理。在数据库系统尚未开发以前，人们往往采用表格、卡片或档案进行人事管理、图书管理以及各种档案资料的管理。数据库的作用就在于把这些数据有组织地存储到计算机中，减少数据的冗余，使人们能快速方便地对数据进行查询、修改，并按照一定的格式输出，从而达到管理和使用这些数据的目的。因此，对数据库可以进行如下定义：数据库是以一定的数据模型组织和存储的、能为多个用户共享的、独立于应用程序的、相互关联的数据集合。

数据库有如下几个特点：

① 数据的共享性，数据库中的数据能为多个用户服务。

② 数据的独立性，用户的应用程序与数据的逻辑组织和物理存储方式无关。

③ 数据的完整性，数据库中的数据在操作和维护过程中可以保证正确无误。

④ 数据的简洁性，数据库中的冗余数据少，尽可能避免数据的重复。

1.1.2 数据管理技术的发展

数据处理是计算机应用的一个主要领域，其面临着如何管理大量复杂数据，即计算机数据管理的技术问题，它是伴随着计算机软、硬件技术与数据管理手段的不断发展而发展的。计算机数据管理技术主要经历了三个阶段。

1．人工管理阶段

人工管理阶段在 20 世纪 50 年代中期以前，那时计算机刚诞生不久，主要用于科学与工程计算。从当时的硬件看，外存储器只有卡片、纸带、磁带，没有像磁盘一样可以随机访问、直接存取的外部存储设备；从软件看，没有操作系统以及专门管理数据的软件；从数据看，处理的数据量小，由用户直接管理，数据之间缺乏逻辑组织，数据依赖于特定的应用程序，缺乏独立性，如图 1-1 所示。

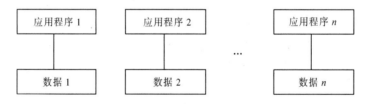

图 1-1　人工管理阶段

这一时期计算机数据管理的主要特点如下：

① 数据不保存，应用程序在执行时输入数据，程序结束时输出结果，随着计算过程的完成，数据与程序所占用的空间也被释放，这样，一个应用程序中的数据无法被其他程序重复使用，不能实现数据共享。

② 数据与程序不可分割，没有专门的软件进行数据管理，数据的存储结构、存取方法和输入/输出方式完全由程序设计人员自行完成。

③ 数据冗余，各程序所用的数据彼此独立，数据之间没有联系，因此程序与程序之间存在大量的重复数据，称为数据冗余。

2．文件管理阶段

文件管理阶段约为 20 世纪 50 年代后期至 60 年代中后期，由于计算机软、硬件技术的发展，可直接存取的磁盘成为主要外存, 出现了操作系统和各种高级程序设计语言, 操作系统中有了文件管理系统专门负责数据和文件的管理, 计算机的应用领域也扩大到了数据处理。

操作系统中的文件系统把计算机中的数据组织成相互独立的数据文件, 系统可以按照文件的名称对文件中的记录进行存取, 并可以实现对文件的修改、插入和删除。文件系统实现了记录内的结构化, 即给出了记录内各种数据间的关系。但是, 从整体来看文件却是无结构的, 如图1-2所示。

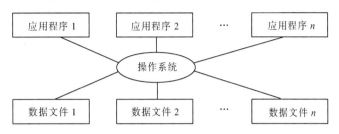

图 1-2　文件系统中应用程序与数据的关系

文件系统时期的主要优点如下:

① 程序和数据分开存储, 数据以文件的形式长期保存在外存储器上, 程序和数据有了一定的独立性。

② 通过文件名访问数据文件, 数据文件的存取由操作系统通过文件名来实现, 程序员可以集中精力在数据处理的算法上, 而不必关心记录在存储器上的地址以及在内、外存之间交换数据的具体过程。

③ 数据共享, 一个应用程序可以使用多个数据文件, 而一个数据文件也可以被多个应用程序所使用, 实现了数据的共享。

但是, 文件系统中的数据文件是为了满足特定业务领域, 或某部门的专门需要而设计的, 服务于某一特定应用程序, 数据和程序相互依赖。同一数据项可能重复出现在多个文件中, 导致数据冗余度大。这不仅浪费存储空间, 增加更新开销, 更严重的是由于不能统一修改, 容易造成数据的不一致性。

文件系统存在的问题阻碍了数据管理技术的发展, 不能满足日益增长的信息需求, 这正是数据库技术产生的原动力, 也是数据库系统产生的背景。

3．数据库管理阶段

数据库管理阶段始于20世纪60年代后期, 计算机软、硬件技术的快速发展, 促进了计算机管理技术的发展, 先是将数据有组织、有结构地存放在计算机内形成数据库, 然后有了对数据进行统一管理和控制的软件系统, 即数据库管理系统, 如图1-3所示。

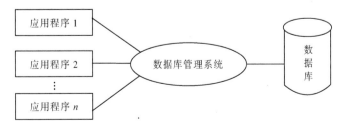

图 1-3　数据库系统中应用程序与数据的关系

这一时期计算机数据管理的主要特点如下:

① 以数据库的形式保存数据。在建立数据库时，以全局的观点组织数据库中的数据，这样，可以最大限度地减少数据的冗余。

② 数据和程序之间彼此独立。数据具有较高的独立性，数据不再面向某个特定的应用程序，而是面向整个系统，从而实现了数据的共享，数据成为多个用户或程序共享的资源，并且避免了数据的不一致性。

③ 按一定的数据模型组织数据。在数据库中，数据按一定的数据模型进行组织。这样，数据库系统不仅可以表示事物内部数据项之间的关系，也可以表示事物与事物之间的联系，从而反映出现实世界事物之间的联系。

④ 使用数据库管理系统。由数据库管理系统对数据资源进行统一的、集中的管理，使数据具有相当好的易维护性和易扩充性，极大地提高了程序运行和数据利用的效率。数据库技术效用凸现。

1.1.3 数据库管理系统

数据库的建立、使用和维护都是通过特定的数据库语言进行的。正如使用高级语言需要解释/编译程序的支持一样，使用数据库语言也需要一个特定的支持软件，这就是"数据库管理系统"（database management system，DBMS）。数据库管理系统是位于用户与操作系统之间的一层数据管理软件，它建立在操作系统的基础上，对数据库进行统一的管理。用户利用数据库管理系统提供的一整套命令，可以对数据进行各种操作，从而实现用户的数据处理要求。通常，数据库管理系统应该具有下列功能：

① 数据定义功能。数据库管理系统能向用户提供"数据定义语言"（data definition language，DDL），用户通过它可以方便地对数据库中的数据对象进行定义，如建立或删除数据库、基本表和视图等。

② 数据操作功能。对数据进行检索和查询，是数据库的主要应用。为此，数据库管理系统向用户提供"数据操纵语言"（data manipulation language，DML），支持用户对数据库中的数据进行查询、更新（包括增加、删除、修改）等操作。

③ 控制和管理功能。除 DDL 和 DML 两类语句外，数据库管理系统还具有必要的控制和管理功能，其中包括：在多用户使用时对数据进行的"并发控制"；对用户权限实施监督的"安全性检查"，数据的备份、恢复和转储功能；对数据库运行情况的监控和报告等。通常，数据库系统的规模越大，这类功能也越强，所以大型机数据库管理系统的管理功能一般比 PC 数据库管理系统更强。

④ 数据字典。数据库管理系统通常提供数据字典功能，以便对数据库中数据的各种描述进行集中管理。数据字典中存放了系统中所有数据的定义和设置信息，如字段的属性、字段间的规则和记录间的规则、数据表间的联系等。用户可以利用数据字典功能，为数据表的字段设置默认值、创建表之间的永久关系等。

总之，数据库管理系统是用户和数据库之间的交互界面，在各种计算机软件中，数据库管理系统软件占有极为重要的位置。用户只需通过它就能实现对数据库的各种操作与管理。在其控制之下，用户在对数据库进行操作时可以不必关心数据的具体存储位置、存入方式以及命令代码执行的细节等问题，就能完成对各种相关数据的处理任务，而且可以保证这些数据的安全性、可靠性与一致性。

目前，有许多数据库管理系统产品，它们以自己特有的功能，在数据库市场上占有一席之地。下面简要介绍几种常用的数据库管理系统。

1．Microsoft Access

作为 Microsoft Office 组件之一的 Microsoft Access 是在 Windows 环境下非常流行的桌面型数据库管理系统。使用 Microsoft Access 无须编写任何代码，只需通过直观的可视化操作就可以完成大部分数据管理任务。

在 Microsoft Access 数据库中，包括许多组成数据库的基本要素。这些要素是存储信息的表、显示人机交互界面的窗体、有效检索数据的查询、信息输出载体的报表、提高应用效率的宏、功能强大的模块工具等。Access 不仅可以与 Word、Excel 等办公软件进行数据交换和共享，并且通过对象链接与嵌入技术可在数据库中嵌入和链接声音、图像等多媒体数据，还可以通过 ODBC 与其他数据库相连，作为后台数据库提供给其他开发工具（如 PowerBuilder、Visual Basic、Delphi），实现数据交换和共享。

2．Visual FoxPro

Visual FoxPro 是 Microsoft 公司从 dBase、FoxBase、FoxPro for DOS 演化过来的一个相对简单的数据库管理系统。它的主要特点是自带编程工具，即在 Visual FoxPro 中可以编写应用程序，这是迄今为止仍然有许多用户的原因之一。

3．Microsoft SQL Server

Microsoft SQL Server 是一种典型的关系型数据库管理系统，可以在许多操作系统上运行，使用 Transact-SQL 语句完成数据操作。由于 Microsoft SQL Server 是开放式的系统，其他系统可以与它进行完好的交互操作。其主要特点是：只能在 Windows 平台上运行，SQL Server 因为与 Windows 紧密集成，所以许多性能依赖于 Windows；SQL Server 简单易学，操作简便，且具有很高的性价比和最高的市场占有率，但在高端企业级功能上尚存在不足。

4．Oracle

Oracle 公司是全球最大的数据库软件公司。Oracle 是一个最早商品化的关系型数据库管理系统，也是应用广泛、功能强大的数据库管理系统。Oracle 作为一个通用的数据库管理系统，不仅具有完整的数据管理功能，还是一个分布式数据库系统，支持各种分布式功能，特别是支持 Internet 应用。作为一个应用开发环境，Oracle 提供了一套界面友好、功能齐全的数据库开发工具。Oracle 可用于快速开发使用 Java 和 XML 的互联网应用和 Web 服务，支持任何语言、任何操作系统、任何开发风格、开发生命周期的任何阶段，以及所有最新的互联网标准，其功能和稳定性都达到了一个新的水平。Oracle 主要用于高端企业级。

5．DB2

DB2 是 IBM 公司研制的关系型数据库管理系统，它能在所有主流的操作系统平台上运行，如 UNIX、Linux、Windows、OS/400、VM/VSE 等。DB2 具有与 Oracle 相同级别的高安全性，并行性能佳、操作比较简单。DB2 最适于海量数据，它在企业的应用最为广泛，在全球 500 家最大的企业中，85%以上的企业使用 DB2 数据库服务器。

1.2　数据库系统

数据库系统（database system，DBS）是指在计算机系统中引入数据库技术后的系统，狭义地讲，是由数据库、数据库管理系统构成；广义而言，是由计算机系统、数据库管理系统、数据库管理员、应用程序、维护人员和用户组成。

1.2.1　数据库系统的组成

人们利用数据库可以实现有组织地、动态地存储大量的相关数据，并提供数据处理和共享的便利手段，为用户提供数据访问和所需的数据查询服务。一个数据库系统通常由 5 部分组成，包括计算机硬件、数据库集合、数据库管理系统、相关软件和人员。

① 计算机硬件。任何一个计算机系统都需要有存储器、处理器和输入/输出设备等硬件平台，一个数据库系统更需要有足够容量的内存与外存来存储大量的数据，同时需要有足够快的处理器来处理这些数据，以便快速响应用户的数据处理和数据检索请求。对于网络数据库系统，还需要有网络通信设备的支持。

② 数据库集合。数据库是指存储在计算机外部存储器上的结构化的相关数据集合。数据库不仅包含数据本身，而且还包括数据间的联系。数据库中的数据通常可被多个用户或多个应用程序所共享。在一个数据库系统中，常常可以根据实际应用的需要创建多个数据库。

③ 数据库管理系统。数据库管理系统是用来对数据库进行集中统一管理、帮助用户创建、维护和使用数据库的软件系统。数据库管理系统是整个数据库系统的核心。

④ 相关软件。除了数据库管理系统软件之外，一个数据库系统还必须有其他软件的支持。这些软件包括：操作系统、与数据库接口的高级语言及其编译系统、应用软件开发工具等。对于大型的多用户数据库系统和网络数据库系统，则还需要多用户系统软件和网络系统软件的支持。

⑤ 人员。数据库系统的人员包括数据库管理员和用户。在大型的数据库系统中，需要有专门的数据库管理员来负责系统的日常管理和维护工作。数据库系统的用户则可以根据应用程序的不同，分为专业用户和最终用户。

在数据库系统中，各层次之间的相互关系如图 1-4 所示。

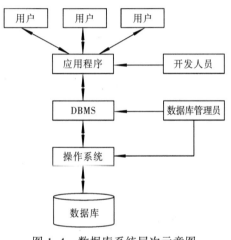

图 1-4　数据库系统层次示意图

1.2.2　数据库系统的特点

数据库系统的主要特点包括：数据结构化、数据共享、数据的冗余度、数据独立性以及统一的数据控制。

1．数据结构化

数据库中的数据是以一定的逻辑结构存放的，这种结构是由数据库管理系统所支持的数据模型决定的。数据库系统不仅可以表示事物内部各数据项之间的联系，而且还可以表示事物和事物之间的联系。只有按一定结构组织和存放的数据，才便于对它们实现有效的管理。实现整体数据的结构化，是数据库的主要特征之一，也是数据库系统与文件系统的本质区别。

2．数据共享

数据共享是数据库系统最重要的特点。数据库中的数据能够被多个用户、多个应用程序所共享。此外，由于数据库中的数据被集中管理、统一组织，因而避免了不必要的数据冗余。与此同时，还带来了数据应用的灵活性。

3．数据的冗余度

在文件系统中，数据不能共享，当不同的应用程序所需要使用的数据有许多相同时，也必须建立各自的文件，这就造成了数据的重复，浪费了大量的存储空间，这也使得数据的修改变得困难，因为同一个数据会存储于多个文件之中，修改时稍有疏漏，就会造成数据的不一致。而数据库具有最低的冗余度，尽量减少系统中不必要的重复数据，在有限的存储空间内存放更多的数据，也提高了数据的正确性。

4．数据独立性

在数据库系统中，数据与程序基本上是相互独立的，其相互依赖的程度已大大减小。对数据结构的修改将不会对程序产生影响或者没有大的影响。反过来，对程序的修改也不会对数据产生影响或者没有大的影响。

5．统一的数据控制

数据库系统必须提供必要的数据安全保护措施。进行统一的数据控制，主要包括安全性控制、完整性控制、并发操作控制、故障发现和恢复控制。

① 安全性控制。数据库系统提供了安全措施，使得只有合法的用户才能进行其权限范围内的操作，以防止非法操作造成数据的破坏或泄密。

② 完整性控制。数据的完整性包括数据的正确性、有效性和相容性。数据库系统提供了必要的手段来保证数据库中的数据在处理过程中始终符合其事先规定的完整性要求。

③ 并发操作控制。对数据的共享将不可避免地出现对数据的并发操作，即多个用户或多个应用程序同时使用同一个数据库、同一个数据表或同一条记录。不加控制的并发操作将导致相互干扰而出现错误的结果，并使数据的完整性遭到破坏，因此必须对并发操作进行控制和协调。通常采用数据锁定的方法来处理并发操作，如当某个用户访问并修改数据时，先将该数据锁定，只有当这个用户完成对此数据的写操作之后才消除锁定，才允许其他的用户访问此数据。

④ 故障发现和恢复控制。在数据库系统运行时，由于用户操作失误和硬件及软件的故障，可能使数据库遭到局部性或全局性损坏，但系统能进行应急性处理，把数据库恢复到正确状态。

一般而言，数据库关注的是数据，数据库管理系统强调的是系统软件，数据库系统则侧重的是数据库的整个运行系统。

1.2.3　数据库的体系结构

为了实现和保持数据库在数据管理中的优势，特别是实现数据的独立性，应对数据库的结构进行有效设计。现有的大多数数据库管理系统在总体上都保持了三级模式的结构特征，这种三级结构的组织形式称为数据库的体系结构或数据抽象的三个级别。

1．三级数据视图

数据抽象的三个级别又称三级数据视图，即外部视图、全局视图和存储视图。它们是不同层次用户从不同角度所看到的数据组织形式。

① 外部视图。第一层的数据组织形式是面向应用的，是应用程序员开发应用程序时所使用的数据组织形式，是人们所看到的数据的逻辑结构，是用户数据视图，并称为外部视图。外部视图可以有多个。这一层的最大特点是以各类用户的需求为出发点，构造出满足其需求的最佳逻辑结构。

② 全局视图。第二层的数据组织形式是面向全局应用的，是全局数据的组织形式，是数据库管

理人员所看到的全体数据的逻辑组织形式，并称为全局视图。全局视图仅有一个。这一层的特点是构造出对全局应用最佳的逻辑结构形式。

③ 存储视图。第三层的数据组织形式是面向存储的，是按照物理存储最优的策略所组织的形式，是系统维护人员所看到的数据结构，并称为存储视图。存储视图仅有一个。这一层的特点是构造出物理存储最佳的结构形式。

外部视图是全局视图的逻辑子集，全局视图是外部视图的逻辑汇总和综合，存储视图是全局视图的具体实现。三级视图之间的联系由二级映射实现。其中，外部视图和全局视图之间的映射称为逻辑映射，全局视图和存储视图之间的映射称为物理映射。

2. 三级模式结构

三级视图是用图、表等形式描述的，具有简单、直观的优点。但是，这种形式目前还不能被计算机直接识别。为了在计算机系统中实现数据的三级组织形式，必须用计算机可以识别的语言对其进行描述。DBMS 提供了这种数据描述语言 DDL（data description language，数据定义语言），并称用 DDL 精确定义数据视图的程序为模式。与三级视图对应的是三级模式，即：

① 外模式。定义外部视图的模式称为外模式，又称子模式。外模式是数据的局部逻辑结构描述，也是数据库用户看到和使用的数据视图。一个子模式可以由多个用户共享，而一个用户只能使用一个子模式。

② 模式。模式又称逻辑模式或概念模式。它是数据库中全体数据的全局逻辑结构和特征的描述。其中，逻辑结构的描述包括记录的类型（组成记录的数据项名、类型、取值范围等），记录之间的联系，数据的完整性、安全保密要求等。

③ 内模式。内模式又称存储模式，也称物理模式。它是数据在数据库的内部表示。存储结构的描述包括记录值的存储方式和索引的组织方式等。

数据库的三级模式的结构如图 1-5 所示。

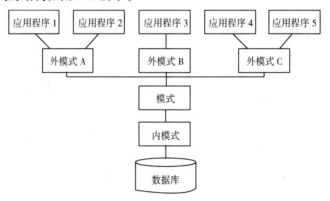

图 1-5　数据库系统的三级模式结构

数据库系统的三级模式是对数据的三级抽象，数据的具体组织由数据库管理系统负责，用户只是逻辑地处理数据，而不必考虑数据在计算机中的物理表示和存储方法。为了实现上述三个抽象级别的模式联系和转换，数据库管理系统在这三层结构之间提供了两层映像：外模式/模式映像和模式/内模式映像。所谓映像就是存在某种对应关系。两层映像使数据库管理中的数据具有两个层次的独立性：一个是数据的物理独立性；另一个是数据的逻辑独立性。

模式/内模式映像是数据的全局逻辑结构和数据的存储结构之间的映像。因为数据库中只有一个模式，也只有一个内模式，所以模式/内模式映像是唯一的。当数据库的存储结构改变时，如存储数据库的硬件设备发生变化或存储方法变化时，引起内模式的变化，此时模式/内模式之间的映像也必须进行相应的变化以使模式保持不变。换句话说，模式/内模式映像保证了数据的物理独立性。

外模式/模式映像是数据的全局逻辑结构和数据的局部逻辑结构之间的映像。对于每一个外模式，数据库系统都有一个外模式/模式映像。如数据管理的范围扩大或某些管理的要求发生改变后，数据的全局逻辑结构发生变化，对于不受该全局变化影响的局部而言，最多只需对外模式/模式映像进行相应改变，而基于这些局部逻辑结构所开发的应用程序就不必修改，从而保证了数据的逻辑独立性。

很明显，模式/内模式映像是数据物理独立性的关键，外模式/模式映像是数据逻辑独立性的关键。如果数据库物理结构发生改变，用户和用户的应用程序能相对保持不变，那么系统就有了物理独立性。同样，如果数据的逻辑结构改变了，用户和用户的应用程序能相对保持不变，那么系统就有了逻辑独立性。

1.2.4　新型数据库系统

随着数据库技术的不断发展和应用领域的拓展，出现了许多新型的数据库系统。下面介绍几种典型的新型数据库系统。

1．分布式数据库

物理上分布在不同的地方，通过网络互连，逻辑上可以看作一个整体的数据库称为分布式数据库。分布式数据库是数据库技术与网络技术相结合的产物，是数据库领域的重要分支。

分布式数据库的研究始于 20 世纪 70 年代中期。世界上第一个分布式数据库系统 SDD–1 是由美国计算机公司于 1979 年在 DEC 计算机上实现的。20 世纪 90 年代以来，分布式数据库系统进入商品化应用阶段，传统的关系数据库产品均发展成以计算机网络及多任务操作系统为核心的分布式数据库产品。

2．面向对象数据库

面向对象数据库是面向对象技术与先进的数据库技术进行有机结合而形成的新型数据库系统。传统的数据库主要存储结构化的数值和字符等信息，而面向对象数据库能够方便地存储如声音、图形、图像、视频等复杂信息的对象。目前，面向对象数据库系统的实现一般有两种方式：一种是在面向对象的设计环境中加入数据库功能，因为其中的各种概念（如对象标识符等）在传统的关系型数据库中无对应的内容，所以数据难以实现共享；另一种则是对传统数据库进行改进，使其支持面向对象数据模型，是许多传统的数据库管理系统（如 Oracle 等）实现面向对象数据库的方法。它的优点是可以直接借用关系型数据库已有的成熟经验，可以和关系数据库共享信息；缺点是需要专门的应用程序进行中间转换，将损失性能。

3．多媒体数据库

多媒体数据库是数据库技术与多媒体技术相结合的产物。传统的数据库管理系统在处理大字节的数据类型时，采取了复杂的方法。但对于要求处理大量图形、图像、音频、视频等多媒体数据时，这些方法就显得无能为力了。因此，如何存储和使用这些具有海量数据量的多媒体数据就成为摆在数据库研究与开发人员面前的重要课题。从技术角度讲，多媒体数据库涉及诸如图像处理技术、音频处理技术、视频处理技术、三维动画技术、海量数据存储与检索技术等多方面的技术，如何综合处理这些技术是多媒体数据库技术需要解决的问题。

4．数据仓库

数据仓库是一个面向主题的、集成的、相对稳定的、随时间变化的数据集合，它把关系数据库系统由传统事务性处理进一步发展为决策制定。数据仓库并不是一个新的平台，而是一个新的概念，它仍然使用传统的数据库管理系统。

数据仓库是一个处理过程，该过程从历史的角度组织和存储数据，并能集成地进行数据分析。换句话说，数据仓库是一个很大的数据库，提供用户用于决策支持的当前和历史数据，这些数据在传统的操作型数据库中很难或不能得到。数据仓库技术是为了有效地把操作型数据集成到统一的环境中，以提供决策型数据访问的各种技术和模块的总称。

5．工程数据库

工程数据库是一种能存储和管理各种工程设计图形和工程设计文档，并能为工程设计提供各种服务的数据库。工程数据库是针对计算机辅助系统领域的需求而提出来的，目的是利用数据库技术对各类工程对象进行有效管理，并提供相应的处理功能及良好的设计环境。工程数据库具有数据结构复杂、相互关系紧密及数据量大等特点。

6．空间数据库

空间数据库系统是描述、存储与处理具有位置、形状、大小、分布特征及空间关系等属性的空间数据及其属性数据的数据库系统。它是随着地理信息系统 GIS 的开发与应用而发展起来的数据库新技术。目前，空间数据库仍然是利用关系数据库管理系统对地理信息进行物理存储。

近年来，我国在空间数据库的研究和应用上取得了巨大的成就，开发了多种国家级的实用系统，如基础地理信息空间数据库、国土资源环境空间数据库、城市基础空间数据库、海洋空间数据库等。

7．嵌入式数据库与移动数据库

关系数据库的另一个发展方向是微型化，其主要应用领域是嵌入式系统和移动通信领域。嵌入式移动数据库系统是支持移动计算或某种特定计算模式的数据库管理系统，这种系统把数据库系统与操作系统、具体应用集成在一起，运行在各种智能型嵌入设备或移动设备上。由于嵌入在移动设备上的数据库系统涉及数据库技术、分布式计算技术以及移动通信技术等多个学科领域，目前已经成为一个十分活跃的研究和应用领域——嵌入式移动数据库，简称为移动数据库（EMDBS）。

1.3　数　据　模　型

模型是对现实世界的模拟，如要盖一栋大楼，设计者会使用模型来表达自己的设计理念，哪里要有电梯，哪边要有景观，通过模型，让参观者更能清楚明了。模型是现实世界特征的模拟和抽象。数据模型（data model）也是一种模型，它是现实世界数据特征的抽象。

数据库是某个企业、组织或部门所涉及的数据的综合，它不仅要反映数据本身的内容，而且要反映数据之间的联系。由于计算机不可能直接处理现实世界中的具体事物，所以人们必须事先把具体事物转换成计算机能够处理的数据。在数据库中应用数据模型这个工具来抽象、表示和处理现实世界中的数据和信息。通俗地讲，数据模型就是现实世界的模拟。

在数据库系统中针对不同的使用对象和应用目的，采用不同的数据模型。不同的数据模型实际上是提供给人们模型化数据和信息的不同工具。根据模型应用的不同目的，可以将这些模型划分为两类，它们分属于两个不同的层次：一类模型是概念模型，它是按用户的观点来对数据和信息建模，并不依赖于具体的计算机系统，不是某一个数据库管理系统支持的模型，而是概念级的模型，主要用于数据库设计；另一类模型是数据模型，它是按计算机系统的观点对数据建模，主要用于数据库管理系统的实现，各种机器上实现的数据库管理系统软件都是基于某种数据模型的。

下面先介绍数据模型的共性：数据模型的组成要素，然后分别介绍两类不同的数据模型。

1.3.1　数据模型的组成要素

如果抽象出数据模型的共性并加以归纳，则数据模型可严格定义成一组概念的集合。这些概念精确地描述了系统的静态特性、动态特性和完整性约束条件。数据模型的基本要素包括数据结构、数据操作和数据完整性约束三部分。

1．数据结构

数据结构是所研究的对象类型的集合。这些对象是数据库的组成成分，数据结构指对象和对象间联系的表达和实现，是对系统静态特征的描述。数据结构包括两个方面：一是数据本身，即类型、内容、性质，如关系模型中的域、属性、关系等；二是数据之间的联系，即数据之间是如何相互关联的，如关系模型中的主键、外键联系等。在数据库系统中，通常按照数据结构的类型来命名数据模型，如层次结构、网状结构、关系结构分别命名为层次模型、网状模型、关系模型。

2．数据操作

数据操作指对数据模型中各种对象的实例允许执行的操作集合，主要是指检索和更新（插入、删除、修改）两类操作。数据模型必须定义这些操作的确切含义、操作符号、操作规则（如优先级）以及实现操作的语言。数据操作是对系统动态特性的描述。

3．数据完整性约束

数据完整性约束是一组完整性规则的集合，它规定数据库状态及状态变化应满足的条件，以保证数据的正确性、有效性和相容性。例如，在关系模型中，任何关系必须满足实体完整性和参照完整性。此外，为了满足用户的实际需求，数据模型还应该提供定义完整性约束条件的机制。

1.3.2　概念模型

概念模型不涉及信息在计算机内的表示和处理等问题，纯粹用来描述信息的结构。这类模型要求表达的意思清晰，应当正确地反映出数据之间存在的整体逻辑关系，即使不是计算机专业人员也很容易理解。在实际的数据库系统开发过程中，概念模型是数据库设计人员进行数据库设计的有力工具，也是数据库设计人员和用户之间进行交流的语言。

1．实体的描述

现实世界存在各种事物，事物与事物之间存在着联系。这种联系是客观存在的，是由事物本身的性质所决定的。例如，学校的教学系统中有教师、学生、课程，教师为学生授课，学生选修课程并取得成绩；图书馆中有图书和读者，读者借阅图书等。如果管理的对象较多或者比较特殊，事物之间的联系就可能较为复杂。

① 实体。实体（entity）是客观存在的可以相互区别的事物。实体可以是实际的事物，如一个学生、一台计算机等；也可以是抽象的事件，如一个创意、一场比赛等。

② 属性。描述实体的特性称为属性（attribute），不同实体是由其属性的不同而被区分的。例如，学生实体用学号、姓名、性别、出生日期、专业等若干个属性来描述；图书实体用书号、分类号、书

名、作者、单价、出版社等多个属性来描述。

③ 键。唯一标识实体的属性集称为键。例如，学号是学生实体的键。

④ 域。属性的取值范围就是这个属性的域（domain）。例如，性别的取值范围是"男"或者"女"。

⑤ 实体型与实体值。实体用型（type）和值（value）来表征。型是概念的内涵，值是概念的实例。属性的集合表示一种实体的类型，称为实体型（entity type）。通常使用实体名和属性名的集合来描述实体型。例如，学生实体的实体型可描述为学生（学号，姓名，性别，出生日期，专业），表达的是学生的共性，而图书实体的实体型可描述为图书（书号，分类号，书名，作者，单价，出版社），表达的是图书的共性，两者是不同的实体型。实体值（entity value）是实体的实例，是属性值的集合。如刘晓明是一个学生实体，刘晓明实体的值是"070101，刘晓明，男，88/02/17，工商"。

⑥ 实体集。同一类型的实体集合称为实体集（entity set），例如，所有的在册学生的信息构成一个实体集，所有的馆藏图书是另一个实体集。这是因为设置的属性不同，把它们划分在不同的实体集中。

在 Access 中，用"表"来存放同一类实体，即实体集。例如，学生表、图书表等。Access 的一个表包含若干个字段，表中所包含的字段就是实体的属性。字段值的集合组成表中的一条记录，代表一个具体的实体，即每一条记录表示一个实体。

2．实体间的联系及联系的方式

实体之间的相互关系称为联系，它反映了客观事物之间相互依存的状态。在数据库系统中要解决如何描述联系、实现联系、处理联系等问题。两个不同实体集的实体间有一对一、一对多、多对多三种联系方式。

① 一对一联系。一对一联系（one-to-one relationship）简记为 1:1。如果实体集 E_1 中每个实体至多与实体集 E_2 中的一个实体有联系，反之亦然，则称实体集 E_1 和实体集 E_2 具有一对一联系，如图 1-6（a）所示。

例如，一个班只能有一个班长，一个班长不能同时在其他班再担任班长，在这种情况下班级和班长两个实体集之间存在一对一联系。

② 一对多联系。一对多联系（one-to-many relationship）简记为 1:n。如果实体集 E_1 中每个实体与实体集 E_2 中的 n 个实体（$n \geq 0$）有联系，而实体集 E_2 中的每个实体在实体集 E_1 中至多有一个实体与之有联系，则称实体集 E_1 和实体集 E_2 具有一对多联系，如图 1-6（b）所示。

例如，对于学生和学院两个实体集，一个学生只能在一个学院里注册，而一个学院有很多个学生，学院与学生之间则存在一对多联系。

③ 多对多联系。多对多联系（many-to-many relationship）简记为 m:n。如果实体集 E_1 中每个实体与实体集 E_2 中的多个实体有联系，反之亦然，则称实体集 E_1 和实体集 E_2 具有多对多联系，如图 1-6（c）所示。

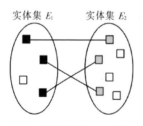 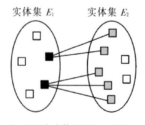 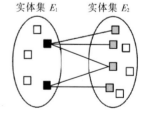

（a）两个实体间的 1:1 联系　　　（b）两个实体间的 1:n 联系　　　（c）两个实体间的 m:n 联系

图 1-6　实体间联系示意

例如，对于学生和选课两个实体集，一个学生可以选修多门课程，一门课程由多个学生选修。因此，学生和选课之间存在多对多联系。

三种联系方式中，基本的是一对多联系，因为一对多包含了一对一，而多对多可以转换为一对多。

3．概念模型的表示方法

概念模型的表示方法很多，目前最常用的方法是 P.P.Chen 于 1976 年提出的实体–联系方法（ entity-relationship approach ），该方法用 E-R 图来描述现实世界的概念模型，E-R 方法也称为 E-R 模型。E-R 模型有两个明显的优点：一是简单明了，容易理解，并能真实表达现实世界的客观需求；二是独立于计算机，与具体的 DBMS 无关，用户易于接受。

E-R 图有三个基本成分：

① 实体集。简称实体，用矩形表示，矩形框内写明实体名。

② 属性。用椭圆形表示，椭圆框内写明属性名，对组成键的属性名加下画线，并用直线将其与相应的实体连接起来。

③ 联系。用菱形表示，菱形框内写明联系名，并用直线分别与有关实体连接起来，同时在直线旁标上联系的方式，即注明是 1:1、1:n 或 m:n 联系。

图 1–7 所示为学生与学院联系的 E-R 图。从图中可以看出，学生实体和学院实体各有五个属性，"学号"为"学生"实体的键，"学院编号"为"学院"实体的键，"学院"对"学生"是一对多联系。

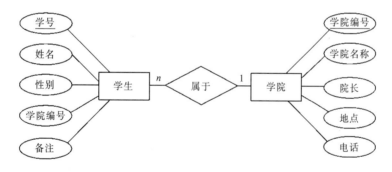

图 1–7　学生与学院之间的一对多 E-R 图

一般地，两个以上的实体集之间也存在着一对一、一对多或多对多联系。例如，有三个实体集：供应商、项目、零件，一个供应商可以供给多个项目多种零件，而每个项目可以使用多个供应商供应的零件，每种零件可由不同供应商供给，由此看出供应商、项目、零件三者之间是多对多的联系，如图 1–8 所示。

同一个实体集内的各实体之间也可以存在一对一、一对多、多对多的联系。例如，职工实体集内部具有领导与被领导的联系，即某一职工（干部）"领导"若干名职工，而一个职工仅被另外一个职工直接领导，因此这是一对多的联系，如图 1–9 所示。

需要注意的是，如果一个联系具有属性，则这些属性也要用直线与该联系连接起来。例如，在图 1–8 中，用"供应量"来描述联系"供应"的属性，表示某供应商供应了多少数量的零件给某个项目。那么这三个实体及其之间联系的 E-R 图如图 1–10 所示。

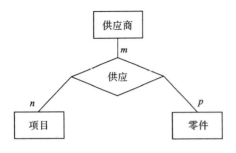

图 1-8 三个实体之间的多对多联系

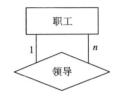

图 1-9 一个实体之间的一对多联系

例1-1 用 E-R 图来表示某个工厂物资管理的概念模型。

设计 E-R 图的具体操作步骤如下：

① 设计实体及其属性和键。物资管理涉及的实体有：

仓库：仓库号，面积，电话号码；键为仓库号。

零件：零件号，名称，规格，单价，描述；键为零件号。

供应商：供应商号，姓名，地址，电话号码，账号；键为供应商号。

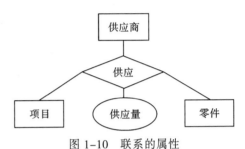

图 1-10 联系的属性

项目：项目号，预算，开工日期；键为项目号。

职工：职工号，姓名，年龄，职称；键为职工号。

以上实体及其属性如图 1-11 所示。

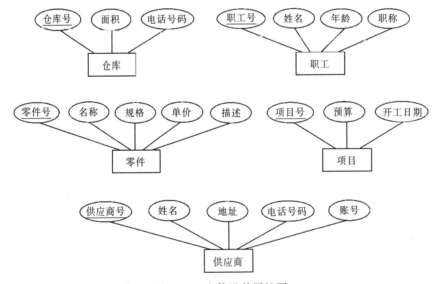

图 1-11 实体及其属性图

② 设计两实体之间的联系。物资管理中实体之间的联系如下：

一个仓库可以存放多种零件，一种零件可以存放在多个仓库中，因此仓库和零件具有多对多的联系。用库存量来表示某种零件在某个仓库中的数量。

一个仓库有多个职工当仓库保管员，一个职工只能在一个仓库工作，因此仓库和职工之间是一对多的联系。

职工之间具有领导–被领导关系。即仓库主任领导若干保管员，因此职工实体集中具有一对多的联系。

供应商、项目和零件三者之间具有多对多的联系。即一个供应商可以供给若干项目多种零件，每个项目可以使用不同供应商供应的零件，每种零件可由不同供应商供给。

实体之间的联系如图 1–12 所示。

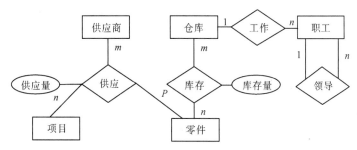

图 1–12　实体及其联系图

③ 所有实体之间的联系设计完后，再将这些 E-R 图合并为一个总的 E-R 图。在这个过程中要去掉多个实体和属性间的命名冲突和联系冲突，生成一个完整的、满足应用需求的全局 E-R 图。

工厂物资管理系统的 E-R 图如图 1–13 所示。

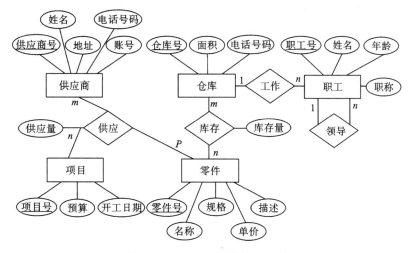

图 1–13　工厂物资管理 E-R 图

E-R 图不是唯一的，根据强调的侧面不同做出的 E-R 图可能有很大差别。用 E-R 图表示的概念模型独立于具体的 DBMS 所支持的数据模型，它是各种数据模型的共同基础。

1.3.3　数据模型

数据模型是能够在计算机中实现的模型，它有严格的形式化定义。数据库中的数据是按一定的逻辑结构存放的，数据模型就直接面向数据库的逻辑结构，任何一个数据库管理系统都是基于某种数据模型的。在数据库领域中常用的数据模型有层次模型（hierarchical model）、网状模型（network model）、关系模型（relational model）和面向对象模型（object oriented model）。

1．层次模型

层次模型的结构犹如一棵倒置的大树，因而也称其为树状结构，如图 1-14 所示。层次模型具有如下特点：

① 有且仅有一个根结点，其层次最高。

② 一个父结点向下可以有若干个子结点，而一个子结点向上只有一个父结点。

③ 同层次的结点之间没有联系。

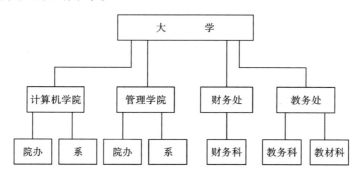

图 1-14　层次模型

层次模型的优点是结构简单、层次清晰并且易于操作，可利用树状数据结构来完成。每一个结点有其具体的功能，如果需要寻找较远的结点，则必须先往上通过很多父结点，然后再往下寻找另一个结点。显然，对于一个较大的数据库将会消耗很多搜索时间。层次模型在不同结点之间只允许存在单线联系，不能直接表示多对多的联系，难以实现对复杂数据关系的描述。因此只适合于描述类似于目录结构、行政编制、家族关系及书目章节等信息载体的数据结构。

2．网状模型

网状模型的结构如图 1-15 所示。

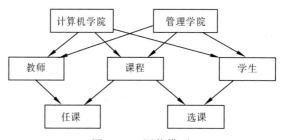

图 1-15　网状模型

网状模型具有如下特点：

① 一个结点可以有多个父结点，如"教师"、"课程"、"学生"、"任课"和"选课"都有两个父结点。

② 可以有一个以上的结点无父结点，如"计算机学院"和"管理学院"都没有父结点。

③ 两个结点之间可以有多个联系。

网状模型比层次模型更具有灵活性，更适于管理数据之间具有复杂联系的数据库。明显的缺点是路径太多，当加入或删除数据时，涉及相关数据太多，不易维护与重建。

网状模型表达能力强，它能反映实体间多对多的联系，但网状模型在概念上、结构上和使用上都比较复杂，而且对计算机的硬件环境要求较高。

网状模型和层次模型都是按图论理念建立起来的，在本质上是类似的，它们都使用结点表示实体，使用连线表示实体之间的联系。

3．关系模型

关系模型是一种易于理解并具有较强数据描述能力的数据模型。1970 年，美国人 E.F.Cood 提出了关系模型的概念，首次运用数学方法来研究数据库的结构和数据操作，将数据库的设计从以经验为主提高到以理论为指导。关系模型中的数据逻辑结构是一张二维表，它由行和列组成：一个关系对应于一张表，表中的一列表示实体的一项属性，称为一个字段；表中的一行包含了一个实体的全部属性值，称为一个记录。表 1-1 所示的学生基本情况表就是一个典型的关系模型数据集合的例子。

表 1-1　学生基本情况表（XS）

学　号	姓　名	性　别	专　业	入 学 成 绩
11070101	王晓明	男	工商	568
11070102	张利利	女	工商	552
11080103	邓中华	男	法学	549

关系模型的特点如下：

① 描述一致性。无论是实体还是实体之间的联系都用关系来表示。

② 可以直接表示多对多联系。如"教师任课表"可表示一个教师担任几个班的教学，也可表示一个班有几个教师任教。

③ 关系规范化。二维表格中每一栏目都是不可分的数据项，即不允许表中有表。

④ 数学基础严密。

⑤ 概念简单，操作方便。用户对数据的检索是从原来的表中得到一张新表，具体操作无须用户关心，数据的独立性高。

4．面向对象模型

面向对象模型是近几年来发展起来的一种新兴的数据模型。该模型是在吸收了以前的各种数据模型优点的基础上，借鉴了面向对象的程序设计方法而建立的一种模型。一个面向对象模型是用面向对象观点来描述现实世界实体（对象）的逻辑组织、对象间限制、联系等的模型。这种模型具有更强的表示现实世界的能力，是数据模型发展的一个重要方向。目前对于面向对象模型还缺少统一的规范说明，尚没有统一的定义。但在面向对象模型中，面向对象的核心概念构成了面向对象数据模型的基础，这一点已取得了高度的共识。

目前应用最广泛的是关系数据模型，自 20 世纪 80 年代以来，软件开发商提供的数据库管理系统几乎都支持关系模型，数据库技术的研究与应用绝大多数以关系数据库为基础。

1.4　关系数据库系统

关系数据库系统（relation database system，RDBS）是采用关系模型作为数据的组织方式。目前，关系数据库以其完备的理论基础、简单的模型和使用的便捷性等优点获得了广泛的应用。本节将结合 Access 来集中介绍关系数据库系统的基本概念。

1.4.1 关系模型中常用的术语

关系模型的用户界面非常简单，一个关系的逻辑结构就是一张二维表。这种用二维表的形式表示实体和实体间联系的数据模型称为关系数据模型。在使用关系模型时，经常用到下面的一些术语。

① 关系。一个关系（relation）可以理解为一个满足某些约束条件的二维表，表 1–1 所示的学生基本情况表就是一个关系，关系名为 XS。

② 元组。表中的一行称为一个元组（tuple），元组与文件中的一条具体记录相对应，如表 1–1 中学生基本情况表有三个元组。

③ 属性。表中的一列称为一个属性（attribute），在文件中一个属性对应一个字段，每一列有一个属性名，即字段名。如表 1–1 中学生基本情况表有五个字段，则有五个属性。

④ 域。域（domain）表示各个属性的取值范围，如表 1–1 中属性"性别"的域是"男"或者"女"，而属性"入学成绩"的域是 0 ~ 750。

⑤ 表结构。表结构（structure）是二维表中的第一行，表示组成该表的各个字段名称。在创建表结构时，还应具体指出每个字段的数据类型、取值范围和大小等。

⑥ 关系模式。关系模式是对关系结构的描述，表示为如下的格式：

关系名 (属性名 1, 属性名 2, …, 属性名 n)

一个关系模式对应一个关系的结构，例如，一个选课关系模式可以表示为如下形式：

选课 (学号, 课程号, 成绩)

⑦ 候选键。关系中的某个属性或属性组，能够唯一地确定一个元组，则称为候选键（candidate key）或候选关键字。在一个关系中可以有若干候选键，当组成键的属性个数大于 1 时，称为复合键。

⑧ 主键。主键（primary key）是指指定某一个候选键，又称主关键字。包含在其中的属性称为主属性，不包含在任何候选键中的属性称为非主属性。如表 1–1 中的"学号"可以唯一确定一个学生，即可作为本关系中的主键。而"姓名"有可能出现重名，就不能作为主键。

例 1–2 举例说明候选键与主键之间的区别。

现有关系"学生"和"教师"，其关系模式如表 1–2 所示。

表 1–2 学生和教师关系模式

关 系 模 式	候 选 键	主 键
学生(学号, 姓名, 性别, 专业, 入学成绩)	学号	学号
教师(工号, 姓名, 性别, 职称, 部门, ID)	工号, ID	工号

在关系"学生"中，只有一个候选键"学号"，所以理所当然成为主键；而在关系"教师"中存在两个候选键"工号""ID"（身份证号），只能从中指定一个候选键作为主键，这里指定工号为主键。这个实例说明，一个关系模式可以有多个候选键，但是只能有一个主键。

⑨ 外键。如果表中的一个属性不是本表的主键或候选键，而与另外一个表的主键相对应，则称这个属性是该表的外键（foreign key），又称外部关键字。

例如，表 1–3 所示的"选课"关系中的属性"课程号"就是一个外键，它的值取决于表 1–4 所示的"课程"关系中作为主键的"课程号"的值。它在"课程"关系中是主键，但在"选课"关系中不是主键。对于"选课"关系来说，"课程号"是一个"外来的主键"，它用于实现与"课程"关系之间的联系。由此可见，尽管关系数据库中表是独立存储的，但是表与表之间可通过外键相互联系，从而构成一个整体的逻辑结构。

<table>
<tr><td colspan="3">表 1-3　选课关系</td></tr>
<tr><td>学　　号</td><td>课程号</td><td>成　绩</td></tr>
<tr><td>11070101</td><td>A01</td><td>84</td></tr>
<tr><td>11070101</td><td>B02</td><td>79</td></tr>
<tr><td>11070102</td><td>A01</td><td>92</td></tr>
</table>

<table>
<tr><td colspan="3">表 1-4　课程关系</td></tr>
<tr><td>课程号</td><td>课程名</td><td>学　分</td></tr>
<tr><td>A01</td><td>数学</td><td>5</td></tr>
<tr><td>B02</td><td>英语</td><td>4</td></tr>
<tr><td>C01</td><td>体育</td><td>2</td></tr>
</table>

⑩ 主表和从表。主表和从表是指通过外键相关联的两个表，其中以外键作为主键的表称为主表，外键所在的表称为从表。例如，表 1-3 和表 1-4 通过外键"课程号"相关联，以"课程号"作为主键的关系"课程"称为主表，而以"课程号"作为外键的关系"选课"则是从表。

⑪ 关系数据库管理系统。关系数据库管理系统（RDBMS）就是管理关系数据库的计算机软件，数据库管理系统使用户能方便地定义和操作数据，维护数据的安全性和完整性，以及进行多用户下的并发控制和恢复数据库等。

1.4.2　E-R 图向关系模型的转换

如前所述，E-R 图只是现实世界的纯粹反映，与数据库具体实现毫无关系，但它却是构造数据模型的依据。关系模型的逻辑结构是一组关系模式的集合，E-R 图则是由实体、实体的属性和实体之间的联系三个要素组成的。所以将 E-R 图转换为关系模型实际上就是要将实体、实体的属性和实体之间的联系转换为关系模式的集合，下面分别介绍这种转换所遵循的一般规则。

1. 实体到关系模式的转换

将 E-R 图中的一个实体集转换为一个同名关系模式，实体的属性就是关系模式的属性，实体的键就是关系模式的主键。

例 1-3　将图 1-13 所示的实体仓库转换为关系模式：

仓库(仓库号,面积,电话号码)

其中，转换后的关系模式名为仓库，圆括号内列出的是关系的属性集，主键为下画线标注的仓库号。很显然 E-R 图中的一个实体对应关系模式集合中的一个关系模式。

2. 联系到关系模式的转换

对于 E-R 图中的联系，情况比较复杂，要根据实体联系方式的不同，采取不同的手段加以实现。

（1）两实体间 1:1 联系

若两实体间的联系为 1:1，可在两个实体转换成的两个关系模式中，将任意一个关系模式的主键和联系的属性加入另一个关系模式中。

例 1-4　公司与总经理之间 1:1 联系的 E-R 图如图 1-16 所示，将其转换为关系模型。

公司和总经理各转换为一个关系模式，1:1 联系"任职"可以通过在总经理关系模式中加入公司名和任期来实现转换。对应的关系模型如下：

公司(公司名,地址,性质,主要产品)
总经理(职工号,姓名,性别,电话,任期,公司名)

当然也可以在公司关系模式中加入总经理的主键"职工号"，转换为另一种关系模型：

公司 (<u>公司名</u>,地址,性质,主要产品,职工号)
总经理 (<u>职工号</u>,姓名,性别,电话,任期)

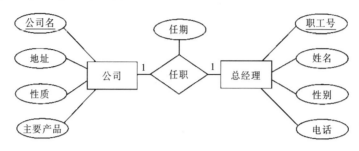

图 1-16   1:1 联系的 E-R 图

（2）两实体间 1:n 联系

若两实体间的联系为 1:n，可将"1"方实体的主键加入"n"方实体对应的关系模式中作为外键，同时把联系的属性也一并加入"n"方对应的关系模式中。

例1-5   仓库和职工之间存在 1:n 的联系，其 E-R 图如图 1-17 所示，将其转换为关系模型。

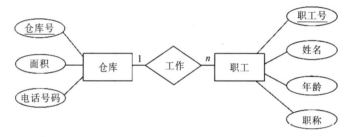

图 1-17   1:n 联系的 E-R 图

先将两个实体转换为两个关系模式，然后把"1"方（仓库）的主键"仓库号"加入"n"方（职工）关系模式中作为外键，用以实现 1:n 的"工作"联系。对应的关系模型如下：

仓库 (<u>仓库号</u>,面积,电话号码,职工号)
职工 (<u>职工号</u>,姓名,年龄,职称,仓库号)

（3）两实体间 m:n 联系

对于两实体间 m:n 联系，必须将"联系"转换成一个独立的关系模式，其属性为两端实体的主键加上联系本身的属性，联系关系模式的主键为复合键，由两端实体的主键组合而成。

例1-6   仓库和零件之间存在 m:n 的联系，其 E-R 图如图 1-18 所示，将其转换为关系模型。

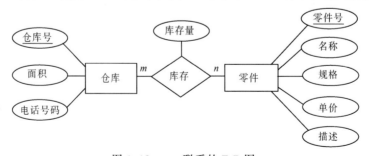

图 1-18   m:n 联系的 E-R 图

先将两个实体转换为两个关系模式，然后将两实体之间的 $m:n$ 联系也转换成一个关系模式。联系关系模式的属性由两端实体的主键和联系本身的属性构成。对应的关系模型如下：

仓库(<u>仓库号</u>,面积,电话号码)

零件(<u>零件号</u>,名称,规格,单价,描述)

库存(<u>仓库号</u>,<u>零件号</u>,数量)

对于三个或三个以上实体间 $m:n$ 的多元联系，必须将"联系"转换成一个独立的关系模式，该关系模式中最少应包括被它联系的各个实体的主键，若是联系有属性，也要归入到这个关系模式中，这种情况与两个实体间 $m:n$ 联系类似。

1.4.3　关系数据模型的特点

关系模型看起来简单，但是并不能把日常手工管理所用的各种表格，按照一张表一个关系直接存放到数据库系统中。在关系模型中对关系有一定的要求，关系必须具有以下特点：

① 关系中的每一列不可再分，也就是说表中不能再包含表，或者说，每一个字段不能再细分为若干个字段。

② 在同一个关系中不能出现相同的属性名，即不允许同一个表中有相同的字段名。

③ 关系中不允许有完全相同的元组，即不允许有完全相同的记录。

④ 关系中元组的次序无关紧要，也就是说，任意交换两行的位置并不影响数据的实际含义。日常生活中经常见到的"排名不分先后"正反映这种意义。

⑤ 关系中列的次序无关紧要，任意交换两列的位置也不影响数据的实际含义。例如，课程表里学时和学分哪个在前面都不重要，重要的是实际数据。

1.4.4　关系运算

在对关系数据库进行查询时，若要找到用户关心的数据，就需要对关系进行一定的关系运算。关系的基本运算有两类：一类是传统的集合运算，包括并、差、交等，另一类是专门的关系运算，包括选择、投影、连接等。对于比较复杂的查询操作可由几个基本运算组合实现。关系运算的操作对象是关系，运算的结果仍为关系。

1. 传统的集合运算

进行并、差、交这几个传统的集合运算时，要求参与运算的两个关系必须具有相同的关系模式，即相同的表结构。例如，下面的两个关系 R 和 S，分别代表了选修"计算机网络"和"多媒体技术"课程的学生。

关系 R：选修计算机网络的学生

学　　号	姓　　名
11070101	王晓明
11070102	张利利
11080103	邓中华

关系 S：选修多媒体技术的学生

学　　号	姓　　名
11070101	王晓明
11070103	邓中华
11090104	章大平

（1）并

两个具有相同结构的关系进行的并（union）运算是由属于这两个关系的所有元组组成的集合。

例如，R 和 S 的并运算（$R \cup S$）表示查询选修了课程的学生。

在进行并运算时，要消除重复的元组。

（2）差

两个具有相同结构的关系 R 和 S 进行差（difference）运算，R 与 S 的差（$R-S$）由属于 R 但不属于 S 的元组组成，即差运算的结果是从 R 中去掉 S 中也有的元组，而 S 与 R 的差（$S-R$）则由属于 S 但不属于 R 的元组组成，即差运算的结果是从 S 中去掉 R 中也有的元组。

（3）交

两个具有相同结构的关系 R 和 S 进行交（intersection）运算，其结果由既属于 R 又属于 S 的元组组成，即交运算的结果是 R 和 S 中共同的元组。例如，R 和 S 的交（$R \cap S$）表示既选修了"计算机网络"又选修了"多媒体技术"课程的学生。

例 1-7　关系 R 和 S 的并、差、交运算的结果如下：

$R \cup S$

学　号	姓　名
11070101	王晓明
11070102	张利利
11080103	邓中华
11090104	章大平

$R-S$

学　号	姓　名
11070102	张利利

$R \cap S$

学　号	姓　名
11070101	王晓明
11080103	邓中华

2．专门的关系运算

（1）选择

选择又称限制，它是指定关系 R 中找出满足给定条件的元组的操作，记作：

$$\sigma_F(R) = \{t | t \in R \land F(t) = '真'\}$$

其中，F 表示选择条件，它是一个逻辑表达式，取逻辑值"真"或"假"；F 由逻辑运算符（非）、$\land$（与）和 $\lor$（或）连接各条件表达式组成。条件表达式的基本形式为：

$$X1 \; \theta \; Y1$$

其中，θ 是比较运算符，它可以是 $>$、$\geqslant$、$<$、$\leqslant$、$=$ 或 $<>$。X1 和 Y1 是属性名，或为常量，或为简单函数；属性名也可以用它的序号来代替。

选择是从行的角度对二维表的内容进行的筛选，即从水平方向抽取记录。经过选择运算得到的结果可以形成新的关系。

例 1-8　从表 1-1 所示的学生关系中找出入学成绩在 550 分以上的元组。

$$\sigma_{\text{入学成绩}>550}(XS) \text{ 或 } \sigma_{5>550}(XS)$$

选择运算结果如关系 XS1 所示。

关系 XS1

学　号	姓　名	性　别	专　业	入学成绩
11070101	王晓明	男	工商	568
11070102	张利利	女	工商	552

（2）投影

从关系模式中指定若干个属性组成新的关系称为投影（project）。记作：

$$\pi_A(R)=\{t[A] \mid t \in R\}$$

投影是从列的角度对二维表的内容进行的筛选或重组，经过投影运算得到的结果也可以形成新的关系，其关系模式所包含的属性个数往往比原关系少，或者属性的排列顺序不同。投影运算提供了垂直调整关系的手段，体现出关系中列的次序无关紧要这一特点。

例 1-9　从学生关系中筛选所需的列（学号，姓名，入学成绩），即求学生关系上学生学号、姓名、入学成绩三个属性上的投影。

$$\pi_{学号,姓名,入学成绩}(XS) \text{ 或 } \pi_{1,2,5}(XS)$$

投影运算结果如关系 XS2 所示。

关系 XS2

学　　　　号	姓　　　　名	入　学　成　绩
11070101	王晓明	568
11070102	张利利	552
11080103	邓中华	549

（3）连接

连接（join）也称为 θ 连接。它是从两个关系的笛卡儿积中选取属性间满足一定条件的元组。记作：

$$R\underset{A\theta B}{\bowtie}S=\{t_r t_s \mid t_r \in R \wedge t_s \in S \wedge t_r[A]\theta t_s[B]\}$$

其中，A 和 B 分别为 R 和 S 上度数相同且可比的属性组，θ 是比较运算符。连接运算从 R 和 S 的笛卡儿积 $R \times S$ 中选取 R 关系在 A 属性组上的值与 S 关系在 B 属性组上值满足比较关系 θ 的元组。

连接运算中有两种最为重要，也最为常用的连接。一种是等值连接（Equivalent join）；另一种是自然连接（Natural join）。当 θ 为 "=" 时，连接运算称为等值连接。等值连接是从关系 R 和 S 的笛卡儿积中选取 A 和 B 属性值相同的那些元组。等值连接表示为：

$$R\underset{A=B}{\bowtie}S=\{\widehat{t_r t_s} \mid t_r \in R \wedge t_s \in S \wedge t_r[A]=t_s[B]\}$$

自然连接是一种特殊的等值连接，它要求两个关系中进行比较的分量必须是相同的属性组，并且在结果中把重复的属性列去掉。若 R 和 S 具有相同的属性组 $t_r[A]=t_s[B]$，则它们的自然连接可表示为：

$$R\bowtie S=\{\widehat{t_r t_s} \mid t_r \in R \wedge t_s \in S \wedge t_r[B]=t_s[B]\}$$

一般的连接操作是从行的角度进行运算，但自然连接还需要取消重复列，它是同时从行和列两种角度进行运算。

自然连接和等值连接的差别有以下两点：自然连接要求相等的分量必须有共同的属性名，等值连接则不要求；自然连接要求把重复的属性名去掉，等值连接却不这样做。

例 1-10　通过学生、选课和课程关系查询所有同学的数学成绩，组成新的关系 XS3。

首先需要把学生表和选课表连接起来，连接条件必须指明两个表中的学号对应相等；然后再对连接的结果按照课程号与课程表中的课程号相等，并且课程名为数学的条件进行连接；最后对学号、姓名、课程名、成绩几个属性进行投影，得到新的关系 XS3。

关系 XS3

学　　号	姓　　名	课 程 名	成　　绩
11070101	王晓明	数学	84
11070102	张利利	数学	92

如果把舍弃的元组也保存在结果关系中，而在其他属性上填空值，那么这种连接就称为外连接（outer join）。在内连接的基础上，如果保留左关系中不能匹配条件的元组，并将右关系的属性值填空值 Null，就称左外连接（LEFT Join）。在内连接的基础上，如果保留右关系中不能匹配条件的元组，并将左关系的属性值填空值 Nul，就叫右外连接（Right Join）。

综观所述可以归结出：选择和投影运算的操作对象只是一个表，相当于对一个二维表的数据进行横向或纵向的提取。而连接运算则是对两个或两个以上的表进行的操作，如果需要连接两个以上的表，应当进行两两关系连接。

1.4.5　关系的规范化

关系数据库是由若干张二维表组成的，那么怎样才能使这些表建立得合理可靠、简单实用，具有较好的逻辑结构呢？应采用的一个重要技术就是规范化技术。

规范化的基本思想是消除关系模式中的数据冗余，消除数据依赖中不合适的部分，解决插入、更新、删除时发生的异常现象。这就要求关系数据库设计出来的关系模式要满足规范的模式，即范式（normal form，NF）。由于规范化的程度不同，就产生了不同的范式。

1. 第一范式

第一范式（1NF）是最基本的规范形式，即在关系中要满足关系模型的基本性质，消除重复属性，且每个属性都是不可再分的基本数据项。

例如，表 1-5 所示的关系 score0 就不满足第一范式，因为它的课程号、成绩和学分属性出现重复组，不是单一值。解决方法是将所有的属性表示为不可分的数据项，如表 1-6 所示。转化后的关系即符合第一范式。

表 1-5　非规范化的关系 score0

学　号	姓　名	性　别	专　业	课程号	成　绩	学　分
11070101	王晓明	男	工商	A01 A02 C01	84 91 85	5 3.5 2
11070102	张利利	女	工商	B01 A02 C01	87 82 73	4 3.5 2
11080103	邓中华	男	法学	A01 B01	68 89	5 4

表 1-6　满足 1NF 的关系 score1

学　号	姓　名	性　别	专　业	课程号	成　绩	学　分
11070101	王晓明	男	工商	A01	84	5
11070101	王晓明	男	工商	A02	91	3.5
11070101	王晓明	男	工商	C01	85	2
11070102	张利利	女	工商	B01	87	4
11070102	张利利	女	工商	A02	82	3.5
11070102	张利利	女	工商	C01	73	2
11080103	邓中华	男	法学	A01	68	5
11080103	邓中华	男	法学	B01	89	4

一个关系模式仅仅满足第一范式是远远不够的。

2．第二范式

如果关系模式属于第一范式，并且关系中每个非主属性都完全依赖于任意一个候选关键字，则称这个关系属于第二范式（2NF）。

在表 1-5 中，主关键字是（学号，课程号），由一个复合关键字唯一确定一条记录。这个关系虽然符合第一范式，但在使用过程中可能存在以下问题：

① 数据冗余。当同一门课程有多个学生选修时，学号、姓名、课程号等都存在着大量的重复，因此带来了数据冗余问题。有的冗余是不可避免的，但大量的冗余不仅浪费存储空间，而且会给操作带来麻烦。

② 更新异常。数据的重复存储使得对数据进行修改时，容易造成数据的不一致性。例如，调整了某课程的学分，那么表中对应课程的学分值都要更新，一旦遗漏就有可能出现同一门课程学分不同，造成数据不一致，因此带来更新异常问题。

③ 插入异常。无法插入某部分信息称为插入异常。例如，开设了一门新课程，但由于暂时没人选修，没有学号关键字，表中就不能出现这门课程，只能等有人选修才能把课程和学分存入，因此带来插入异常问题。

④ 删除异常。删除了不应删除的信息称为删除异常。例如，某个学生因某种原因取消所选课程，当删除课程信息时，则关于这个学生的个人信息也就被删除了，因此带来删除异常问题。

带来问题的原因是非主属性"学分"仅仅依赖于"课程号"，也就是说，只是部分依赖于主关键字（学号，课程号），而不是完全依赖。为了避免这些问题，关系模式必须符合第二范式。

解决的方法是将关系模式进一步分解，分解成两个关系模式：成绩（学号，课程号，成绩），课程（课程号，课程名，学分），如表 1-7 和表 1-8 所示。

3．第三范式

在第二范式的基础上，如果关系模式中的所有非主属性对任何候选关键字都不存在传递依赖，则称这个关系属于第三范式（3NF）。

在表 1-9 所示的学生表中，关键字是学号，由于是单个关键字，没有部分依赖的问题，这个关系肯定属于第二范式。但是，属性"学院编号""学院名称"将重复存储，不仅有数据冗余的问题，也有插入、删除和修改时的异常问题。

表 1-7   满足 2NF 的关系 score2_1

学　号	课程号	成　绩
11070101	A01	84
11070101	A02	91
11070101	C01	85
11070102	B02	87
11070102	A02	82
11070102	C01	73
11080103	A01	68
11080103	B02	89

表 1-8   满足 2NF 的关系 score2_2

课程号	课程名	学　分
A01	数学	5
B02	英语	4
A02	计算机	3.5
C01	体育	2

表 1-9   学生表

学　号	姓　名	性　别	专业	学院编号	学院名称
11070101	王晓明	男	工商	07	管理学院
11070102	张利利	女	工商	07	管理学院
11080103	邓中华	男	法学	08	文法学院

带来问题的原因是关系中存在传递依赖。"学院名称"依赖于"学院编号",而"学院编号"又依赖于"学号",因此,"学院名称"通过"学院编号"依赖于"学号",这种现象称为传递依赖。为了避免这类问题,第三范式要求必须消除传递依赖关系。

解决的方法是分解关系模式。将表 1-9 分解为两个关系模式:学生(学号,姓名,性别,专业,学院编号),学院(学院编号,学院名称),如表 1-10 和表 1-11 所示。

表 1-10   学生表

学　号	姓　名	性　别	专　业	学院编号
11070101	王晓明	男	工商	07
11070102	张利利	女	工商	07
11080103	邓中华	男	法学	08

表 1-11   学院表

学院编号	学院名称
07	管理学院
08	文法学院
09	外国语学院

由此可见,规范化的原则是一个关系模式描述一个实体或实体间的一种联系,规范的实质就是概念的单一化。一个"好"的关系模式应该具备以下条件:尽可能少的数据冗余,没有插入异常,没有删除异常,没有更新异常。所以,关系规范化是通过将属性分解到更小关系中去的方法,将一个"不好"的关系模式变成一个"好"的关系模式。

规范化的优点是减少了数据冗余,节约了存储空间,同时加快了增加、删除、修改的速度。但在数据查询方面,需要进行关系模式之间的连接操作,因而影响查询的速度。所以关系的规范化应该是由低向高,逐步规范,权衡利弊,适可而止。

对于数据库规范化设计的要求是应该保证所有数据表都能满足第二范式,力求绝大多数数据表满足第三范式,这样的设计容易维护。除以上介绍的三种范式外,还有 BCNF(boyce codd normal form)、第四范式、第五范式。一个低一级范式的关系模式,通过模式分解可以规范化为若干个高一级范式的关系模式的集合。

1.4.6 关系的完整性

关系的完整性，即关系中的数据及具有关联关系的数据间必须遵循的制约和依存关系，关系的完整性用于保证数据的正确性、有效性和相容性。

关系的完整性主要包括实体完整性、域完整性和参照完整性三种，它们分别在记录级、字段级和数据表级提供了数据正确性的验证规则。

1．实体完整性

实体完整性（entity integrity）保证表中记录的唯一性，即在表中不允许出现重复记录。在 Access 中利用主键或候选键来保证记录的唯一性。由于主键的一个重要作用就是标识每条记录，所以关系的实体完整性要求关系（表）中的记录在组成的主键上，不允许出现两条记录的主键值相同，也就是说，既不能取 Null（空值），也不能有重复值。

例如，在表 1–1 所示的关系 XS 中，字段"学号"作为主键，其值不能为 Null（空值），也不能有两条记录的学号相同。而在如表 1–12 所示的 CJ 关系中，其主键是学号和课程号的组合，因此在这个关系中，这两个字段的值不能为 Null（空值），两个字段的值也不允许同时相同。

表 1-12 成绩表（CJ）

学　　号	课　程　号	平　　　时	期　　中	期　　末
11070101	A01	75	85	84
11070102	B02	80	80	79
11070203	A01	85	85	92

2．域完整性

域完整性是针对某一具体字段的数据设置的约束条件，也称为用户自定义完整性。Access 提供了定义和检验域完整性的方法。

例如，可以将"性别"字段定义为分别取两个值"男"或"女"，将"成绩"字段值定义为 0～100。

3．参照完整性

参照完整性（referential integrity，RI）是相关联的两个表之间的约束，当输入、删除或更新表中记录时，保证各相关表之间数据的完整性。

例如，如果在学生表和成绩表之间用学号建立关联，学生表是主表，成绩表是从表，那么，在向成绩表中输入一条新记录时，系统要检查新记录的学号是否在学生表中已存在，如果存在，则允许执行输入操作，否则拒绝输入，以保证输入记录的合法性。

参照完整性还体现在对主表中记录进行删除和修改操作时对从表的影响。如果删除主表中的一条记录，则从表中凡是外键的值与主表的主键值相同的记录也会被同时删除，这就是级联删除；如果修改主表中主键的值，则从表中相应记录的外键值也随之被修改，这就是级联更新。

习 题

一、选择题

1. 在下列选项中，不属于基本关系运算的是（　　　）。

    A. 连接　　　　　　B. 投影　　　　　　C. 选择　　　　　　D. 排序

2. 一辆汽车由多个零部件组成，且相同的零部件可适用于不同型号的汽车，则汽车实体集与零部件实体集之间的联系是（　　　）。

    A. 多对多　　　　　B. 一对多　　　　　C. 多对一　　　　　D. 一对一

3. 为了合理组织数据，在设计数据库中的表时，应遵从的设计原则是（　　　）。

    A. "一事一地"原则，即一个表描述一个实体或实体间的一种联系

    B. 表中的字段必须是原始数据的基本数据元素，并避免在表中出现重复字段

    C. 用外部关键字保证有关联的表之间的联系

    D. 以上各原则都包括

4. 数据库类型是根据（　　　）划分的。

    A. 数据模型　　　　B. 文件形式　　　　C. 记录形式　　　　D. 存取数据方法

5. DBMS 是（　　　）。

    A. 操作系统的一部分　　　　　　　　　B. 操作系统支持下的系统软件

    C. 一种编译程序　　　　　　　　　　　D. 一种操作系统

6. 在关系型数据库管理系统中，查找满足一定条件的元组的运算称为（　　　）。

    A. 查询　　　　　　B. 选择　　　　　　C. 投影　　　　　　D. 连接

7. 如果要改变一个关系中属性的排列顺序，应使用的关系运算是（　　　）。

    A. 选择　　　　　　B. 投影　　　　　　C. 连接　　　　　　D. 重建

8. 从关系表中，通过关键字挑选出相关表指定的属性组成新表的运算称为（　　　）。

    A. 选择　　　　　　B. 投影　　　　　　C. 连接　　　　　　D. 交

9. 数据库 DB、数据库系统 DBS 和数据库管理系统 DBMS 三者之间的关系是（　　　）。

    A. DB 包括 DBMS 和 DBS　　　　　　B. DBS 包括 DB 和 DBMS

    C. DBMS 包括 DBS 和 DB　　　　　　D. DBS 与 DB 和 DBMS 无关

10. 数据库系统与文件系统管理数据时的主要区别之一是（　　　）。

    A. 文件系统能实现数据共享，而数据库系统却不能

    B. 文件系统不能解决数据冗余和数据独立性问题，而数据库系统可以解决

    C. 文件系统只能管理程序文件，而数据库系统能够管理各种类型的文件

    D. 文件系统管理的数据量庞大，而数据库系统管理的数据量较少

二、填空题

1. 从层次角度看，数据库管理系统是位于_____与_____之间的一层数据管理软件。

2. 用二维表数据来表示实体及实体之间联系的数据模型称为_____。

3. 两个实体集之间的联系方式有_____、_____和_____。

4. 关系模型是用若干个_____来表示实体及其联系，关系通过关系名和属性名来定义。关系的

每一行是一个＿＿＿＿＿＿＿，表示一个实体；每一列是记录中的一个数据项，表示实体的一个属性。

5. 在关系数据库中，一个二维表中垂直方向的列称为属性，在表文件中称为一个＿＿＿＿＿＿＿。

6. 在关系数据库中，一个属性的取值范围称为一个＿＿＿＿＿＿＿。

7. 若关系中的某一属性组的值能唯一地标识一个元组，则称该属性组为＿＿＿＿＿＿＿。

8. 对关系进行选择、投影或连接运算之后，运算的结果仍然是一个＿＿＿＿＿＿＿。

三、简答题

1. 什么是数据库？什么是数据库管理系统？

2. 数据库系统由哪些部分组成？它们之间的关系是怎样的？

3. 简述外模式、模式、内模式的概念和作用。

4. 数据模型有几种类型？各有何特点？

5. 什么是 E-R 图？构成 E-R 图的基本要素有哪些？

6. 简述关系的基本性质。

7. 传统的关系运算包含哪几种？专门的关系运算包含哪几种？并举例说明。

8. 什么是关系的完整性？关系完整性包括哪些内容？

9. 有表 1-13 所示的读者借阅书籍信息表。

表 1-13　表读者借阅书籍信息表

读者编号	读者姓名	书籍编号	书籍名称	借书日期	类别代码	允许借出天数
1	李平	C03	网络技术基础	2020-5-10	001	30
2	王明	C01	C 程序设计教程	2020-5-12	001	30
2	王明	D05	计算机学报	2020-5-21	003	15
3	张莉	C01	C 程序设计教程	2020-5-27	001	30
3	张莉	A02	数据库系统概论	2020-6-9	001	30

它符合哪一种类型的规范化形式？如果不符合第三范式，请将其处理成符合第三范式的关系。

第❷章

数据库与表

本章先介绍 Access 软件的启动与退出，然后讲解 Access 数据库建立的方法，以及打开与关闭数据库。本章后半部分介绍了表的概念、创建表的方法、字段属性的设置、数据的编辑方法以及索引与关系的创建和编辑。

2.1 Access 2010 基础

目前，数据库管理系统软件很多，如 Oracle、Sybase、MySQL、DB2、SQL Server、Access、Visual FoxPro 等，虽然这些产品的功能不完全相同，操作上差别也较大，但是，它们都是以关系模型为基础的，因此都属于关系型数据库管理系统。

Access 2010 是 Microsoft 公司 Office 2010 办公套装软件的组件之一，是目前最为流行的桌面型数据库管理系统，它界面友好、操作简单、功能全面、使用方便。Access 2010 最直观的变化体现在用户界面上。在新的用户界面中，功能区取代了 Access 早期版本中的下拉菜单和工具栏，使用户的操作更加直观、方便。Access 2010 中引入了导航窗格，可以列出当前打开的数据库中的所有对象，并可以让用户方便地访问这些对象。此外，Access 2010 为创建数据库对象提供了更强大的创建工具和直观的操作环境，引入了新的数据类型和控件，新增加了数据显示和安全性等许多功能，在支持网络共享数据库方面也进行了很大改进。

2.1.1 Access 2010 系统的启动与退出

1. Access 2010 的安装

在使用 Access 2010 之前，首先要安装 Access 2010。通过执行 Microsoft Office 2010 安装盘上的 setup.exe 文件来启动安装过程，然后按照系统提示，逐步进行操作即可。安装完成后，就可以使用 Access 2010 了。

2. Access 2010 的启动

启动 Access 一般可选用以下几种方法：

（1）方法一

从"开始"菜单启动，操作步骤如下：

① 单击 Windows 桌面任务栏左下角的"开始"按钮；

② 在"开始"菜单中选择"所有程序"选项；

③ 在"所有程序"子菜单中选择"Microsoft Office"选项；

④ 在"Microsoft Office"子菜单中选择"Microsoft Office Access 2010"选项，即可启动 Access 2010。

（2）方法二

如果在桌面上有 Microsoft Access 2010 的快捷方式，可以直接双击该快捷方式图标，或右击快捷方式图标，在弹出的快捷菜单中选择"打开"命令，即可启动 Access 2010。

（3）方法三

双击扩展名为 accdb 的数据库文件，或在扩展名为 accdb 的数据库文件上右击，在弹出的快捷菜单中选择"打开"命令，也可启动 Access 2010。此方法同时打开所选的数据库文件。

启动 Access 2010 之后，屏幕显示 Access 2010 的启动窗口，又称 Microsoft Office Backstage 视图，如图 2-1 所示。使用第三种方法，即双击 Access 2010 数据库文件图标启动 Access 2010，会进入 Access 2010 主窗口。

图 2-1　Access 2010 启动窗口

3．Access 2010 的退出

退出 Access 通常可以采用以下几种方式：

① 单击窗口右上角的"关闭"按钮。

② 选择"文件"→"退出"命令。

③ 按【Alt+F4】组合键。

④ 右击标题栏或单击控制菜单图标，在弹出的菜单中选择"关闭"命令。

⑤ 打开"文件"菜单，按【X】键。

⑥ 按【Ctrl+Alt+Del】组合建，打开"Windows 任务管理器"窗口，选择"Microsoft Access"选项，单击"结束任务"按钮。

💡注意

在退出系统时，如果没有对文件进行保存，会弹出对话框提示用户是否对已编辑或修改的文件进行保存。

2.1.2　Access 2010 的工作环境

Access 2010 的主窗口包括标题栏、快速访问工具栏、功能区、导航窗格、对象编辑区和状态栏等组成部分，如图 2-2 所示。

图 2-2　Access 2010 主窗口

1．标题栏

标题栏显示数据库名称和文件格式及数据库窗口的 3 个控制按钮（最小化按钮、最大化/还原按钮、关闭按钮）。

2．快速访问工具栏

快速访问工具栏中的命令始终可见，用户可以将最常用的命令添加到此工具栏中。默认的快速访问工具栏包括"保存"、"恢复"和"撤销"命令。

3．功能区

功能区取代了 Access 2007 及以前版本中的下拉菜单和工具栏，成为 Access 2010 中主要的操作界面。功能区的主要优势在于，它将通常需要使用菜单、工具栏、任务窗格和其他用户界面组件才能显示的任务或入口点集中在一个地方，这样，只需要在一个位置查找命令，而不用到处查找命令，从而方便了用户的使用。

在 Access 2010 中，功能区包含文件、开始、创建、外部数据、数据库工具、加载项和设计等选项卡。需要强调的是，Access 各个功能选项将随着 Access 的不同视图状态而有所变化，选项卡的内容可变，随当时操作的情况而变化；功能按钮的颜色也可变，功能按钮有深、浅两种显示颜色，随当时的数据环境而变化，如果某一菜单项当前为灰色，表示它暂时不能使用。

4．导航窗格

在 Access 2010 中打开数据库时，位于主窗口左侧的导航窗格将显示当前数据库中的各种数据库对象，如表、查询、窗体、报表等。导航窗格可以帮助组织数据库对象，是打开或更改数据库对象的主要方式，它取代了 Access 2007 之前版本中的数据库窗口。

5．对象编辑区

对象编辑区位于 Access 2010 主窗口的右下方、导航窗格的右侧，它是用来设计、编辑、修改以及显示表、查询、窗体和报表等数据库对象的区域。

6．状态栏

状态栏位于屏幕的底部，用于显示系统正在进行的操作信息，可以帮助用户了解所进行操作的状态。

2.1.3 Access 数据库中的对象

与以前的版本相比，尤其是与 Access 2007 之前的版本相比，Access 2010 的用户界面发生了重大变化。Access 2007 中引入了功能区和导航窗格两个主要的用户界面组件，而在 Access 2010 中，不仅对功能区进行了修改，而且还新增加了"文件"选项卡，这是一个特殊的选项卡，它与其他选项卡的结构、布局和功能完全不同。

Access 数据库管理系统是通过各种数据库对象来管理信息。这些数据库对象包括表、查询、窗体、报表、宏和模块，它们都保存在扩展名为 accdb 的同一个数据库文件中。不同的数据库对象在数据库中起着不同的作用，完成不同的功能。

1．表

表（table）是数据库中用来存储数据的对象，它是整个数据库系统的数据源，也是数据库中其他对象的基础。一个 Access 数据库中可以包含多个表，这些表之间可以通过相关字段建立关联。

2．查询

数据库管理的主要目标之一就是方便、快捷地查询信息。查询（query）是根据所设置的条件，在一个或多个表中筛选出符合条件的记录，查找时可从行向的记录或列向的字段进行。

查询的结果也是以二维表的形式显示的，但它与基本表有着本质的区别，查询是以基本表为数据源的"虚拟表"，在数据库中只记录了查询的方式（即规则），每执行一次查询操作，都是对基本表中现有的数据进行的。

此外，查询的结果还可以作为窗体、报表等其他对象的数据源。

3．窗体

窗体（form）是屏幕的工作窗口，用来向用户提供交互的界面。用户可以按照自己的风格来建立窗体，使得数据的输入、输出及交互方式更加丰富、清晰、方便。窗体的数据源可以是表或查询。

4．报表

报表（report）是以打印的格式表现用户数据的一种有效的方式。用户可以控制报表上每个对象的大小和外观，可以按照所需的方式显示信息以便查看信息。报表中的数据源是基础表、查询等。此外，利用报表还可以创建多级汇总、统计比较以及添加图形等。

5．宏

宏（macro）是一组用户自定义操作命令的集合，其中每个命令实现一个特定的操作，每个宏都有宏名。解决一个实际问题时可能存在大量的重复操作，利用宏可以使这些重复性操作自动完成，从而简化工作，使管理和维护数据库更加简单。

建立好的宏可以单独使用，也可以与窗体配合使用。

6．模块

模块（module）是由 Visual Basic 程序设计语言编写的程序集合，或一个函数过程。它通过嵌入在 Access 中的 Visual Basic 程序设计语言编辑器和编译器实现与 Access 的完美结合。

模块通常与窗体、报表结合起来完成完整的应用功能。

各个对象的相互关系如图 2-3 所示。用户由"窗体"输入数据，会保存于"表"中，再以"报表"输出数据；以"窗体"设置"查询"条件，从"表"中取得符合条件的数据。其中的"宏"和"模块"用来实现数据的自动操作。

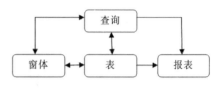

图 2-3　数据库中的对象

由此可见，这 6 个对象分工极为明确，从功能和彼此间的关系角度考虑，可以分为三个层次：第一层次是"表"和"查询"，它们是数据库的基本对象，用于在数据库中存储数据和查询数据。第二层次是"窗体""报表"，它们是直接面向用户的对象，用于数据的输入/输出和应用系统的驱动控制。第三层次是"宏"和"模块"，它们是代码类型的对象，用于通过组织宏操作或编写程序来完成复杂的数据库管理工作并使得数据库管理工作自动化。

2.2　创建数据库

Access 提供了多种建立数据库的方法，本节将介绍常用的创建数据库的两种方法，即使用向导创建数据库、直接建立一个空数据库。

不论使用哪种方法创建的数据库，都可以在以后任何时候进行修改或扩充。

2.2.1　使用向导创建数据库

使用"数据库向导"创建数据库是利用 Access 提供的数据库模板，在向导的帮助下，一步一步地按照向导的提示，进行一些简单的操作，就可以创建一个新的数据库。这种方法很简单，并具有一定的灵活性，适合初学者使用。

Access 2010 附带有很多模板，用户也可以从 Office.com 下载更多模板。通过这些模板可以方便快速地创建出基于该模板的数据库。通常的方法是先从数据库向导提供的模板中找出与所创建数据库相近的模板，然后利用向导创建数据库，最后再对向导创建的数据库进行修改，直到满足用户的要求为止。

例2-1　通过模板创建"罗斯文"数据库。

"罗斯文"数据库（Northwind）是 Access 自带的示例数据库，也是一个很好的学校范例。通过对"罗斯文"数据库的分析和研究，能对 Access 数据库以及各种数据库对象有更全面、深入的认识。在 Access 2010 中，可以利用模板创建"罗斯文"数据库，操作步骤如下。

① 启动 Access 数据库系统，在"新建"任务窗格中单击"样本模板"按钮，弹出"可用模板"对话框，这时可以看到列出的 12 个数据库模板，如图 2-4 所示。

② 选择"罗斯文"模板，在界面右侧的"文件名"文本框中，可以更改数据库的名次，然后单击"文件夹"按钮设置数据库的存放位置。默认位置是"我的文档"文件夹，如图 2-5 所示。

③单击"创建"按钮，弹出"正在准备模块"提示框。模块准备完成，系统弹出登录对话框。在此对话框中单击"登录"按钮，进入用模板创建的数据库界面，如图 2-6 所示，此时就可以根据实际需要来修改数据库模板提供的各种数据库对象。

图 2-4 "可用模板"对话框的数据库模板

图 2-5 "新建数据库"对话框

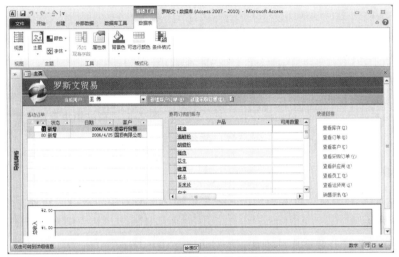

图 2-6 "罗斯文"数据库界面

ⓘ **注意**

为了便于以后管理和使用，在创建数据库之前，最好先建立用于保存该数据库的文件夹。

完成上述操作后，"罗斯文"数据库的结构框架就建立起来了。但数据库中所包含的表以及每个表中所包含的字段不一定完全符合要求，因此，在使用向导创建数据库后，还要对其进行修改，使其最终满足需要，修改方法将在后面的章节中介绍。

2.2.2 创建空数据库

在很多情况下，利用向导不能创建完全满足要求的数据库，或者要创建的数据库的内容同数据库向导所提供的差别较大，这时就需要自行创建数据库了。用户可以首先建立一个空数据库，然后再根据实际需要，添加所需要的表、查询、窗体、报表等对象。这种方法最灵活，可以创建出所需要的各种数据库。

一个系统的建立，可以从创建空数据库入手，逐步添加对象，完善功能。

例2-2 创建一个空的商品销售管理数据库。具体操作步骤如下：

① 启动 Access 数据库系统，在"新建"任务窗格中单击"空数据库"按钮，弹出"文件新建数据库"对话框。

② 在其中的"保存位置"下拉列表框中指定文件的保存位置为"E:\ Access 示例\"，在"文件名"文本框中输入"商品销售管理"，如图 2-7 所示。

③ 单击"创建"按钮，Access 将创建名为"商品销售管理"数据库，窗口中显示"商品销售管理"数据库窗口，如图 2-8 所示。

图 2-7　"文件新建数据库"对话框　　　　图 2-8　"商品销售管理"数据库窗口

目前，空数据库中没有任何表和其他对象，等待以后添加。

2.2.3　打开和关闭数据库

使用或维护数据库都需要先打开数据库，然后根据个人的使用习惯设置数据库窗口的外观。

1．打开数据库

Access 提供了 3 种打开数据库的方法：

（1）直接双击数据库文件

在 Access 2010 中，数据库文件是一个文档文件，所以可以在"资源管理器"或"我的电脑"窗口中，通过双击.accdb 文件打开数据库文件，与 Windows 中打开文件的方法相同。

（2）从 Access 中打开数据库

在 Access 2010 窗口中选择"文件"→"打开"命令，会弹出如图 2-9 所示的"打开"对话框，选择包含所需数据库文件的文件夹并选中需要打开的数据库文件，然后单击"打开"按钮，将打开该数据库文件。

在"打开"对话框中，"打开"按钮的右侧有一个下拉按钮，单击该下拉按钮会展开一个下拉菜单，如图 2-10 所示。菜单中 4 个选项的含义如下：

"打开"选项：被打开的数据库文件可被其他用户共享，这是默认的打开方式。

"以只读方式打开"选项：只能使用和浏览被打开的数据库文件，不能对其进行修改。

"以独占方式打开"选项：其他用户不能使用被打开的数据库文件。

"以独占只读方式打开"选项：只能使用和浏览被打开的数据库文件，不能对其进行修改，其他用户不能使用该数据库文件。

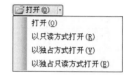

图 2-9 "打开"对话框   图 2-10 数据库打开方式

（3）打开最近使用的数据库文件

在打开或创建数据库时，Access 2010 会将该数据库的文件名和位置添加到最近使用文档的内部列表中。此列表显示在"文件"选项卡的"最近所用文件"命令中，以方便用户打开最近使用的数据库。选择"文件"→"最近所用文件"命令，然后在"最近使用的数据库"列表中单击要打开的数据库文件，Access 将打开相应的数据库文件。

2．关闭数据库

在完成数据库操作后，需要将其关闭。在 Access 2010 主菜单中选择"文件"→"关闭数据库"命令可以关闭当前数据库。

2.2.4 设置默认文件夹

通常 Access 系统打开或保存数据库文件的默认文件夹是"My Documents"。但为了数据库文件管理、操作上的方便，可把数据库放在一个"专用"的文件夹中，这就需要设置默认文件夹。

例2-3 设置 Access 的数据库默认文件夹为"E:\ Access 示例"。具体操作步骤如下：

① 在 Access 2010 窗口中选择"文件"→"选项"命令，弹出"Access 选项"对话框，如图 2-11 所示。

② 在"常规"选项卡的"默认数据库文件夹"文本框中输入要设置为默认工作文件夹的路径，在此输入"E:\ Access 示例"。

③ 单击"确定"按钮，完成设置。

在这里还可以对另外两个设置进行更改。在"空白数据库的默认文件格式"下拉列表框中，默认的格式是"Access 2007"，通过下拉选项可以将其更改为 "Access

图 2-11 "Access 选项"对话框的"常规"选项卡

2000"或"Access 2002-2003"。在"新建数据库排序次序"下拉列表框中，默认的次序是"汉语拼音"，通过下拉选项也可以对其进行修改。

2.3 表 的 概 念

数据表对象是 Access 数据库应用的基础，其他对象都是在表的基础上创建的并依赖于数据表。在 Access 中，一个表就是一个关系，也就是一个满足关系模型的二维表，即由行和列组成的表格，所有实际存储的数据都存放在表中。表 2-1 所示为"商品销售管理"数据库中的员工表。

表 2-1　员工表

员工号	姓名	性别	出生日期	政治面貌	婚否	部门	工资	联系电话	简历	照片
0001	任晴盈	女	1982/2/15	党员	TRUE	销售二部	2200	88140021	湖北武汉	略
0002	张仲繁	男	1983/5/19	党员	TRUE	销售一部	1500	88141250	湖北武汉	略
0003	萧枫	男	1972/12/9	群众	FALSE	销售一部	1800	88141602	江苏南京	略
0004	杨郦	女	1985/6/18	团员	FALSE	销售一部	2500	88141004	湖南益阳	略
0005	王芳	女	1970/6/27	群众	FALSE	销售三部	2800	88145209	四川成都	略
0006	陈人杰	男	1974/9/12	群众	TRUE	销售二部	2000	88145618	湖北孝感	略
0007	胡芝琳	女	1976/12/5	党员	TRUE	销售二部	4500	88141920	湖北宜昌	略
0008	李墨非	男	1985/1/4	群众	FALSE	销售一部	2000	88145302	河南郑州	略
0009	杨茉	女	1988/4/29	团员	FALSE	销售一部	2300	88147501	江苏苏州	略
0010	朱成	男	1980/9/10	党员	TRUE	销售二部	3200	88144568	湖南长沙	略
0011	赵俊	男	1983/4/25	群众	TRUE	销售三部	1900	88144510	甘肃兰州	略

2.3.1 表的结构

Access 表由表结构和表内容两部分组成。其中，表结构是指数据表的框架，主要包括表名、字段名称、字段类型、字段说明以及字段属性。

（1）表名

数据表存储在数据库中并以唯一的名称标识，用于用户访问数据库，表名的命名规则同标识符的命名规则。

（2）字段名称

字段名称又称字段变量，指二维表中某一列的名称。字段的命名必须符合以下规则：

① 字段名的长度为 1~64 个字符。

② 字段名可以包括字母、数字、汉字、空格和其他字符，但不能以空格开头。

③ 字段名称不能包括句号（.）、惊叹号（!）、方括号（[ ]）和单引号（'）。

（3）字段类型

字段值的数据类型，表中的每一个字段由于其数据代表的意义不一样，因而都有特定的数据类型。在 Access 2010 中共有 12 种数据类型。

（4）字段说明

对字段的说明，帮助用户记住字段的用途或了解它的目的。

（5）字段属性

字段大小、格式、输入掩码、有效性规则等。

2.3.2　字段类型

数据类型决定了表中数据的存储形式和使用方式，适当的数据类型能够反映字段所表示的信息选择。在 Access 2010 中，字段的数据类型可分为文本型、备注型、数字型、日期/时间型、货币型、自动编号型、是/否型、OLE 对象型、超链接型、计算型、附件型以及查阅向导型。

1．文本型

文本型用于存放不具有计算能力的字符串数据，如员工表中的员工号、姓名、性别、部门、电话号码字段。文本型数据可以存储汉字（在 Access 2010 中，一个汉字占一个字符位）和 ASCII 字符集中可打印的字符（英文字符、数字字符、空格及其他专用字符），最大长度为 255 个字符。

2．备注型

备注型用于存放长文本数据，如备注、说明和简历等。备注型数据是文本型数据的特殊形式，存储的内容最多可为 64 KB。Access 不能对备注型字段进行排序或索引。

3．数字型

数字型用于存储进行算术运算的数字数据，如员工表中的工资字段。根据表示形式和存储形式的不同，数字型可分为字节、整型、长整型、单精度型、双精度型等，其长度由系统设置，分别为 1，2，4，8 字节。其中，单精度的小数位精确到 7 位，双精度的小数位精确到 15 位，系统默认数字型字段为长整型。

4．日期/时间型

日期/时间型用于存放日期、时间或两者的组合，如员工表中的出生日期。根据存放和显示格式的不同，又分为常规日期、长日期、中日期、短日期、长时间、中时间和短时间等。其长度系统设置，为 8 个字节。

5．货币型

货币型是数字型的特殊类型，等价于具有双精度属性的数字型，用于存放货币值，如商品表中的价格。输入数据时，系统会自动添加货币符号和千位分隔符，并添加两位小数到货币字段中。其长度由系统设置，为 8 字节。

6．自动编号型

自动编号型用于存放递增数据或随机数据，如商品编号、顺序号等。在向表中添加记录时，Access 指定的唯一递增数据（自动加 1）或随机数据（随机的长整型数据）。数据类型在新值属性中指定。自动编号型数据类型一旦被指定，就永久地与记录连接，不能更新。其长度由系统设置，为 4 字节。

7．是/否型

是/否型用于存放逻辑型数据，表示是/否（Yes/No）或真/假（True/False）或开/关（On/Off），如婚否、借出否、是否党员等。其长度由系统设置，为 1 字节，实际表中存储的数据是整数 0 与–1，–1 表示逻辑真，0 表示逻辑假。

8．OLE 对象型

OLE（object linking and embedding，对象的链接与嵌入）用于链接或嵌入对象，如 Excel 表格、Word 文档、图形、声音或其他二进制数据。如员工表中的照片字段，其大小最多为 1 GB（受可用磁盘空间限制）。

9．超链接型

超链接型以文本形式存放超链接地址，最多存储 64 KB 个字符。超链接型地址一般格式为：

DisplayText#address 其中，Display 表示在字段中显示的文本、Address 表示链接地址。例如，超链接字段内容为"学校主页#http://www.wust.edu.cn"，表示链接的目标是"http://www.wust.edu.cn"，而字段中显示的内容是"学校主页"。

10. 计算型

计算型（Computed）字段是指该字段的值是通过一个表达式计算得到的，这是 Access 2010 新增加的数据类型，使用这种类型可以使原本必须通过查询的计算任务，在数据表中就可以完成。

11. 附件型

Access 2010 新增了附件（Attachment）数据类型。使用附件可以将整个文件嵌入数据库中，这是将图片、文档及其他文件和与之相关的记录存储在一起的重要方式，但所添加的单个文件的大小不得超过 256 MB，且附件总的大小最大为 2 GB。使用附件可以将多个文件存储在单个字段之中，例如，有一个"教师"表，可以将教师的代表作附加到每个教师的记录中。

12. 查阅向导型

查阅向导型仍然显示为文本型，所不同的是，使用列表框或组合框从另一个表或值列表中选择一个值，便于输入数据。

如员工表中的部门既可以定义为文本型也可以定义为查阅向导型，若定义为文本型，则在输入每一条记录的部门字段时都需要输入值；若定义为查阅向导型，则在定义表结构时就可以通过使用查阅列查阅表或查询中的值或自行输入所需值的方式将值输入，在输入数据时其内容便以列表框或组合框的形式显示，只需从中选择，不需要再输入。

思考：是否所有的文本型都可定义为查阅向导型，如姓名？

说明：对于某一具体数据而言，可以使用的数据类型有多种，如员工号既可以使用数字型也可以使用文本型，部门既可以使用文本型也可以使用查阅向导型，但只有一种最合适。对字段数据类型的选择主要从以下几个方面考虑：

① 字段中需要存放什么类型的信息。

② 需要多大的存储空间来保存该字段的值。

③ 是否要对该字段进行计算。

④ 是否要进行排序或索引。

⑤ 是否要在查询或报表中按该字段分组。

例2-4 分别定义商品销售管理数据库中商品表、员工表、销售单、销售明细 4 张表的结构，如表 2-2 ~ 表 2-5 所示。

表 2-2 商品表的结构

字 段 名 称	数 据 类 型	字 段 大 小
商品号	文本型	6
商品名	文本型	10
型号	文本型	10
生产日期	日期/时间型	短日期
生产厂家	文本型	10
价格	货币型	

表 2-3 员工表的结构

字 段 名 称	数 据 类 型	字 段 大 小
员工号	文本型	4
姓名	文本型	4
性别	文本型	1
出生日期	日期/时间型	短日期
政治面貌	查阅向导型	2
婚否	是否型	
部门	文本型	6
工资	数字型	长整型
联系电话	文本型	12
简历	备注型	
照片	OLE 对象型	

表 2-4 销售单的结构

字 段 名 称	数 据 类 型	字 段 大 小
销售号	文本型	9
员工号	文本型	4
销售日期	日期/时间型	短日期

表 2-5 销售明细表的结构

字 段 名 称	数 据 类 型	字 段 大 小
销售号	文本型	9
商品号	文本型	6
数量	数字型	整型

2.4 创 建 表

打开数据库后，可进入 Access 2010 主窗口，对数据库对象的操作都在该界面下进行。数据库创建成功后，首要任务便是创建数据表。创建表主要有如下 3 种方法：使用设计视图创建表；使用数据表视图创建表；使用已有的数据创建表。

2.4.1 创建表结构

1. 使用设计视图创建表
使用设计视图创建表是一种比较常用的方法。对于较为复杂的表，通常都是在设计视图中创建的。

例2-5 使用设计视图创建商品表。具体操作步骤如下：

① 打开"商品销售管理"数据库，单击"创建"选项卡，再在"表格"组中单击"表设计"按钮，打开表的设计视图，如图 2-12 所示。

③ 在设计视图窗口中输入"商品"表中每个字段的名称、类型、长度等信息。

④ 选择"文件"→"保存"命令，或单击快速访问工具栏中的"保存"按钮，在弹出的"另存为"对话框中输入表名"商品"，然后单击"确定"按钮完成操作。

由图 2-12 所示的设计视图可看出，表的设计视图分为上、下两部分，上半部分为字段输入区，在此部分输入字段的名称，选择数据类型，对字段进行说明；下半部分为字段属性区，用户可以通过设置不同的属性值，使当前的数据类型更好地适应字段信息的要求。

图 2-12　设计视图窗口

例 2-6　定义员工表中的政治面貌为查阅向导型。具体操作步骤如下：

① 在员工表设计视图中，将光标移动到"政治面貌"字段的"数据类型"选择列表中，单击"查阅向导型"，弹出"查阅向导"对话框之一，如图 2-13 所示。

② 选中"自行键入所需的值"单选按钮，单击"下一步"按钮，弹出"查阅向导"对话框之二，如图 2-14 所示。

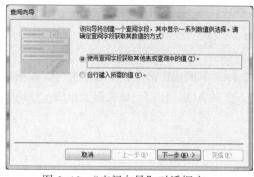

图 2-13　"查阅向导"对话框之一

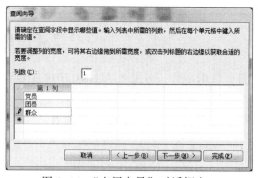

图 2-14　"查阅向导"对话框之二

③ 输入"党员"、"团员"和"群众"，输入完成后单击"下一步"按钮，弹出"查阅向导"对话框之三，如图 2-15 所示。

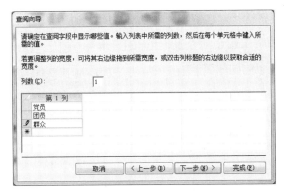

图 2-15 "查阅向导"对话框之三

④ 在该对话框中，单击"完成"按钮结束操作。

将政治面貌定义为查阅向导型后，在表设计视图中，查阅向导类型还是会显示文本型。只有在数据表视图向该表中输入政治面貌字段内容时，才会显示如图 2-16 所示的列表框，从中选择即可，无须输入。

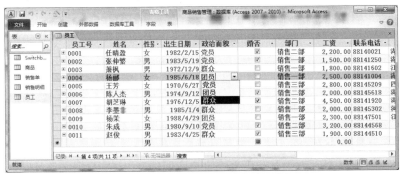

图 2-16 输入政治面貌内容示例

📃 说明

使用设计视图是一种十分灵活但比较复杂的方法，需要花费较长的时间。对于较为复杂（字段类型复杂，属性设置也比较多）的表，通常都是在设计视图中创建。

2．使用数据表视图创建表

例2-7 通过数据表视图创建销售单表。具体操作步骤如下：

① 打开"商品销售管理"数据库，单击"创建"选项卡，再在"表格"组中单击"表"按钮，进入数据表视图，如图 2-17 所示。

② 双击视图中 ID 字段列，使其处于可编辑状态，将其改为"销售号"。

③ 选中"销售号"字段列，在"表格工具/字段"选项卡中的"格式"组中，把"数据类型"由"自动编号"改为"文本"，在"属性"组中把"字段大小"设置为"9"，如图 2-18 所示。

④ 单击"单击以添加"列标题，选择字段类型为"文本"，然后在其中输入新的字段名"员工号"并修改字段大小，这时在右侧又添加了一个"单击以添加"列。使用同样的方法依次输入字段名称"销售日期"，设置类型为"日期/时间"，如图 2-19 所示。

图 2-17　数据表视图

图 2-18　设置"销售号"字段

图 2-19　设置"员工号""销售日期"字段

⑤ 选择"文件"→"保存"命令，或在快速访问工具栏中单击"保存"按钮，以"销售单"为名称保存表。

3．使用已有的数据创建表

使用已有数据通过导入外部数据及利用生成表查询创建表，这些数据文件可以是电子表格、文本文件或其他数据库系统创建的数据文件。

例 2-8　使用导入表的方式创建销售明细表，数据来源是"E:\Access"文件夹下的"销售明细.xls"。具体操作步骤如下：

① 在 Access 2010 中打开"商品销售管理"数据库。

② 在导航窗格中选定表类对象，右击导航窗格空白处，在弹出的快捷菜单中选择"导入"→"Excel"命令，如图 2-20 所示，弹出"获取外部数据"对话框，如图 2-21 所示。

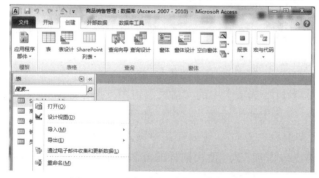

图 2-20　导航窗格弹出的快捷菜单

图 2-21　"获取外部数据"对话框

③ 单击"浏览"按钮，确定导入文件所在的文件夹为"E:\Access 示例"，在文件列表框中选中"销售明细.xlsx"文件。

④ 单击"确定"按钮，弹出"导入数据表向导"对话框之一，如图 2-22 所示。

⑤ 单击"下一步"按钮，弹出"导入数据表向导"对话框之二，如图 2-23 所示。

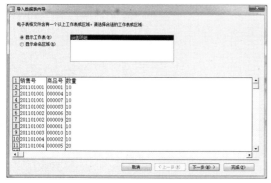

图 2-22　"导入数据表向导"对话框之一

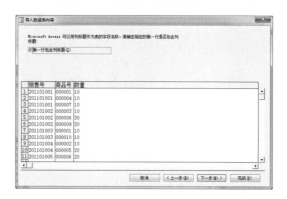

图 2-23　"导入数据表向导"对话框之二

⑥ 选中"第一行包含列标题"复选框，单击"下一步"按钮，弹出"导入数据表向导"对话框之三，如图 2-24 所示。

⑦ 该对话框用来指定正在导入的每一个字段的信息，包括类型、名称、索引。本例不做特别的设置，单击"下一步"按钮，弹出"导入数据表向导"对话框之四，如图 2-25 所示。

图 2-24　"导入数据表向导"对话框之三

图 2-25　"导入数据表向导"对话框之四

⑧ 该对话框用来为新表定义一个主键。选中"我自己选择主键"单选按钮，然后在右边的下拉列表框中选中"销售号"作为主键，单击"下一步"按钮，弹出"导入数据表向导"对话框之五，如图 2-26 所示。

⑩ 该对话框是为新建的表命名，在"导入到表"文本框中输入"销售明细"，然后单击"完成"按钮，弹出提示完成数据导入的消息框，单击"确定"按钮，导入创建表结束。

ⓘ 说明

　　使用导入表方法创建的表，所有字段的宽度都取系统默认值；导入文件时要选择正确的文件类型。

图 2-26 "导入数据表向导"对话框之五

2.4.2 表的两种视图

对表做任何操作前,都需要打开数据表。如果要对表的内容进行编辑,需要在"数据表视图"下打开(见图 2-16),数据表视图以二维表的形式显示表的内容,第一行显示字段的名称,下面就是表的每一条记录;如果要对表的结构进行编辑,需要在"设计视图"下打开(见图 2-12),在设计视图中显示的是表中各字段的基本信息,如字段名称、数据类型、说明等。

1. 在数据表视图中打开表

① 双击要打开表的图标。

② 选中要打开的表的名称并右击,在弹出的快捷菜单中选择"打开"命令。

③ 选中要打开的表的名称,单击数据库窗口中的"打开"按钮。

2. 在设计视图中打开表

① 选中要打开的表的名称并右击,在弹出的快捷菜单中选择"设计视图"命令。

② 选中要打开的表的名称,单击数据库窗口中的"设计"按钮。

ⓘ **说明**

单击"视图"组的"视图"按钮 ,可以在两个视图之间进行切换。

2.4.3 数据的输入

表创建完成后可以直接向表中输入数据,也可以重新打开表输入数据。数据类型不同,数据的输入方法也不同。

例2-9 向员工表中输入数据。具体操作步骤如下:

① 在 Access 2010 中打开"商品销售管理"数据库。

② 在数据表视图中打开"员工"表,如图 2-27 所示。

③ 将光标移动到文件尾,依次输入各个字段的内容,文本、日期/时间、数字型可直接输入。

图 2-27 "员工"表数据表视图

④ 当光标移动到"照片"字段时右击，在弹出的快捷菜单中选择"插入对象"命令，弹出 Microsoft Access 对话框，选择"由文件创建"单选按钮，如图 2-28 所示，单击"浏览"按钮，找到事先存放在磁盘上的照片文件，单击"确定"按钮，即完成对象的插入。

图 2-28 Microsoft Access 对话框

⑤ 数据输入完毕，单击"确定"按钮即可保存数据。

ⓘ 说明

① 输入文本型数据时，长度超过设置的字段大小时，系统会自动截断超出部分。

② 日期型数据的输入格式为 yyyy-mm-dd 或 mm-dd-yyyy，其中 y 表示年，m 表示月，d 表示日。

③ 自动编号型数据由系统自动添加，不能人工指定或更改自动编号型字段中的数值。如果删除表中含有自动编号字段的记录以后，系统将不再使用已被删除的自动编号字段的数值。

④ 输入是/否型字段内容时，可以选择其值。"√"表示"真"值，不带"√"表示"假"值。

⑤ 查阅向导型直接选择即可。

⑥ 计算类型字段数据不需要输入，数据直接通过计算得到。

2.5 表的属性设置

在设计表结构时，用户应考虑每个字段的属性，如字段名称、数据类型、字段大小、格式、输入掩码、默认值、有效性规则等。当选择了某个字段后，"设计视图"下方的"字段属性"区域就会显示出该字段的相应属性（见图 2-12）。下面介绍一些字段属性的设置方法。

2.5.1 字段大小

字段大小即字段的长度，表示字段中可以存放数据的最大字符数。除文本型数据需要自己设定长度外，其他类型的字段大小由系统给定。

文本型字段默认值是 50 字符，用户可以根据实际需要，遵循"够用"和"不浪费"的原则，设置合适的字段大小。如员工表中的"姓名"字段，如果字段大小设置为 3，则姓名为 4 个汉字的记录就无法输入；如果设置得过长，则造成浪费，因此"姓名"字段的大小设置为 4 比较合适。

2.5.2 字段的格式

字段的格式用于定义数据显示或打印的格式。它只改变数据的显示格式而不改变数据的存储格式及输入格式。用户可以使用系统预定义的格式，也可以用格式符号来设置自定义格式。

1. 系统预定义格式

系统提供了数字和货币型字段的预定义格式，共 7 种，如图 2-29 所示；日期/时间型预定义格式，共 7 种，如图 2-30 所示；是/否型预定义格式，共 3 种，如图 2-31 所示。用户可根据需要进行选择。

常规数字	3456.789
货币	¥3,456.79
欧元	€3,456.79
固定	3456.79
标准	3,456.79
百分比	123.00%
科学记数	3.46E+03

常规日期	2007/6/19 17:34:
长日期	2007年6月19日
中日期	07-06-19
短日期	2007/6/19
长时间	17:34:23
中时间	5:34 下午
短时间	17:34

真/假	True
是/否	Yes
开/关	On

图 2-29 数字和货币型字段格式　　图 2-30 日期/时间型字段格式　　图 2-31 是/否型字段格式

2. 使用格式符号自定义格式

用户也可使用格式符号自定义格式，如表 2-6 所示。

表 2-6 文本型/备注型常用格式符号

格式符号	说　　明	设置示例	格式显示示例
@	要求是文本字符	(@@)@@	输入：abcd；显示：(ab)cd
&	不要求是文本字符	&&_&&	输入：1234；显示：12_34
<	把所有英文字母转化为小写	<	输入：QWEf；显示：qwef
>	把所有英文字母转化为大写	>	输入：QWEf；显示：QWEF
!	将数据左对齐	!	
-	将数据右对齐	-	

2.5.3 输入掩码

输入掩码用于定义数据的输入格式，通过输入掩码可以更有效地格式化数据的输入，以保证输入正确的数据。

设置输入掩码的方法是在设计视图窗口字段属性区的输入掩码编辑框中直接输入格式符（格式符用于定义字段的输入数据格式），如表 2-7 所示；也可以通过"输入掩码向导"对话框进行设置，如

图 2-32 所示。

表 2-7 输入掩码的格式符号

格 式 符 号	含 义
0	该位置必须输入数字
9	该位置可以输入数字或空格,不允许输入加号和减号
#	该位置可以输入数字或空格,允许输入加号和减号
L	该位置必须输入英文字母,大小写均可
?	该位置可以输入英文字母或空格,字母大小写均可
A	该位置必须输入英文字母或数字,字母大小写均可
a	该位置必须输入英文字母、数字或空格,字母大小写均可
&	该位置必须输入空格或任意字符
C	该位置可以输入空格或任意字符
. , : ; – /	用来设置小数点、千位、日期时间分隔符
<	将其后所有字母转换为小写
>	将其后所有字母转换为大写
!	使输入掩码从右到左显示
\	使接下来的字符以原义字符显示(如\A 只显示为 A)
密码	使输入的字符都按字面字符保存,但显示为"*"号,个数与输入字符个数一样

例2-10 在员工表中完成"员工号"、"联系电话"和"出生日期"字段的输入掩码设置。

① 设置"员工号"字段的输入掩码,只能输入 4 位数字。

步骤 1:在 Access 中打开"商品销售管理"数据库。

步骤 2:在设计视图下打开"员工"表,单击"员工号"字段行任意位置。

步骤 3:在字段属性区的"输入掩码"编辑框中直接输入"0000",如图 2-33 所示。

图 2-32 "输入掩码向导"对话框

图 2-33 "员工号"字段输入掩码设置

② 设置"联系电话"字段的输入掩码，要求前 4 位为"027-"，后 8 位为数字。

步骤 1：已在设计视图中打开"员工"表，单击"联系电话"字段行任意位置。

步骤 2：在字段属性区的"输入掩码"编辑框中直接输入""027-"00000000"，如图 2-34 所示。

③ 设置"出生日期"字段的输入掩码为"中日期"。

步骤 1：单击"出生日期"字段行任意位置。

步骤 2：单击字段属性区的"输入掩码"行右侧的表达式生成器按钮 ，在弹出的"输入掩码向导"对话框中选择"中日期"行，如图 2-35 所示，连续两次单击"下一步"按钮，然后单击"完成"按钮。

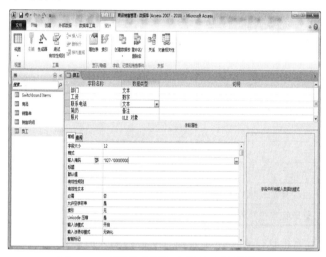

图 2-34 "联系电话"字段输入掩码设置

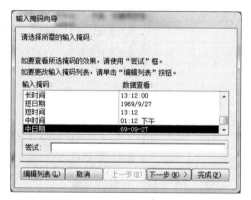

图 2-35 "出生日期"字段输入掩码设置

🛈 **说明**

① 当输入掩码设置成功后，则不能输入不符合格式的数据。

② 对同一字段，同时定义了格式和输入掩码，则显示数据时，格式属性优先。

2.5.4 默认值

当表中某个字段的值重复率比较高时，可以将该值设置为默认值。默认值属性可以为除了"自动编号型"和"OLE 对象型"以外的所有字段指定一个默认值。默认值是在新的记录被添加到表中时自动为字段设置，它可以是与字段的数据类型匹配的任意值。

2.5.5 有效性规则与有效性文本

当输入数据时，有时会将数据输入错误，如"性别"字段输入不是"男"或"女"的其他字符，"成绩"字段本应输入 0 ~ 100 的数字，结果输入了 0 ~ 100 之外的其他数字等。这些错误都可以通过设置"有效性规则"和"有效性文本"来避免。

有效性规则用于设置输入到字段中的数据的值域，是对一个字段的约束，当输入该字段值时，核查数据是否超过范围，若超过范围，则拒绝该值。有效性文本用于设置当用户输入的值超出范围时，显示的出错提示信息。

例2-11　在员工表中完成"性别"、"出生日期"和"姓名"字段的有效性规则与有效性文本设置。

① 设置"性别"字段的默认值为"男",有效性规则为:男或女,同时设置有效性文本为"性别只能是男或女"。

步骤 1:在 Access 2010 中打开"商品销售管理"数据库。

步骤 2:在设计视图下打开"员工"表,单击"性别"字段行任一点。

步骤 3:在字段属性区的"默认值"文本框中直接输入"男",在"有效性规则"文本框中输入[性别]="男" Or [性别]="女",在"有效性文本"文本框中输入"性别只能是男或女",如图 2-36 所示。

② 设置"出生日期"字段的默认值为 2001-01-01,有效性规则为:1966 年到 2003 年之间,同时设置有效性文本为"请输入正确的出生日期"。

步骤 1:已在设计视图中打开"员工"表,单击"出生日期"字段行任一点。

步骤 2:在字段属性区的"默认值"文本框中直接输入#2001-01-01#,在"有效性规则"文本框中输入[出生日期]>=#1966-01-01# and [出生日期]<=#2003-01-01#,在"有效性文本"文本框中输入"请输入正确的出生日期"。

③ 设置"姓名"字段的有效性规则为:不能为空值,有效性文本为"不能为空值"。

步骤 1:单击"姓名"字段行任一点。

步骤 2:在字段属性区的"有效性规则"文本框中输入 is not null,在"有效性文本"文本框中输入"不能为空值"。

图 2-36　"性别"字段有效性规则与有效性文本设置

说明

① "默认值"文本框中输入的数据是和该字段同类型的常量,如出生日期的默认值就不能直接输入 2001-01-01,而应是合法的日期型常量#2001-01-01#。

② "有效性规则"文本框中输入的是一个与字段相关的合法逻辑表达式。规则设置后,在输入记录时,系统会对新输入的字段值进行检查,若输入不在有效性范围内,就会出现提示信息,表示输入记录的操作不能进行。如例 2-11 中,将出生日期的值输错,输入#2022-02-04#,系统会提示出错,如图 2-37 所示。

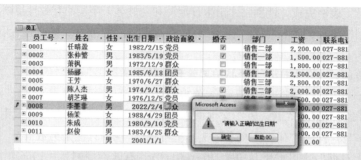

图 2-37　"出生日期"字段输入错误及错误提示

③ "有效性文本"文本框中输入的是一个文本型常量,错误信息提示必须用英文双引号括起来。若没有设置有效性文本,系统也会弹出消息框,内容是系统默认的。

2.5.6　字段的其他属性

除了上面介绍的属性外,还有下面的一些属性:

① 小数位数,可以对数值型和货币型字段设置小数位数,只影响数据显示的小数位数,不影响保存在表中的数据。可以在 0~15 位之间,系统默认值为 2。

② 标题,设置默认情况下在表单、报表和查询的标签中显示的文本。

③ 必填字段,该属性设置为"是"时,要求在字段中必须输入数据,不允许为空。

④ 输入法模式,该属性设置为"开启"时,则在输入该字段内容时,自动切换到中文输入法,该属性主要用于文本型字段。

⑤ 索引,具体内容见 2.8.2 节。

2.6　表 的 维 护

要使一个数据库能够更好地反映事物的真实特征,它的结构和记录就需要及时修改更新,因此表的维护是一项日常工作,可以使数据库更符合实际需求。

表的维护分为修改表的结构,修改表中的数据,修改表的外观,表的复制、删除、重命名,数据的导入和导出等。

2.6.1　修改表的结构

修改表的结构包括修改字段名称、数据类型、字段大小,增加字段,删除字段以及修改字段的属性等,这些操作都可以通过表设计器完成,其中增加字段、删除字段以及字段重命名也可以在数据表视图下进行。

1．修改字段

修改字段包括修改字段的名称、数据类型、说明和属性等。

（1）在设计视图中修改字段名称

方法:在设计视图窗口中,将光标定位在要修改字段的名称处,删除原来的名称后输入新的名称即可。

（2）在数据表视图中修改字段的名称

方法：在数据表视图中，右击要修改的字段的名称处，在弹出的快捷菜单中选择"重命名列"命令；也可以双击要修改的字段名称，光标将在字段处闪动，直接输入新的名称即可。

（3）修改字段的数据类型、说明和属性等。

方法：只能在设计视图中进行相应的修改。

ⓘ **说明**

修改字段的类型、大小时，有可能造成数据丢失，修改时应慎重。

2．添加字段

（1）在设计视图中添加字段

方法：在设计视图中打开该表，将光标移动到要插入新字段的位置并右击，在弹出的快捷菜单中选择"插入行"命令，也可以单击工具栏中的"插入行"按钮，在新插入行中输入新字段的相关信息即可。

（2）在数据表视图中添加字段

方法：在数据表视图中打开该表，将光标移动到要插入新字段的位置并右击，在弹出的快捷菜单中选择"插入列"命令项，系统在当前列之前插入一个新列，并将字段名命名为字段 1，用户将字段 1 修改为所需的字段名称即可。

ⓘ **说明**

在表中添加的新字段不会影响其他字段和现有字段。但利用该表已建立的查询、窗体或报表，新字段不会自动加入。

3．删除字段

（1）在设计视图中删除字段

方法：在设计视图中打开该表，将光标移动到要删除字段的位置并右击，在弹出的快捷菜单中选择"删除行"命令，弹出图 2-38 所示的确认对话框，单击"是"按钮即可。

（2）在数据表视图中删除字段

方法：在数据表视图中打开该表，右击要删除字段的名称，

图 2-38　删除字段时的确认对话框

在弹出的快捷菜单中选择"删除列"命令，弹出图 2-38 所示的确认对话框，单击"是"按钮即可。

ⓘ **说明**

删除一个字段时，该字段的内容也同时被删除。

例2-12　在员工表中，在"工资"和"联系电话"两字段间添加一个字段"邮箱密码"，类型为文本型，大小为 6，并设置其输入掩码，使输入的密码显示为 6 位星号（密码）。具体操作步骤如下：

① 在 Access 中打开"商品销售管理"数据库。

② 在设计视图下打开"员工"表，将光标移动到"联系电话"字段的位置并右击，在弹出的快捷菜单中选择"插入行"命令，如图 2-39 所示。

③ 在新插入行中输入"邮箱密码"字段名称，类型选择"文本"，字段大小为 6，如图 2-40 所示。

图 2-39　选择"插入行"命令

图 2-40　设置字段名称、类型和大小

④ 单击"输入掩码"行右侧的表达式生成器按钮，弹出"输入掩码向导"对话框，在列表内选择"密码"行，单击"完成"按钮，如图 2-41 示。

⑤ 单击"保存"按钮，完成操作。

2.6.2　修改表的内容

当情况发生变化（如员工表中有的员工辞职了、新进员工或调整工资等）时，要及时对表中的数据进行调整和修改。

修改表的内容包括添加数据、删除数据、修改数据和复制数据等，这些操作都在表的数据表视图中完成。

图 2-41　设置输入掩码

在数据表中，每一条记录都有一个记录号，记录号是由系统按照记录录入的先后顺序赋给记录的一个连续整数。在数据表中，记录号与记录是一一对应的。在某一时刻只能有一条记录正在被编辑，此记录称为"当前记录"。因此，在修改表内容之前，应先定位或选择记录。

1．定位记录

（1）使用记录定位器定位

方法：在数据表视图窗口中打开一个表后，窗口下方会显示一个记录定位器，该定位器有一组记录号浏览按钮。可以使用这些按钮在记录间快速定位，如图 2-42 所示。

图 2-42　记录定位器

> **说明**
> ① 单击 按钮定位到第一条记录。
> ② 单击 按钮定位到上一条记录。
> ③ 单击 按钮定位到下一条记录。
> ④ 单击 按钮定位到最后一条记录。
> ⑤ 在记录编号框中直接输入记录号，如 4 ，则第 4 条记录为当前记录。

（2）使用快捷键定位

方法：Access 提供一组快捷键，通过这些快捷键可以方便地定位记录，如表 2-8 所示。

表 2-8　快捷键功能表

快捷键	功　　　　　　能
F5	移到记录编号框
End	在记录定位模式中，移动到当前记录的最后一个字段
Home	在记录定位模式中，移动到当前记录的第一个字段
Tab/Enter 或→	移动到下一个字段
Shift+Tab	移动到上一个字段
↓	移动到下一条记录的当前字段
PageUP	上移一页，结尾处将移动到上一条记录相对应的页
PageDown	下移一页，结尾处将移动到上一条记录相对应的页

2．选定数据

可以在数据表视图下用键盘或鼠标的方式来选定数据，具体操作如表 2-9 所示。

表 2-9　选定数据操作表

操　作　目　的	操　　作　　方　　式
选定某条记录	单击该记录的记录选择器
选定若干连续的记录	单击第一条记录，按住鼠标左键，拖动鼠标到指定范围结尾处
选定所有记录	单击工作表第一个字段名左边的全选按钮或选择"编辑"→"选择所有记录"命令
选定一列数据	单击该列的字段名称
选定多列连续的数据	在表的第一行字段名处用鼠标拖动字段名
选定部分连续区域的数据	将鼠标移动到数据的开始单元处，当指针变成"＋"形状时，从当前单元格拖动到最后一个单元格

3．添加记录

方法：在数据表视图中，单击工具栏或记录定位器上的"新记录"按钮 ，把光标移动到表的最后一行，直接输入新记录。

4．修改记录

方法：在数据表视图中，将光标定位到要修改的相应位置，直接修改即可。

5．删除记录

方法：在数据表视图中，选定要删除的记录，按【Delete】键，或选择"编辑"→"删除"命令，或单击工具栏中的"删除记录"按钮，或右击鼠标，在弹出的快捷菜单中选择"删除记录"命令，都会弹出图 2-43 所示的对话框，单击"是"按钮即可。

图 2-43　删除记录时的确认对话框

6．复制数据

在输入数据时，有些数据可能重复或相近，这时可以采用复制的方法，将选定的数据复制到指定的地方，提高输入的速度。

方法：选定要复制的数据，单击工具栏中的"复制"按钮或选择"编辑"→"复制"命令，再选定目标位置，单击工具栏中的"粘贴"按钮或选择"编辑"→"粘贴"命令即可。

7．查找、替换数据

在数据管理中，有时需要快速查找某些数据，或者有规律地对这些数据进行替换，这时可以使用 Access 提供的"查找和替换"功能。

例 2-13　在员工表中，将字段"部门"的取值"销售一部"替换为"第一销售部"。具体操作步骤如下：

① 在数据表视图下打开"员工"表，将光标定位到"部门"字段上。

② 右击该字段，在弹出的快捷菜单中选择"查找"命令，或者直接在"查找"组单击"查找"按钮，弹出"查找和替换"对话框，选择"替换"选项卡。

③ 在"查找内容"文本框中输入"销售一部"，在"替换为"文本框中输入"第一销售部"，在"查找范围"下拉列表框中选定"部门"，在"匹配"下拉列表框中选中"整个字段"，如图 2-44 所示。

④ 单击"全部替换"按钮，在弹出的消息对话框中单击"是"按钮即可。

图 2-44　"查找和替换"对话框

2.6.3　修改表的外观

数据表的显示可以根据个人喜好进行个性化设置，改变表的显示外观包括字体设置、单元格设置、设置行高和列宽、隐藏某些列、冻结列、改变字段的显示顺序等。

1．数据表格式及字体设置

方法：在数据表视图窗口功能区"文本格式"区域，如图 2-45 所示，在其中选择合适的字体、字号、颜色、背景色、边框等，选择完毕即可在数据表视图中看到设置效果。

图 2-45　"文本格式"区域数据表格式及字体设置

2．设置行高和列宽

设置行高和列宽可以直接拖动鼠标或使用菜单命令完成。

（1）直接拖动鼠标

方法：将鼠标指针移动到字段标题按钮的左右边界，拖动鼠标即可改变列宽；将鼠标指针移动到任意两行的行选择器之间，拖动鼠标即可改变行高。

（2）使用菜单命令

方法：在数据表视图窗口中，右击记录选定器（或字段选定器），在弹出快捷菜单中选择"行高（字段宽度）"命令，弹出"行高（列宽）"对话框，如图 2-46 所示，在"行高（列宽）"文本框中输入要设置的行高（列宽）值，单击"确定"按钮即可。

　（a）设置行高　　　　　　　　　　（b）设置列宽

图 2-46　"行高"和"列宽"对话框

3．隐藏/取消隐藏列

在数据表视图中，对于一些不想浏览的数据可以使用隐藏列操作，需要时取消隐藏即可。

方法：选中需要隐藏的列，右击该字段名，在弹出快捷菜单中选择"隐藏字段"命令，即可隐藏选中的列；若要恢复被隐藏的列，可在弹出的快捷菜单中选择"取消隐藏字段"命令，弹出"取消隐藏列"对话框，如图 2-47 所示，在其中选定要取消隐藏的列，单击"关闭"按钮即可。

图 2-47　"取消隐藏列"对话框

4．冻结/取消冻结列

如果想在字段滚动时，使某些字段始终在屏幕上固定不变，可以使用冻结列操作。这样，当滚动其他列时，这些列不随其他列滚动而滚动。

方法：选中需要冻结的列，右击该字段名，在弹出的快捷菜单中选择"冻结字段"命令，即可冻结选中的列；若要恢复被冻结的列，可选择"取消冻结所有字段"命令。

5．改变字段的顺序

方法：将鼠标移动到某个字段列的字段名上，当鼠标变成粗体的向下箭头时，单击选定该列，然后将列标头拖动到需要的位置后松开即可。

例2-14　在员工表中，使表的背景颜色为"青色"，文字字号为 14，行高为 18，冻结"姓名"字段列。具体操作步骤如下：

① 在数据表视图下打开"员工"表。

② 在数据表视图窗口功能区"文本格式"组，设置字体为"宋体"、字号为 14、背景色为"青色"。

③ 右击记录选定器，在弹出的快捷菜单中选择"行高"命令，弹出"行高"对话框，输入"18"，单击"确定"按钮，如图 2-48 所示。

④ 选择"姓名"字段列并右击，在弹出的快捷菜单中选择"冻结字段"命令，如图 2-49 所示。

⑤ 单击快速访问工具栏中的"保存"按钮，关闭数据库。

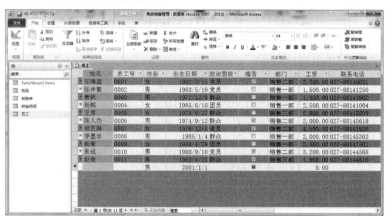

图 2-48　"行高"对话框　　　　图 2-49　设置"字体""字号""背景色""冻结列"

2.6.4　表的复制、删除、重命名

在表的修改操作中，除了修改表的结构、数据外，还可以对表进行复制、删除及重命名操作。

1．表的复制

表的复制包括复制"表的结构"、复制"结构和数据"和把"数据追加到另一个表"中。

例2-15　对于员工表按要求完成复制操作。

（1）将员工表的结构复制到 yg1 中。

（2）将员工表的结构和数据复制到新表 yg2 中。

（3）将员工表的数据追加到 yg1 中。

具体操作步骤如下：

① 在 Access 中打开"商品销售管理"数据库。

② 在导航窗格中选中表类对象，右击"员工"表，在弹出的快捷菜单中选择"复制"命令。

③ 右击表类对象区空白处，在弹出的快捷菜单中选择"粘贴"按钮，弹出"粘贴表方式"对话框，如图 2-50 所示。

④ 在"表名称"文本框中输入表名 yg1，选中"仅结构"单选按钮，然后单击"确定"按钮即可将员工表的结构复制到新表 yg1 中。

图 2-50 "粘贴表方式"对话框

⑤ 重复步骤①～③，在"表名称"文本框中输入表名 yg2，选中"结构和数据"单选按钮，然后单击"确定"按钮即可将员工表的结构和数据复制到新表 yg2 中。

⑥ 重复步骤①～③，在"表名称"文本框中输入表名 yg1，选中"将数据追加到已有的表"单选按钮，然后单击"确定"按钮即可将员工表的数据追加到 yg1 中。

2．表的删除

在数据库的使用过程中，一些无用的表需要删除，以释放所占用的空间。

例2-16 删除表 yg2。具体操作步骤如下：

① 在 Access 中打开"商品销售管理"数据库。

② 在导航窗格中选中表类对象，右击"员工"表，在弹出的快捷菜单中选择"删除"命令或按【Delete】键，弹出确认删除对话框，如图 2-51 所示，单击"是"按钮即可。

图 2-51 确认对话框

3．表的重命名

在数据库的使用过程中，如果对表的名称不满意，可以修改表的名称，即表的重命名。

例2-17 将 yg1 重命名为员工表副本。具体操作步骤如下：

① 在 Access 中打开"商品销售管理"数据库。

② 在导航窗格中选中表类对象，右击"员工"表，在弹出的快捷菜单中选择"重命名"命令。

③ 输入新表名"员工表副本"，按【Enter】键确认。

2.6.5 数据的导入和导出

数据的导入和导出实现了在不同的文件之间进行数据的共享。

1．数据的导入

导入数据是将数据从其他文件中加入到当前 Access 表中，在 2.4.1 节中介绍过。

例2-18 将"商品销售管理数据库 1"中的"员工 1"表导入到"商品销售管理数据库"中。具体操作步骤如下：

① 在 Access 中打开"商品销售管理"数据库。

② 在导航窗格中选中表类对象，右击"员工"表，在弹出的快捷菜单中选择"导入"→"Access 数据库"命令，弹出"获取外部数据"对话框，如图 2-52 所示。在"指定数据源"区域确认导入文件所在的文件夹为"E:\Access 示例"，单击右边"浏览"按钮，在"打开"对话框中选中"商品销售管理数据库 1"文件，如图 2-53 所示。

图 2-52 "获取外部数据"对话框

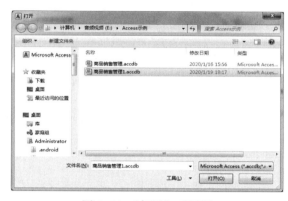

图 2-53 "打开"对话框

③ 单击"打开"按钮,回到图 2-52 所示对话框,单击"确定"按钮弹出"导入对象"对话框,如图 2-54 所示。

④ 在"表"选项卡中选中"员工 1"表,单击"确定"按钮即可。

图 2-54 "导入对象"对话框

2．数据的导出

导出数据是将当前 Access 表中的数据加入到其他文件中,数据可以导出到文本文件、Excel 电子表格和其他数据表中。

例 2-19 将"商品销售管理"数据库中"员工"表的数据导出到 Excel 电子表格中。具体操作步骤如下:

① 在 Access 中打开"商品销售管理"数据库。

② 在导航窗格中选中表类对象,右击"员工"表,在弹出的快捷菜单中选择"导出"→"Excel"命令,弹出"获取外部数据"对话框,如图 2-55 所示。

③ 在"指定数据源"区域确认导出文件所在的文件夹为"E:\Access 示例",文件名为"员工.xlsx",单击"确定"按钮即可。

图 2-55　"获取外部数据"对话框

2.7　表数据的显示

显示表的内容可分为浏览显示和筛选显示两种方式。

2.7.1　浏览显示

在数据表视图下打开表文件，即可浏览表的内容。若要查看不同字段及记录的内容，可使用滚动条，也可以使用箭头键和【Tab】键进行查看。

在数据表视图下看不到 OLE 对象型字段的内容，可在数据表视图窗口双击该字段，在打开的窗口中显示相应字段的内容。

2.7.2　筛选显示

采用浏览方式显示的是表中所有字段及字段的内容，若想显示部分字段或记录的内容，可采用筛选的方式。筛选就是从众多的数据中挑出满足某种条件的那部分数据显示出来，以便用户查看。

Access 2010 提供了 4 种筛选的方式，分别是：按内容筛选、按条件筛选、按窗体筛选及高级筛选 4 种方式。

1．按内容筛选

按内容筛选是指先选定数据表中的值，然后在数据表中找出包含此值的记录。

例 2-20　显示员工表中"销售一部"的记录。具体操作步骤如下：

① 在数据表视图中打开"员工"表。

② 将光标定位到部门字段值为"销售一部"的任意一条记录上。

③ 单击"开始"→"排序与筛选"→"选择"按钮，在下拉菜单中选择"等于销售一部"选项即可显示表中所有"销售一部"的记录，筛选结果如图 2-56 所示。

④ 单击"开始"→"排序与筛选"→"切换筛选"按钮，可以取消筛选。

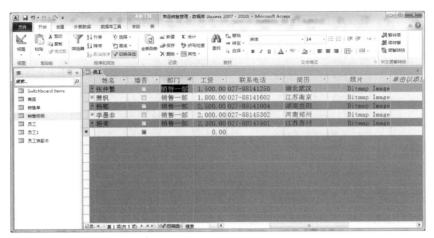

图 2-56 例 2-20 筛选结果

2. 按条件筛选

按条件筛选是指根据指定的值或表达式，查找与筛选条件相符合的记录。

例2-21 显示员工表中工资在 2 000 元以上（包含 2 000 元）的记录。具体操作步骤如下：

① 在数据表视图中打开"员工"表。

② 将光标定位到"工资"字段的任意一条记录上并右击。

③ 在弹出的快捷菜单中选择"数字筛选器"→"大于"命令，在弹出的"自定义筛选"对话框中的文本框中输入"2000"，如图 2-57（a）所示，按"确定"按钮即可显示满足条件的记录，如图 2-57（b）所示。

（a）"自定义筛选"对话框

（b）例 2-21 筛选结果

图 2-57 按条件筛选

3. 按窗体筛选

按窗体筛选记录时，Access 将数据表显示成一个记录的形式，并且每个字段都有下拉列表框，用户可以在每个下拉列表框中选择一个值作为筛选内容。

例2-22 显示员工表中销售一部的男员工。具体操作步骤如下：

① 在数据表视图中打开"员工"表。

② 单击"排序与筛选"→"高级"→"按窗体筛选"命令，打开"按窗体筛选"窗口。

③ 单击"性别"字段，接着单击其右侧的下拉按钮，在展开的列表框中选中"男"。

④ 单击"部门"字段，接着单击其右侧的下拉按钮，在展开的列表框中选中"销售一部"，设置的筛选条件如图 2-58 所示。

图 2-58　"按窗体筛选"窗口

⑤ 单击"切换筛选"按钮🖺，共筛选出 3 条记录，结果如图 2-59 所示。

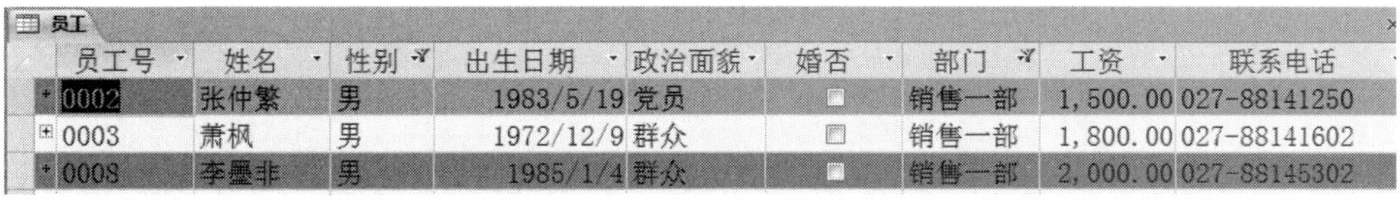

图 2-59　例 2-22 筛选结果

4．高级筛选

例2-23　显示员工表中工资在 2 000 元以上（包含 2 000 元）的男员工，并按工资的降序输出。具体操作步骤如下：

① 在数据表视图中打开"员工"表，单击"排序与筛选"→"高级"→"高级筛选/排序"命令，打开"筛选"窗口。

② 在"筛选"窗口下半部分的设计网格中，单击第一列的字段行，并单击其右侧的下拉按钮，在展开的列表框中选择"性别"字段，然后在该列的条件行中输入"男"。

③ 单击第二列的字段行，并单击其右侧的下拉按钮，在展开的列表框中选择"工资"字段，然后在该列的条件行中输入">=2000"，并在该列的"排序"行选择"降序"，如图 2-60 所示。

④ 单击"切换筛选"按钮🖺，筛选出 3 条记录，结果如图 2-61 所示。

ℹ️ 说明

筛选某字段的内容等于或者不等于某值时，选择"按内容筛选"比较方便；筛选满足一个条件内容时，选择"按条件筛选"比较方便；筛选同时满足多个条件内容时，可以选择"按窗体筛选"或"高级筛选"。

图 2-60　"筛选"窗口

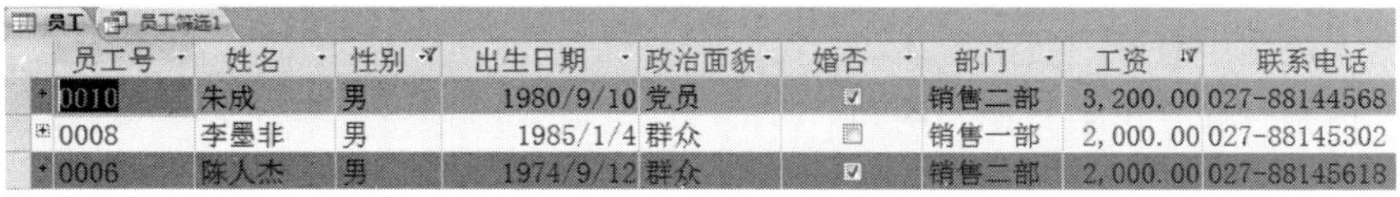

图 2-61　例 2-23 筛选结果

2.8　表的排序和索引

通常表中记录的顺序是按输入的先后顺序排列的，每次添加的记录由系统自动加到表的末尾。这种未经过人工调整而存在的记录顺序，称为文件的"物理顺序"。但是，在实际应用中，用户对数据常常有不同的需求，为了加快数据的检索、显示、查询和打印速度，需要对表中的数据顺序重新排列。在 Access 中，提供了排序和索引两种方式对表中的数据重新排列。

2.8.1　表的排序

排序是根据当前表中的一个或多个字段的值对整张表中的所有记录进行重新排列。可按升序（从小到大的顺序），也可按降序（从大到小的顺序）排序。可以分别选择"记录"→"排序"命令或"应用筛选/排序"命令实现排序操作。

1．排序规则

记录排序时，字段的类型不同，则排序的规则也不完全相同，具体规则如下：

① 英文按字母的顺序排序，不区分大小写。升序按 A~Z 排列，降序按 Z~A 排列。

② 中文按拼音字母的顺序排列。

③ 数字型、货币型按数值的大小排序。

④ 日期和时间字段，按先后顺序排序，在前的日期和时间较小。

⑤ 在以升序来排序的字段，任何含有空字段（包含 NULL 值）的记录将排在表中的第一条。如果字段同时包含 NULL 值和空字符串，包含 NULL 的将在第一条显示，紧接着是空字符串。

⑥ 备注型、超链接型、附件型或 OLE 对象型的字段不能排序。

2．使用"排序"命令

右击需要排序的字段，在弹出的快捷菜单中选择"升序"或者"降序"命令，可在数据表视图窗口中对记录进行排序。可以按一个字段进行排序，也可按多个字段排序。按多个字段排序时，首先根据第一个字段指定的顺序进行排序，对于第一个字段的值相同的记录，再按照第二个字段进行排序，依此类推。

例2-24　对员工表中的记录按"工资"字段的降序排序。具体操作步骤如下：

① 在数据表视图中打开"员工"表。

② 右击"工资"字段所在的列，在弹出的快捷菜单中选择"降序"命令，这时排序的结果直接在数据表视图窗口中显示。

> **说明**
> 如果要取消对记录的排序，选择"开始"→"排序与筛选"→"取消排序"按钮，可以将记录恢复到排序前的顺序。

例2-25　对员工表中的记录按"性别"和"出生日期"两个字段降序排序。具体操作步骤如下：

① 在数据表视图中打开"员工"表。

② 选定"性别"和"出生日期"两列。

③ 单击"降序"按钮，这时排序的结果直接在数据表视图窗口中显示，如图 2-62 所示。

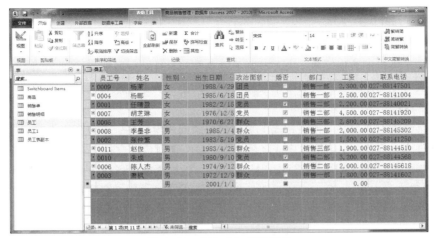

图 2-62 例 2-25 排序结果

说明

① 例 2-25 中先按"性别"字段的降序排序，性别相同的记录再按"出生日期"的降序排序，即性别为"女"和性别为"男"的记录分别按"出生日期"的降序排序。

② 使用"排序"命令对多个字段排序时，操作简单，但排序时要求被排序的多个字段必须相邻，且只能按同一次序进行排序。

3．使用"应用筛选/排序"命令

由于使用"排序"命令对多个字段排序有局限性，可以使用"应用筛选/排序"命令解决这个问题。

例2-26 在员工表中的记录按"性别"字段降序和"工资"字段升序排序。具体操作步骤如下：

① 在数据表视图中打开"员工"表。

② 选择"开始"→"排序与筛选"→"高级"→"高级筛选/排序"命令，打开"筛选"窗口，单击设计网格线第一列字段行右侧的下拉按钮，在字段列表中选择"性别"，在该列的排序行选择"降序"。

③ 再单击设计网格线第二列字段行右侧的下拉按钮，在字段列表中选择"工资"，在该列的排序行选择"升序"，如图 2-63 所示。

④ 单击"应用筛选"按钮，排序结果如图 2-64 所示。

图 2-63 "筛选"窗口

图 2-64 例 2-26 排序结果

2.8.2 表的索引

排序的结果是生成了一个与原表内容相同、记录的物理顺序不同的新表。由于两表的内容相同，使数据库中产生了大量的数据冗余，大大浪费了磁盘空间。且对原表进行增加、删除、修改记录等操作时，排序的表不能随之更改，这又带来数据同步的问题。为了克服排序的缺点，引入了索引。

1. 索引的概念

索引是按某个索引关键字（或表达式）来建立记录的逻辑顺序，不改变文件中记录的物理顺序。

在索引文件中，所有关键字按升序或降序排列，每个值对应原文件中相应的记录号，这样确定了记录的逻辑顺序。数据表的索引是通过索引字段的值与数据之间的指针建立索引文件。在员工表中按"姓名"字段索引，如表 2-10 所示。通过指针指向表所对应的索引字段值所在的记录。

表 2-10　按"姓名"字段建立的索引文件

姓　　名	指针（记录号）	姓　　名	指针（记录号）
陈人杰	6	杨朵朵	9
胡芝琳	7	杨莉	4
李莫非	8	张中发	2
任盈盈	1	赵俊	11
王芳	5	朱成	10
萧峰	3		

在 Access 中，除了 OLE 对象型、超链接型、附件型、备注型数据不能创建索引外，其他的字段都可以创建索引。

索引可以加快搜索和查询的速度，但在用户添加或更新数据时，系统会自动维护索引顺序，这样可能会降低性能，因此，我们只对需要频繁查询或排序的字段创建索引。

2. 索引的类型

索引按照功能分可分为以下几种类型：

① 唯一索引。唯一索引指索引字段或索引表达式的值是唯一的、不能重复。对已创建唯一索引的字段，如果输入重复的值，系统就会提示操作错误。若某个字段的值有重复，则不能创建唯一索引。一个表可以创建多个唯一索引。

② 主索引。同一个表可以创建多个唯一索引，其中一个可设置为主索引，主索引字段称为主键。一个表只能创建一个主索引。

③ 普通索引。普通索引指索引字段或索引表达式的值是可以重复的。一个表可以创建多个普通索引。

索引也可按索引字段的个数分为单索引和多字段索引。索引字段只有一个为单索引。索引字段有多个，则是多字段索引，即先按第一个字段索引，若字段值相同时再按第二个字段索引，依此类推。

3. 创建索引

可使用表设计器或"索引"窗口创建索引。

（1）使用表设计器创建索引

例2-27　在员工表中，按"性别"字段创建普通索引。具体操作步骤如下：

① 在设计视图中打开"员工"表。

② 选择"性别"字段行，在"常规"选项卡中单击"索引"下拉按钮，选择"有（有重复）"选项，如图 2-65 所示。

③ 保存表，结束索引的建立，表在数据表视图窗口中按"性别"字段值的升序显示。

图 2-65　创建索引

在"索引"下拉列表框中有 3 个选项：

无：表示不在此字段创建索引或删除现有索引。

有（有重复）：在此字段创建普通索引。

有（无重复）：在此字段创建唯一索引。

ⓘ 说明

使用表设计器创建的索引，只能按升序排列，且只能创建单索引。若要创建多字段索引，只能通过"索引"窗口创建。

（2）使用"索引"窗口创建索引

例 2-28　在员工表中，按"性别"字段的降序排列，如果性别相同，再按"工资"字段的升序创建索引。具体操作步骤如下：

① 在设计视图中打开"员工"表。

② 单击"设计"→"索引"按钮 ，打开"索引"对话框。

③ 在"索引名称"空白行中输入 XBGZ，在"字段名称"下拉列表框中选择第一个字段"性别"，在"排序次序"列选择"降序"，在"字段名称"列的下一行选择第二个字段"工资"（该行的索引名称为空），排序为"升序"，如图 2-66 示。

图 2-66　"索引"对话框

④ 保存表，结束多字段索引的建立，记录的显示顺序是按建立的索引进行排列，如图 2-67 所示，一定要清除表中的主索引，新索引排序才能起作用。

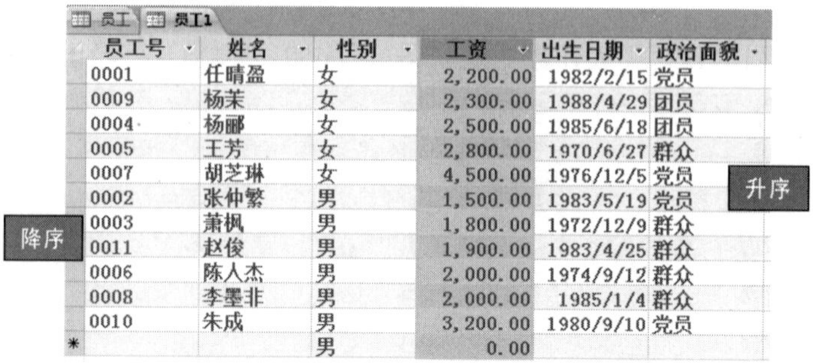

图 2-67　使用"索引"窗口创建索引

在"索引"窗口的下方是关于"索引属性"的相关参数，具体说明如下：

① 主索引：若选择"是"，则该字段被定义为主键，此时唯一索引被自动设置为"是"；选择"否"，该字段不是主键。

② 唯一索引：若选择"是"，建立的是唯一索引；选择"否"，建立的是普通索引。

③ 忽略 Nulls：确定以该字段建立索引时，是否排除带有 Null 值的记录。

4．维护索引

如果索引类型不合适或显得多余，可对索引进行修改。

（1）在表设计器中修改索引

方法：在表设计器中选定相应字段后，在"常规"选项卡的"索引"列中重新选择相应的索引类型或无（删除现有索引）。

（2）在"索引"窗口中修改索引

方法：打开相应的"索引"窗口，若要修改索引名称、排序顺序，单击欲修改的索引直接修改即可；若要删除索引，右击欲删除的索引列，在弹出的快捷菜单中选择"删除行"命令即可；若要插入索引，右击欲插入的索引列，在弹出的快捷菜单中选择"插入行"命令，并输入索引名称、字段名称和排序顺序。

5．设置或修改主键

在表中能够唯一标识记录的字段或字段组合称为主关键字，简称主键。设置主键就是建立一种特殊的索引。

（1）主键的功能

① 保证实体的完整性，即创建主键后，能保证输入到表的记录是唯一的、没有重复的。

② 提高查询、检索记录的速度。

③ 在表间建立关联。

（2）如何创建主键

创建主键的方法有如下 3 种：

在设计视图中打开表，选中要创建主键的字段。

① 单击工具栏中的"主键"按钮 ⚲。

② 在索引设计器中，将创建的索引下面索引属性中"主索引"选项选中。

③ 右击要创建主键的字段，在弹出的快捷菜单中选择"主键"命令。

例2-29　判断并设置员工表的主键。具体操作步骤如下：

① 在员工表中，"员工号"字段能唯一标识记录，故将其设为主键。

② 在设计视图中打开员工表，选中"员工号"字段。

③ 选择设置主键三种方法之一，"员工号"即被设置为主键，该字段选定区会出现标记。

④ 保存设置即可。

ℹ️ 说明

① 如果原来已经设置过主键，则重新设置主键时，原有的主键自动被取消，即一个表只能设置一个主键。

② 如果要将多个字段组合设置为主键，可以在字段选定区中按住【Ctrl】键，然后选择设置主键三种方法之一。

③ 如果要删除主键，只需在设计视图窗口中打开表，选中主键字段，然后选择"编辑"→"主键"命令，或单击工具栏中的"主键"按钮。

2.9　建立表间的关系

数据库中的多个表之间往往存在某种关联，如商品销售管理数据库中，员工号分别在员工表和销售单表中出现，因此两表之间存在着关联，这就是表之间的关联关系。通过建立表间的关联，可以保证表间数据在编辑时同步，实施参照完整性。

2.9.1　表关系的概念

表间建立关系的前提是两个表之间必须有公共的字段，且公共字段具有相同数据类型、字段大小及内容。

表之间的关系实际上是实体间关系的反映。实体间的联系有 3 种，即一对一关系、一对多关系和多对多关系，因此表间的关系也分为这 3 种。

1．一对一关系

一对一关系是指 A 表中的一条记录能对应 B 表中的一条记录，而 B 表中的一条记录也只能对应 A 表中一条记录。

两个表要建立一对一的关系，先要根据公共字段分别在两表中建立主索引或唯一索引，然后再建立关系。

2．一对多关系

一对多关系是指 A 表中的一条记录能对应 B 表中的多条记录，而 B 表中的一条记录只能对应 A 表中一条记录，其中，A 表称为主表，B 表称为子表。

两个表要建立一对多的关系，先要根据公共字段分别在主表中建立主索引或唯一索引，在子表中按公共字段建立普通索引或不建索引，然后再建立关系。

3. 多对多关系

多对多关系是指 A 表中的一条记录能对应 B 表中的多条记录，而 B 表中的一条记录也可以对应 A 表中多条记录。

关系型数据库中不能直接建立多对多的关系，但可以通过一个连接表来实现，即两个表都和第三个表建立一对多的关系，并且第三个表的主键中包含这两个表的主键，则这两个表间接通过第三个表建立了多对多的关系。

2.9.2 创建表间关系

下面通过一个例子来介绍如何创建表间关系。

例 2-30 在商品销售管理数据库中，在销售单和销售明细间建立一对多的关系，在商品表和销售明细之间建立一对多的关系。具体操作步骤如下：

① 打开"商品销售管理"数据库。

② 销售单和销售明细间是一对多的关系，且销售单是主表，公共字段是"销售号"，则在销售单中按"销售号"建立主索引或唯一索引，同理在商品表中按"销售号"建立主索引或唯一索引。关闭所有的数据表。

③ 单击"数据库工具"→"关系"按钮，弹出"关系"窗口，如图 2-68 所示，从图中可以看出，创建了主索引的字段名称加粗显示。

④ 在"关系"窗口中拖动"商品"表的"商品号"字段到"销售明细"表的"商品号"字段上，释放鼠标，弹出"编辑关系"对话框，从图中可以看出，"商品"表和"销售明细"表建立了一对多的关系，如图 2-69 所示。

图 2-68 "关系"窗口

图 2-69 建立表间关系

⑤ 在"编辑关系"对话框中可以根据需要选定"实施参照完整性""级联更新相关字段""级联删除相关记录"复选框，然后单击"确定"按钮即可，如图 2-70 所示，图中关系是通过一条连线联系两个表，当选定"实施参照完整性"复选框后，连线两端分别有符号 1 和 ∞，表示建立的是一对多的联系，其中 1 连接的是主表，∞ 连接的是从表。

⑥ 拖动"销售单"表的"销售号"字段到"销售明细"表的"销售号"字段上，弹出"编辑关系"对话框，选择"实施参照完整性"复选框。

⑦ 单击"确定"按钮，创建"销售单"表和"销售明细"表之间一对多的关系，如图 2-71 所示。

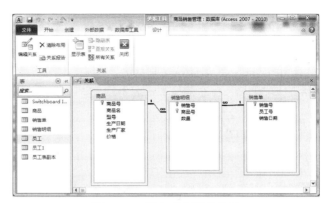

图 2-70 "编辑关系"对话框

图 2-71 建立表之间的关系

⑧ 单击"关闭"按钮，关闭"关系"窗口，系统弹出保存消息框，如图 2-72 所示。无论是否保存此布局，所创建的关系都已保存在数据库中。

在两个表之间建立关联后，在主表的每一条记录前会有一个"+"符号，表示此表有从表可以展开，在"+"符号上单击，当"+"变成"-"符号时，可以展开从表，如图 2-73 所示，在"-"符号上单击，当"-"变成"+"符号时，可以折叠从表。

图 2-72 保存消息框

图 2-73 与"销售明细"表建立关联后"商品"表的显示情况

ⓘ 说明

创建关系前，必须先给相关表建立索引，且要关闭所有的数据表。

2.9.3 编辑表间关系

表之间的关系创建后，如果不符合要求，可对关系进行修改，如更改关联字段或删除关系，下面通过一个例子来介绍如何编辑表间的关系。

例 2-31 修改图 2-71 中"销售单"表和"销售明细"表之间的关系，选定"级联更新相关字段"和"级联删除相关记录"复选框。具体操作步骤如下：

① 打开"商品销售管理"数据库。

② 单击"关系"按钮，打开"关系"窗口（见图 2-71）。

③ 右击"销售单"表和"销售明细"表之间的连线使之变粗，在弹出的快捷菜单中选择"编辑关系"命令，弹出"编辑关系"对话框，如图 2-74 所示。

④ 选定"实施参照完整性"、"级联更新相关字段"和"级联

图 2-74 "编辑关系"对话框

删除相关记录"复选框，单击"确定"按钮完成。

说明

要删除关系，可在步骤③中选择"删除"命令；也可单击两表之间的连线使之变粗，再选择"编辑"→"删除"命令删除表间关系。

2.9.4 实施参照完整性

建立表间关系的主要目的是实施参照完整性，参照完整性是一个规则，使用它可以保证已存在关系的表中的记录之间的完整有效性，并且不会随意地删除或更改相关数据。

只有建立了表间关系，才能设置参照完整性，设置在相关联的表中插入、删除和修改记录的规则。

上面建立关联时，进行了参照完整性的设置，其中的"级联更新相关字段"使得主键和关联表中的相关字段保持同步的改变，而"级联删除相关记录"使得删除主表中的记录时，会自动删除从表中与主键值相对应的记录，下面通过例子说明这一情况。

例2-32 级联更新相关字段。

选择"级联更新相关字段"复选框，即设置在主表中更改主键值时，系统自动更新从表中所有相关记录中的外键值。

例2-30中，在"商品"表和"销售明细"表之间按"商品号"字段建立了关联。由于"商品号"在"商品"表中是主键，而在"销售明细"表中没有设置主键，因此，"商品号"是"销售明细"表中的外键，在建立关联时，同时也设置了"级联更新相关字段"。现在进行以下操作：

① 在数据表视图窗口中打开"销售明细"表。

② 输入一条新的记录，各字段的值分别是"201102004"、"000016"、3500、10，注意，商品号"000016"在主表"商品"表中是不存在的，单击新记录之后的下一条记录位置，这时出现如图2-75所示的对话框。

图 2-75　输入的外键值在主表中不存在时的对话框

对话框提示输入新记录的操作没有被执行，在没有建立表间关系之前这个现象是不会出现的，这就是参照完整性的一个体现，它表明在从表中不能引用主表中不存在的实体。

③ 在数据表视图中打开主表"商品"表。

④ 将第10条记录的"商品号"字段值改为"000020"，然后单击"保存"按钮。

⑤ 在数据库窗口中选中"销售明细"表，单击"打开"按钮，观察此表中原来商品号为"000010"的记录，可以发现其"商品号"字段的值已自动被更改为"000020"，这就是"级联更新相关字段"，它使得主键字段和关联表中的相关字段的值保持同步改变。

例2-33 级联删除相关记录。

选择"级联删除相关记录"复选框，即设置删除主表中记录时，系统自动删除从表中所有相关的记录。

① 在数据表视图中打开"商品"表，并将"商品号"字段值为"000006"的记录删除，这时弹出图 2-76 所示的对话框，单击"是"按钮，然后保存表。

② 在数据表视图中打开"销售明细"表，此表中商品号为"000006"的记录也被同步删除，这就是"级联删除相关字段"的功能，它表明在主表中删除某个记录时，从表中与主表相关联的记录也会自动地被删除。

图 2-76　删除主表中记录时的对话框

习　题

一、选择题

1. 以下（　　）方法不能退出 Access。

　　A. 选择"文件"→"退出"命令　　　　B. 按【Alt+F4】组合键

　　C. 按【Esc】键　　　　　　　　　　D. 按【Ctrl+Alt+Del】组合键

2. 不是 Office 应用程序组件的软件是（　　）。

　　A. Oracle　　　　　B. Excel　　　　　C. Word　　　　　D. Access

3. Access 能处理的数据包括（　　）。

　　A. 数字　　　　　　B. 文字　　　　　C. 图片、动画、音频 D. 以上均可以

4. 在数据库管理系统中，数据存储在（　　）中。

　　A. 窗体　　　　　　B. 报表　　　　　C. 数据表　　　　　D. 窗体

5. 在数据库管理系统中，若要打印输出数据，应通过（　　）对象。

　　A. 窗体　　　　　　B. 报表　　　　　C. 表　　　　　　　D. 查询

6. 在 Access 中，在数据表视图下显示表时，记录行左侧标记的黑色三角形表示该记录是（　　）。

　　A. 首记录　　　　　B. 末尾记录　　　 C. 当前记录　　　　D. 新记录

7. 在 Access 中，对数据表的结构进行操作，应在（　　）视图下进行。

　　A. 文件夹　　　　　B. 设计　　　　　C. 数据表　　　　　D. 查询

8. 在 Access 中，对数据表进行修改，以下各操作在数据表视图和设计视图下都可以进行的是（　　）。

　　A. 修改字段类型　　B. 重命名字段　　C. 修改记录　　　　D. 删除记录

9. 关系数据库中的关键字是指（　　）。

　　A. 能唯一决定关系的字段　　　　　　B. 不可改动的专用保留字

　　C. 关键的很重要的字段　　　　　　　D. 能唯一标识元组的属性或属性集合

10. 有关字段属性，下面说法中错误的是（　　）。

A. 字段大小可用于设置文本、数字或自动编号等类型字段的最大容量

B. 可以对任何类型的字段设置默认值属性

C. 有效性规则属性是用于限制此字段输入值的表达式

D. 不同的字段类型，其字段属性有所不同

11. 下列关于获取外部数据的说法中，错误的是（　　　）。

A. 导入表后，在 Access 中修改、删除记录等操作不影响原来的数据文件

B. 链接表后，在 Access 中对数据所做的更改都会影响到原数据文件

C. 在 Access 中可以导入 Excel 表、其他 Access 数据库中的表和 FoxPro 数据库文件

D. 链接表后形成的表，其图标和用 Access 向导生成的表的图标是一样的

12. 一个字段由（　　　）组成。

A. 字段名称　　　　B. 数据类型　　　　C. 字段属性　　　　D. 以上都是

13. 使用表设计器定义表中的字段时，不是必须设置的内容是（　　　）。

A. 字段名称　　　　B. 数据类型　　　　C. 说明　　　　D. 字段属性

14. 如果想在已建立的表的数据视图中直接显示出姓"李"的记录，应使用 Access 提供的（　　　）。

A. 筛选功能　　　　B. 排序功能　　　　C. 查询功能　　　　D. 报表功能

15. 邮政编码是由 6 位数字组成的字符串，为邮政编码设置输入掩码，正确的是（　　　）。

A. 000000　　　　B. 999999　　　　C. CCCCCC　　　　D. LLLLLL

16. 如果字段内容为声音文件，则该字段的数据类型应定义为（　　　）。

A. 文本　　　　B. 备注　　　　C. 超链接　　　　D. OLE 对象

17. 要求主表中没有相关记录时就不能将记录添加到相关表中，则应该在表关系中设置（　　　）。

A. 参照完整性　　　B. 有效性规则　　　C. 输入掩码级联　　　D. 更新相关字段

18. 如果一张数据表中含有照片，则保存照片的字段数据类型应是（　　　）。

A. OLE 对象型　　　B. 超链接型　　　C. 查阅向导型　　　D. 备注型

19. 在 Access 中，一个表最多可以建立（　　　）个主键。

A. 1　　　　B. 2　　　　C. 3　　　　D. 任意

20. 如果要在一对多关系中，修改一方的原始记录后，另一方立即更改，应设置（　　　）。

A. 实施参照完整性　　　　　　　　B. 级联更新相关记录

C. 级联删除相关记录　　　　　　　D. 以上都不是

21. 选定表中所有记录的方法是（　　　）。

A. 选定第 1 个记录

B. 选定最后一个记录

C. 任意选定一个记录

D. 选定第 1 个记录，按住【Shift】键，选定最后一个记录

22. 排序时如果选取了多个字段，则结果是（　　　）。

A. 按照最左边的列排序　　　　　　B. 按照最右边的列排序

C. 按照从左向右的次序依次排序　　D. 无法进行排序

23. 在 Access 中文版中，以下排序记录所依据的规则中，错误的是（　　　）。

A. 中文按拼音字母的顺序排序

B. 数字由小到大排序

C. 英文按字母顺序排序，小写在前，大写在后

D. 以升序来排序时，任何含有空字段值的记录将排在列表的第 1 条

24. (　　) 可以唯一地标识表中的每一条记录，它可以是一个字段，也可以是多个字段的组合。

A. 索引　　　　　　B. 排序　　　　　　C. 主关键字　　　　D. 次关键字

25. 在显示数据表时，某些列的内容不想显示又不能删除，可以对其进行 (　　)。

A. 剪切　　　　　　B. 隐藏　　　　　　C. 冻结　　　　　　D. 移动

25. 使用 (　　) 字段类型创建新的字段，可以使用列表框或组合框从另一个表或值列表中选择一个值。

A. 超链接　　　　　B. 自动编号　　　　C. 查阅向导　　　　D. OLE 对象

27. 关于备注类型字段，下列说法中错误的是 (　　)。

A. 备注是用于存储文字或文字与数字组合的数据类型

B. 备注是附加的文字或数字

C. 备注可以包含较长的文字及数字

D. 备注的长度在 64 KB 以上

二、填空题

1. Access 是一个＿＿＿＿＿＿数据库管理系统。

2. Access 工作环境分为＿＿＿＿＿＿和＿＿＿＿＿＿两部分。

3. Access 的数据库对象有＿＿＿＿、＿＿＿＿、＿＿＿＿、＿＿＿＿、＿＿＿＿、＿＿＿＿和＿＿＿＿。

4. 数据库对象的＿＿＿＿对象可用来简化数据库的操作。

5. Access 2010 数据库文件的扩展名是＿＿＿＿。

6. 数据库文件的默认存放位置是＿＿＿＿。

7. 在表中能够唯一标识表中每条记录的字段或字段组称为＿＿＿＿。

8. Access 的数据表由＿＿＿＿和＿＿＿＿组成。

9. 记录的排序方式有＿＿＿＿和＿＿＿＿。

10. 在数据表视图下向表中输入数据，在未输入数值之前，系统自动提供的数值字段的属性是＿＿＿＿。

11. Access 表中有 3 种索引设置，即＿＿＿＿、＿＿＿＿和“有（有重复）”索引。

12. 有两张表都和第 3 张表建立了一对多的联系，并且第 3 张表的主键中包含这两张表的主键，则这两张表通过第 3 张表建立的是＿＿＿＿的关系。

13. Access 提供了两种字段类型用来保存文本或文本与数字组合的数据，这两种数据类型分别是文本型和＿＿＿＿。

14. 字段有效性规则是在给字段输入数据时设置的＿＿＿＿。

15. 在操作数据表时，如果要修改表中多处相同的数据，可以使用＿＿＿＿功能，自动将查找到的数据修改为新数据。

三、简答题

1. 数据表有设计视图和数据表视图，它们各有什么作用？

2. 举例说明 Access 数据库管理系统中实现的表间关联关系。

3. 简要说明创建表的几种方法。

4. 什么是筛选？Access 提供了几种筛选方式？它们有何区别？

5. 简述设置与更改主关键字的过程。

6. 在字段属性中，格式和输入掩码有何区别？

7. 创建表间的关系应注意什么？

8. 使用查阅向导型有什么优点？

9. 设置有效性规则和有效性文本的作用是什么？

10. 为什么要设置默认文件夹？如何设置？

11. 举例说明"纽带表"的作用及其主键字段的组成。

第3章

数据查询

数据库最重要的优点之一是具有强大的查询功能，它能使用户十分方便地在浩瀚的数据中挑选出指定的数据。查询是数据库的一个组成对象，它能够把多个表中的数据抽取出来，供使用者查看、更改和分析使用。本章将详细介绍查询的基本概念、各种查询的建立和使用方法、SQL 语句及其应用。

3.1　查询的基本概念

查询是 Access 数据库中的一个主要对象。查询就是按给定的要求（包括条件、范围、方式等）从指定的数据源中查找，将符合条件的数据提取出来，形成类似于表的数据集合，但这个数据集合在数据库中实际上并不存在，只是在运行查询时，Access 才会从查询源表的数据中抽取出来。查询的数据源可以是一个表，也可以是多个相关联的表，还可以是其他查询。查询的结果可以生成窗体、报表，还可以作为另一个查询的基础。使用查询可以按照不同的方式查看、更改和分析数据；也可以将查询作为窗体、报表等的数据源。

3.1.1　查询的功能

Access 2010 的查询功能非常强大，提供的方式也非常灵活，可以使用多种方法来实现查询数据的要求。其中最主要的功能如下。

1．选择字段和记录

从一个或多个表中选择部分或全部字段，例如，从员工表的若干字段中选取 3 个字段：员工号、姓名、性别，这是对列进行的操作。也可以从一个或多个表中将符合某个指定条件的记录选取出来，例如，从员工表中提取工资在 2 000 元以上的记录，这是对行进行的操作，这两种操作可以单独进行，也可以同时进行。

用来提供选择数据的表称为查询操作的数据源，作为查询数据源的也可以是已建立好的其他查询。选择记录的条件称为查询准则，也就是查询表达式，查询结果是一种临时表，又称为动态的记录集，通常不被保存，也就是说，每次运行查询，系统都是按事先定义的查询准则从数据源中提取数据，这样既可以节约存储空间，又可以保持查询结果与数据源中数据的同步。

2．统计和计算

在建立查询时可以进行一系列的统计和计算，例如，统计员工表中每个部门的人数、计算每个员工的平均工资等，也可以定义新的字段来保存计算的结果。

3．数据更新

在 Access 中，对数据表中的记录进行的更新操作也是查询的功能，主要包括添加记录、修改记录和删除记录。例如，将所有员工的工资增加 10%等。

4．产生新的表

利用查询得到的结果可以建立一个新表。例如，将员工表中"销售一部"的记录找出来并存放在一个新表中。

5．作为其他对象的数据源

查询的运行结果可以作为窗体、报表和数据访问页的数据源，也可以作为其他查询的数据源。

最后两个功能实际上是对查询结果进行的处理，从上面的说明中可以看出，Access 的查询不仅仅是从数据源中提取数据，有的查询操作还包含了对原来数据表的编辑和维护。

3.1.2 查询的类型

按照查询结果是否对数据源产生影响以及查询准则设计方法的不同，可以将查询分为选择查询、参数查询、交叉表查询、操作查询和 SQL 查询。

不同类型的查询可以在"查询"菜单中进行选择。

1．选择查询

选择查询是最常用的一类查询，它主要完成以下功能：

① 按指定的条件，从数据源中提取数据，例如，在员工表中提取工资在 2 000 元以上性别为"女"的记录等。

② 产生新的字段保存计算的结果，例如，在员工表中产生"年龄"字段，计算每个员工的年龄。

③ 分组统计，即按某个字段对记录进行分组，分别对每一组进行诸如总计、计数、平均值、求最大值和最小值等计算，例如，在员工表中按部门分类，分别统计每个部门的平均工资。

2．参数查询

参数查询也属于选择查询，与上面的选择查询不同的是，它的查询准则中的具体值（即参数值）是在查询运行时由用户输入的，而选择查询的查询准则中的参数值则是在查询的设计阶段事先指定的。例如，每次查询后记录的姓名都不一样时，就可以将姓名设计为参数，这样在运行查询时，在 Access 提供的对话框中输入具体的参数值（姓名）。参数查询分为单参数查询和多参数查询两种。

3．交叉表查询

交叉表查询将来源于表或查询中的字段进行分组，一组列在数据表的左侧，一组列在数据表的顶端，然后在数据表行与列的交叉处显示表中某个字段的统计值，如求和、求平均值、求统计个数等。可以说交叉表查询就是利用了表中的行和列来统计数据。例如，统计每个员工销售各种商品的数量，可以通过建立交叉表查询来实现（参见 3.5.1 节）。

4．操作查询

以上三类查询共同之处都是从数据源中选择指定的数据，操作查询则不同，它主要用于维护表中的数据，可以对表中的数据进行编辑，对符合条件的数据进行批量修改，对一个或多个表进行全局性的数据操作。操作查询有以下四种。

（1）生成表查询

生成表查询是从表中提取所需字段及记录，将查询的结果保存在一个新表中，例如，将员工表中

"销售一部"的员工记录保存到一个新表中。

（2）删除查询

删除查询是先从表中选择满足条件的记录，然后将这些记录从原来的表中删除，在使用删除查询时，删除的是符合条件的整条记录，而不只是删除记录中的某些字段。例如，从员工表中删除年龄超过 55 岁的员工记录。

（3）更新查询

更新查询可以对数据表中的数据进行有规律地修改，运行更新查询会自动修改表中的数据，一旦更新则不能恢复。例如，将员工表中所有员工的工资增加 10%。

（4）追加查询

追加查询是将一个查询的结果添加到其他表的尾部，添加的记录可以是源表中的整条记录，也可以是源表的部分字段组成的新记录。

5．SQL 查询

SQL（Structured Query Language，结构化查询语言）查询就是用来查询、更新和管理关系型数据库的标准语言。

在 Access 中，查询的实现可以通过两种方式：一种是在数据库中建立查询对象；另一种是在 VBA 程序代码中使用 SQL 语句。

3.1.3 创建查询的方法

在 Access 中建立查询一般可以使用两种方法：分别是使用查询向导创建查询；使用设计视图创建查询。

1．使用查询向导创建查询

利用查询向导创建查询就是使用 Access 系统提供的查询向导，按照系统的引导完成查询的创建。它只能从数据源中指定若干个字段进行输出，但不能通过设置条件来限制检索的记录。

例3-1 为员工表创建名为"员工工资"的查询，查询结果中包括员工号、姓名、性别、工资四个字段。具体操作步骤如下：

① 在 Access 中打开"商品销售管理"数据库。

② 单击"创建"→"查询向导"按钮，弹出"新建查询"对话框，如图 3-1 所示。

③ 选择"简单查询向导"选项，然后单击"确定"按钮，弹出"简单查询向导"对话框之一，如图 3-2 所示。

上面的②和③也可以合并成一步，即在数据库窗口中选择"查询"对象后，双击"使用向导创建查询"选项，可以直接显示图 3-2 所示的对话框。

图 3-1 "新建查询"对话框

④ 选择数据。在图 3-2 所示对话框的"表/查询"下拉列表框中选择"员工"表，这时该表中的所有字段显示在"可用字段"列表框中。

双击"员工号"字段，该字段被添加到右侧的"选定字段"列表框中，选择字段时，也可以先选中该字段，然后再单击"添加"按钮 。使用同样的方法将"姓名"、"性别"和"工资"字段添加到"选定字段"列表框中。

如果要选择所有的字段，可直接单击⟦»⟧按钮一次完成。要取消已选择的字段，可以利用⟦‹⟧和⟦«⟧按钮进行。

⑤ 单击"下一步"按钮，弹出"简单查询向导"对话框之二，如图 3-3 所示，选中"明细"查询。

图 3-2 "简单查询向导"对话框之一   图 3-3 "简单查询向导"对话框之二

⑥ 单击"下一步"按钮，弹出"简单查询向导"对话框之三，如图 3-4 所示，输入标题即查询名称"员工工资"，并选中"打开查询查看信息"单选按钮。

⑦ 单击"完成"按钮，查询建立完毕。系统将显示新建查询的结果，如图 3-5 所示。

图 3-4 "简单查询向导"对话框之三

员工工资			
员工号	姓名	性别	工资
0001	任晴盈	女	2,200.00
0002	张仲繁	男	1,500.00
0003	萧枫	男	1,800.00
0004	杨郦	女	2,500.00
0005	王芳	女	2,800.00
0006	陈人杰	男	2,000.00
0007	胡芝琳	女	4,500.00
0008	李墨非	男	2,000.00
0009	杨茉	女	2,300.00
0010	朱成	男	3,200.00
0011	赵俊	男	1,900.00
*		男	0.00

图 3-5 查询的结果

从图 3-1 所示的"新建查询"对话框可以看出，在 Access 中利用查询向导还可以创建交叉表查询、查找重复项查询和查找不匹配项查询。

2．使用设计视图创建查询

用户可以通过设计视图来创建比较复杂的查询。

⚫例3-2 在员工表中查询工资在 2 000 元（含 2 000 元）以上的记录，查询结果中包括的字段与上例相同，查询名称为"工资高于 2 000"。具体操作步骤如下：

① 在 Access 中打开"商品销售管理"数据库。

② 单击"创建"→"查询设计"按钮，弹出"新建查询"对话框（见图 3-1）。

③ 选择数据源。在图 3-6 所示的"显示表"对话框中有 3 个选项卡，分别是"表"、"查询"和"两者都有"，如果建立查询的数据源来自表，则选择"表"选项卡；如果数据源来自已经建立的查询，则选择"查询"选项卡；如果数据源既有来自表的，也有来自查询的，则选择"两者都有"选项卡。

本题中的数据源是员工表，所以在"表"选项卡中选择"员工"表，再单击"添加"按钮，这时，该表被添加到如图 3-7 所示的查询"设计视图"窗口中。单击"关闭"按钮，将此对话框关闭。

图 3-6 "显示表"对话框

图 3-7 查询"设计视图"窗口

④ 选择字段。查询的"设计视图"窗口由上下两部分组成，上半部分显示已选择的数据源和每个数据源中的所有字段，如本题中的"员工"表。

窗口的下半部分是设计网格，每一列对应着查询结果中的一个字段，而每一行的标题则指出了该字段的各个属性，各行的含义如下：

字段：查询中用到的字段的名称，可以是数据源中已有的字段，也可以是定义的新字段，关于新字段的定义，将在后面的例题中说明。

表：显示该列字段所在的数据表或查询的名称，一般由系统自动弹出。

排序：确定是否按该字段排序以及按什么方式排序，即升序或降序，也可以不排序。

显示：确定该字段是否在查询结果中显示，复选框被选中时表示显示，未选中时表示不显示。

条件：即查询条件，每列表示一个条件，例如，在该行对应的"工资"字段中输入">=2000"；如果多列中都设置了条件，表示多重条件，这些条件需要同时成立，即逻辑"与"的关系。

或：也是表示查询条件，与条件行设置的准则是"或"的关系。

将"员工号""姓名""性别""工资"四个字段放到设计网格的字段行中，可以用以下三种方法之一完成：从窗口上半部分的字段列表中将字段拖动到网格的字段行上；在字段列表中双击选中的字段；在网格的字段行中单击要放置字段的列，然后单击其右侧的下拉按钮，在下拉列表中选择所需的字段。

⑤ 设置选择条件，在网格的"条件"行和"工资"字段列的交叉处输入">=2000"。

⑥ 单击工具栏中的"视图"按钮 右侧的下拉按钮，在展开的下拉列表中选择"数据表视图"，可以预览查询的结果，如果查询的结果不合适，可以重新切换到"设计视图"下进行修改。

⑦ 单击"文件"→"另存为"命令，弹出"另存为"对话框，如图 3-8 所示，输入查询名称"工资高于 2000"，然后单击"确定"按钮，至此，查询建立完毕。

⑧ 运行查询。在查询对象窗口中选择"工资高于 2000"的查询，然后单击"打开"按钮，可以运行查询并在屏幕上显示查询的结果，如图 3-9 所示。

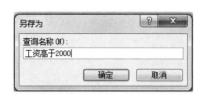

图 3-8 “另存为”对话框

工资高于2000

员工号	姓名	性别	工资
0001	任晴盈	女	2,200.00
0004	杨丽	女	2,500.00
0005	王芳	女	2,800.00
0006	陈人杰	男	2,000.00
0007	胡芝琳	女	4,500.00
0008	李墨非	男	2,000.00
0009	杨茉	女	2,300.00
0010	朱成	男	3,200.00
*		男	0.00

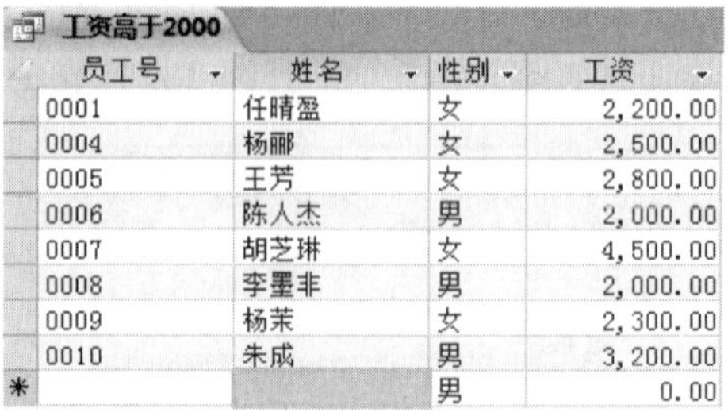

图 3-9 查询的运行结果

3.1.4 创建查询使用的工具

创建查询可以使用的工具有“查询”菜单、不同的视图和工具栏中的按钮。

1.“查询”菜单

“查询”菜单是一个动态的菜单，在用设计视图建立查询时，会自动出现在 Access 窗口的菜单栏中，如图 3-10 所示，从“查询”菜单中可以选择建立不同类型的查询。

2. 视图方式

创建查询时可以使用的视图方式有三种，分别是设计视图、数据表视图和 SQL 视图。在设计视图窗口中可以输入查询的条件，使用 SQL 视图可以直接输入 SQL 命令建立查询，而数据表视图则用来预览查询的结果。在创建查询时，常常要在这几种方式之间进行切换，切换时可以使用“视图”按钮，也可以使用“视图”菜单中的命令，如图 3-11 所示。

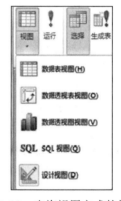

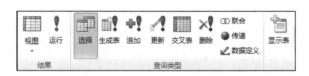

图 3-10 查询菜单

图 3-11 查询视图方式的切换

3.1.5 运行查询

在创建查询时，可以使用以下两种方法运行查询，预览查询结果。

① 单击“运行”按钮。

② 单击“视图”按钮，将视图方式切换到“数据表视图”。

创建查询后，可以使用以下两种方法显示查询的结果。

① 在“数据库”窗口中，选择“查询”对象，然后双击要运行的查询。

② 在“数据库”窗口中，选择“查询”对象，选择要运行的查询，然后单击“打开”按钮。

3.2　查　询　准　则

上一节通过两个例子介绍了建立查询的一般过程，可以看出，不论什么类型的查询，建立的过程大致是一样的，都要经过以下几个阶段：

① 选择数据源。

② 指定查询类型。

③ 设置查询准则。

④ 为查询命名。

为查询命名时，查询的名称不能与已有的查询重名，也不能与已有的表重名。

除了利用向导创建查询之外，其他的查询都要指定一定的选择条件，即查询准则，也就是查询表达式，不同的查询准则产生不同的查询结果，反之，要得到不同的查询结果，就要正确设置查询表达式。

通常，在查询的设计视图上添加查询条件时，应该考虑为哪些字段添加条件，其次是如何在查询中添加条件，而最难的是如何将自然语言转换成 Access 系统可以理解的查询条件。本节简要介绍 Access 中有关查询条件表达式的内容。

查询准则是用运算符将常量、字段名（变量）、函数连接起来构成的表达式，即查询表达式，如前面例子中的"＞=2000"。

在书写常量时要注意下面的问题：

① 如果是数字常量，则直接书写，如 2000。

② 如果表示的是文本型常量，要用半角的双引号""或者单引号''将文本括起来，如"武汉科技大学",'武汉科技大学'。

③ 如果是日期型常量，要用"#"将日期括起来，如#2012-10-01#。

④ 在书写字段名时，通常要将字段名放在方括号中，如[员工号]、[姓名]等。在输入时，如果不写方括号，系统会在条件中自动加上方括号；如果字段名中含有空格，则方括号是不能省的。

⑤ 如果在一个查询中，数据源不止一个，还应该在字段名前标明字段所在的表或查询，表示格式是：

[表名]！[字段名]或[查询名]！[字段名]

例如，员工表中的员工号应该写成[员工表]！[员工号]。

3.2.1　条件中使用的运算符

1．算术运算符

算术运算符包括加（＋）、减（－）、乘（＊）、除（／）、整除（\）、乘方（^）、求余（mod）7 种。

2．关系运算符

关系运算符用于比较两个表达式之间的大小关系，又称比较运算符，运算结果是逻辑值，即结果为 True 或 False，共有以下 6 个：

等于（=）、不等于（<>）、小于（<）、小于等于（<=）、大于（>）、大于等于（>=）。各运算符的功能如表 3-1 所示。

表 3-1 关系运算符功能表

关系运算符	功　能	关系表达式	结　果	优 先 级
=	是否相等	"123"="122"	False	具有相同的优先级
>	大于	"123">"122"	True	
>=	大于等于	(5+2)<=5	False	
<	小于	#1999-5-6#<#2003-6-13#	True	
<=	小于等于	"abc"<="adc"	True	
<>	不等于	"A"<>"a"	True	

3．逻辑运算符

常用的逻辑运算符有 3 个：与（And）、或（Or）、非（Not），逻辑运算符通常用于设置多重条件，其用法与含义如表 3-2 所示。

表 3-2 逻辑运算符功能表

逻辑运算符	用　法	说　　明
And	x　And　y	当 x 和 y 都为真时，整个表达式的值为真，否则为假
Or	x　Or　y	当 x 和 y 都为假时，整个表达式的值为假，否则为真
Not	Not x	当 x 的值为真时，整个表达式的值为假 当 x 的值为假时，整个表达式的值为真

ℹ️ 说明

关系表达式一般用于描述一个简单的条件，例如，工资>2000；性别="女"。逻辑表达式一般用于描述复合条件，例如，工资>2000 And 性别="女"。

4．其他特殊运算符

除了上面几类运算符外，在 Access 的查询准则中，还常用到以下几个特殊的运算符。

① In，指定值属于列表中所列出的某个值。如要查找销售一部、销售二部的员工，可在"部门"字段设定查询条件为：

In("销售一部","销售二部")

注意，表达式中的分隔符应该是英文半角符号。该表达式和下列表达式的效果是一样的。

"销售一部"Or"销售二部"

② Between A and B，用于指定 A 到 B 之间的范围。A 和 B 可以是数字型、日期型和文本型数据，而且 A 和 B 的类型相同。如果要查找工资在 1500～2000 元的员工，可在"工资"字段设定查询条件：Between 1500 and 2000。它和表达式>= 1500 and <=2000 的结果是一样的。

③ 与空值有关的运算符，与空值有关的运算符有以下两个：

● Is Null：用于指定一个字段为空。

● Is Not Null：用于指定一个字段为非空。

例如：如果在"联系电话"字段的条件行输入"Is Null"表示查找该电话号码为空的记录；如果输入"Is Not Null"则表示查找该字段值为非空的记录。

④ Like，用于在文本型字段中指定某类字符串，它通常和以下通配符配合使用。

- "?"：表示该位置可以匹配任何一个字符。
- "*"：表示该位置可匹配零个或多个字符。
- "#"：表示该位置可匹配任何一个数字。
- "[]"：在方括号内描述可匹配的字符范围。

例如，若要查找姓杨的员工，可在"姓名"字段设置查询条件：Like"杨*"。若要查找姓杨，且姓名只有两个字的员工，可在"姓名"字段设置查询条件：Like"王?"。Like"?A[0-9]*"则表示查找的字符串中第 1 位为任意字符，第 2 位是字母"A"，第 3 位是 0~9 的数字，其后是任意数量的字符。

⑤ &，将两个字符串进行连接。

例如，表达式"123"&"456"的结果是"123456"。

3.2.2　条件中使用的函数

Access 提供的函数可以用来创建条件，也可以实现统计计算。

1．数值函数

（1）绝对值函数

格式：Abs(数值表达式)

功能：返回数值表达式值的绝对值。

（2）取整函数

格式：Int(数值表达式)或 Fix(数值表达式)

功能：返回数值表达式值的整数部分。

（3）平方根函数

格式：Sqr(数值表达式)

功能：返回数值表达式值的算术平方根。

（4）符号函数

格式：Sgn(数值表达式)

功能：返回数值表达式值的符号值，当表达式的值为正、负和零时，函数值分别为 1、–1 和 0。

2．文本函数

在本类函数中的参数 n、n1、n2 都是数字表达式，文本函数用于对字符串进行处理，在 Access 字符串中，一个汉字也作为一个字符处理。

（1）空格函数

格式：Space(n)

功能：返回由 n 个空格组成的字符串。

（2）重复字符函数

格式：String(n,文本表达式)

功能：返回"文本表达式"的第 1 个字符组成的字符串，字符个数是 n 个。

例如：函数 String(4,"*")的结果是产生一个由 4 个星号组成的字符串，即****。

（3）截取子串函数

格式：Left(文本表达式,n)
　　　Right(文本表达式,n)
　　　Mid(文本表达式,n1[,n2])

功能：Left( )从文本表达式左边第 1 个字符开始截取 n 个字符；Right( )从文本表达式右边第 1 个字符开始截取 n 个字符；Mid( )从文本表达式左边第 n1 位置开始，截取连续 n2 个字符。

说明：

文本表达式是 Null 时，返回 Null 值。

n 为 0 时，返回一个空串。

n 的值大于或等于文本表达式的字符个数时，返回文本表达式。

省略 n2，则从 n1 位置开始截取以后的所有字符串。

例如：函数 Left("计算机等级考试",3)的结果是"计算机"。函数 Right("计算机等级考试",2)的结果是"考试"。函数 Mid("计算机等级考试",4,2)的结果是"等级"。

（4）字符串长度函数

格式：Len(文本表达式)

功能：返回文本表达式中字符的个数，即字符串的长度。

例如：函数 Len("计算机等级考试")的结果是 7。表达式 Len(姓名)=2 表示查询姓名为两个字的记录。

（5）删除前后空格函数

格式：Ltrim(文本表达式)
　　　Rtrim(文本表达式)
　　　Trim(文本表达式)

功能：Ltrim( )返回去掉文本表达式前导空格后的字符串；Rtrim( )返回去掉文本表达式尾部空格后的字符串；Trim( )返回去掉文本表达式前导和尾部空格后的字符串。

3．日期时间函数

（1）系统日期与时间函数

格式：Now()
　　　Date()
　　　Time()

功能：Now( )返回系统当前的日期时间，由操作系统控制；Date( )返回系统当前的日期；Time( )返回系统当前的时间。

以上 3 个函数没有参数。

（2）求年份、月份、日和星期函数

格式：Year(日期表达式|日期时间表达式)
　　　Month(日期表达式|日期时间表达式)
　　　Day(日期表达式|日期时间表达式)
　　　Weekday(日期表达式|日期时间表达式)

功能：Year( )返回日期中的年份；Month( )返回日期中的月份；Day( )返回日期中的日；Weekday( )返回日期中的星期，从星期日到星期六的值分别是 1~7。

（3）时、分和秒函数

格式：Hour(时间表达式|日期时间表达式)

　　　Minute(时间表达式|日期时间表达式)

　　　Second(时间表达式|日期时间表达式)

功能：Hour( )返回时间中的小时值；Minute( )返回时间中的分钟；Second( )返回时间中的秒。

使用日期函数可以构成比较复杂的表达式。例如，为出生日期定义下面的条件：

Between #1980-01-01# and #1980-12-31#：表示查询 1980 年出生的记录。

Year([出生日期])=1980：查询结果与上面是一样的。

Year([出生日期])=1980 and Month([出生日期])=2：表示查询 1980 年 2 月出生的记录。

<Date()-10：查询 10 天前出生的记录。

3.3　选　择　查　询

选择查询是 Access 中最常用的一种查询。选择查询最大的方便之处，在于它能自由地从一个或多个表或查询中抽取相关的字段和记录进行分析和处理。通常情况下，如果不指定查询的类型，默认都是选择查询。

3.3.1　组合条件查询

例3-3　在员工表中查询工资高于 2 000 元的女员工，具体操作步骤如下：

① 打开"商品销售管理"数据库。

② 在数据库窗口中选择"创建"菜单。

③ 双击工具栏中的"查询设计"按钮，弹出"显示表"对话框。

④ 选择数据源。在"显示表"对话框的"表"选项卡中双击"员工"表，将其添加到查询"设计视图"窗口中，单击"关闭"按钮，关闭"显示表"对话框。

⑤ 选择字段。在查询"设计视图"窗口的上半部分，分别双击"员工"表中的"员工号"、"姓名"、"性别"和"工资"字段。

⑥ 设置条件。本题中有两个条件：一个是女员工；一个是工资高于 2 000 元。在"性别"字段对应的"条件"行中输入条件"'女'"；在"工资"字段对应的"条件"行中输入条件">2000"。设置后的条件如图 3-12 所示。

> **说明**
>
> 文本型字段的表达式在输入时，无须输入引号，Access 会自动添加引号。

⑦ 预览查询结果。单击"视图"的下拉按钮，在弹出的下拉列表中选择"数据表视图"命令，预览查询的结果，如图 3-13 所示，可以看出，查询结果符合要求。

⑧ 命名并保存查询。选择"文件"→"保存"命令，弹出"另存为"对话框，在此对话框中输入查询名称"工资高于2000元的女员工"，然后单击"确定"按钮，至此，查询建立完毕。

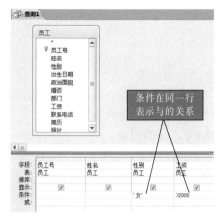

图 3-12　例 3-3 中查询准则的设置

员工号	姓名	性别	工资
0001	任晴盈	女	2,200.00
0004	杨郦	女	2,500.00
0005	王芳	女	2,800.00
0007	胡芝琳	女	4,500.00
0009	杨茉	女	2,300.00

图 3-13　例 3-3 的查询结果

例 3-4　查询销售二部或 1972 年以前出生的记录，要求显示员工号、姓名、出生日期、部门 4 个字段。建立查询的具体操作步骤如下：

① 打开"商品销售管理"数据库。

② 在数据库窗口中选择"创建"菜单。

③ 双击工具栏中的"查询设计"选项，弹出"显示表"对话框。

④ 选择数据源。在"显示表"对话框的"表"选项卡中双击"员工"表，将其添加到查询"设计视图"窗口中，单击"关闭"按钮，关闭"显示表"对话框。

⑤ 选择字段。在查询"设计视图"窗口的上半部分，分别双击"员工"表中的"员工号"、"姓名"、"出生日期"和"部门"字段。

⑥ 设置条件。本题中查询的条件是只要满足"部门='销售二部'"和"出生日期<#1972-01-01#"这两个条件之一即可，在查询"设计视图"窗口的"条件"行和"或"行输入这两个条件，即在不同行输入的条件表示"或"的关系，如图 3-14 所示。

⑦ 命名并保存查询。单击"文件"→"保存"命令，在其中输入查询名称"销售二部或 1972 年以前出生"，然后单击"确定"按钮，至此，查询建立完毕。

例 3-5　查询销售号为 000002 且销售数量大于 10 的商品号、商品名、数量和销售日期的信息。查询需添加"商品"、"销售明细"和"销售单"3 张表，设置的条件如图 3-15 所示。

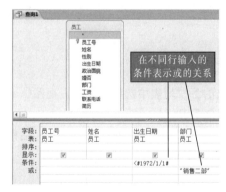

图 3-14　例 3-4 中查询准则的设置

字段	商品号	商品名	数量	销售日期
表	商品	商品	销售明细	销售单
排序				
显示	✓	✓	✓	✓
条件	"000002"		>10	

图 3-15　例 3-5 中查询准则的设置

例3-6 查询"部门"是销售一部或销售二部的员工。

使用 In 运算符，如图 3-16 所示。In 运算符用于指定字段的一系列值。

字段	姓名	性别	部门
表	员工	员工	员工
排序			
显示	☑	☑	☑
条件			In（"销售一部"，"销售二部"）

图 3-16 使用 In 运算符

3.3.2 自定义计算查询

除了从表或查询中筛选需要的原始数据外，Access 还可以在查询中对某些字段进行计算。例如，通过出生日期计算年龄，求价格×数量等。

为查看此类信息，需要在查询中重新定义字段。自定义计算就是在设计网格中创建新的计算字段。

例3-7 用销售明细创建查询，计算并显示价格×数量，即小计。

① 在设计视图中创建查询，并添加"销售明细"表和"商品"表。

② 添加字段。选择"销售明细"表中的所有字段和"商品"表中的"价格"字段。

③ 创建计算字段。选择设计网格中的空白列，并在"字段"行输入下面的内容：

小计：价格*数量

在上式中，冒号":"前面的"小计"是新定义的字段，用来保存冒号后面表达式的值，此处的冒号必须在英文状态下输入，如图 3-17 所示。

④ 保存查询，查询名称命名为"销售小计"。

⑤ 显示查询结果，如图 3-18 所示。可见此时增加了"小计"列，其值为价格×数量。

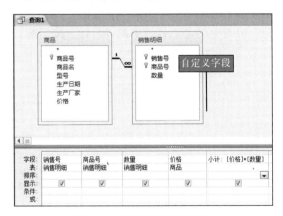

图 3-17 计算字段的编辑　　　　图 3-18 计算字段的显示结果

说明

"小计"字段是虚拟字段，计算的结果并不保存在表中。Access 在每次运行查询时都将重新进行计算，以使计算结果永远都以数据库中最新的数据为准。

例3-8 在员工表中计算并显示年龄的内容。

利用自定义计算查询，如图 3-19 所示。

字段:	员工号	姓名	出生日期	年龄: Year(Date())-Year([出生日期])
表:	员工	员工	员工	
排序:				
显示:	☑	☑	☑	☑
条件:				

图 3-19   计算字段的编辑

3.3.3   预定义计算查询

除了自己定义一些表达式进行计算查询外，系统也提供了一些统计函数对表或查询进行统计计算，即预定义计算查询。Access 中可以使用的聚合函数及其作用如下：

总计：计算某个字段的累加值。

平均值：计算某个字段的平均值。

计数：统计某个字段中非空值的个数。

最大值：计算某个字段中的最大值。

最小值：计算某个字段中的最小值。

标准差：计算某个字段的标准差。

方差：计算某个字段的方差。

分组：定义用来分组的字段。

第一条记录：求出在表或查询中第一条记录的字段值。

最后一条记录：求出在表或查询中最后一条记录的字段值。

表达式：创建表达式中包含统计函数的计算字段。

条件：指定分组满足的条件。

预定义计算查询的设计方法与前面介绍的大体相同，不同之处在于，在查询"设计"视图的网格中需要加入"总计"行。添加的方法很简单，在"设计"视图中单击工具栏中的"总计"按钮 **Σ**，设计网格中就会出现"总计"行。

1．对全部记录进行"总计"计算

例3-9   建立一个查询，统计员工表中的记录数。

① 在设计视图中创建查询，并添加"员工"表。

② 添加要对其进行计算的字段"员工号"。

③ 单击工具栏中的"汇总"按钮 **Σ**，这时设计视图窗口下半部分多了一个"总计"行。分别在期中和期末对应的"总计"行中，单击右侧的下拉按钮，在展开的列表框中选择聚合函数："计数"，如图 3-20 所示。

④ 运行查询，结果如图 3-21 所示。

图 3-20   "计数"聚合函数

图 3-21   例 3-9 的查询结果

2．对分组记录进行"总计"计算

例3-10 建立一个查询，统计每个部门的人数。

① 在设计视图中创建查询，并添加"员工"表。

② 添加两次"部门"字段。

③ 单击工具栏中的"汇总"按钮 **Σ**，使用两个"部门"字段，一个用来分组（Group By）记录，另一个用来计数，"总计"行的设置如图 3-22 所示。

④ 运行查询，结果如图 3-23 所示。

字段:	部门	部门
表:	员工	员工
总计:	Group By	计数 ▾
排序:		
显示:	☑	☑
条件:		
或:		

图 3-22 分组记录

部门 ▾	部门之计数 ▾
销售二部	4
销售三部	2
销售一部	5

图 3-23 例 3-10 查询结果

例3-11 创建查询，统计员工表中每个部门的工资的最大值、最小值和平均值。

① 在设计视图中创建查询，并添加"员工"表。

② 添加"部门"字段，添加 3 次"工资"字段。

③ 单击工具栏中的"汇总"按钮 **Σ**，各字段"总计"行的设置如图 3-24 所示。

字段:	部门	工资	工资	工资
表:	员工	员工	员工	员工
总计:	Group By	最大值	最小值	平均值
排序:				
显示:	☑	☑	☑	☑
条件:				
或:				

图 3-24 各字段"总计"行设置

④ 运行查询，结果如图 3-25 所示。

⑤ 统计字段的列标题可以重新设定。在设计网格中，右击要更改的字段，在弹出的快捷菜单中选择"属性"命令，弹出"属性表"对话框。在"常规"选项卡中修改"标题"属性，如图 3-26 所示。

部门 ▾	工资之最大值 ▾	工资之最小值 ▾	工资之平均值 ▾
销售二部	4500	2000	2975
销售三部	2800	1900	2350
销售一部	2500	1500	2020

图 3-25 例 3-11 查询结果

图 3-26 "属性表"对话框

ℹ️ **说明**

在"常规"选项卡中，除了可以对"标题"属性进行修改外，还可对"格式""小数位数"等属性进行修改。

3.3.4 排序查询结果

在前面的查询结果中，显示的默认顺序是数据输入的先后顺序。若用户需要按某个字段排序，则需要在查询中设计排序规则。

例 3-12 查询员工表中所有员工的员工号、姓名、性别、工资信息，并先按性别的降序，再按工资的升序显示查询结果。具体操作步骤如下：

① 打开"商品销售管理"数据库。

② 在数据库窗口中选择"创建"菜单。

③ 双击工具栏中的"查询设计"按钮创建查询，弹出"显示表"对话框。

④ 选择数据源。在"显示表"对话框的"表"选项卡中双击"员工"表，将其添加到查询"设计视图"窗口中，单击"关闭"按钮，关闭"显示表"对话框。

⑤ 选择字段。在查询"设计视图"窗口的上半部分，分别双击"员工"表中的"员工号"、"姓名"、"性别"和"工资"字段。

⑥ 设置排序规则。在设计网格的"性别"列的"排序"行中选择"降序"，然后在"工资"列的"排序"行中选择"升序"，如图 3-27 所示。

字段:	员工号	性别	性别	工资
表:	员工	员工	员工	员工
排序:			降序	升序
显示:	☑	☑	☑	☑
条件:				

图 3-27 例 3-12 的设计窗口

⑦ 显示查询结果。结果如图 3-28 所示。

由于查询设计时，"性别"列在"工资"列的左边，所以在显示查询结果时先按性别的降序排，性别相同时再按工资升序排。

例 3-13 在员工表中，显示年龄最小的前 5 名员工的员工号、姓名、性别、出生日期的信息。具体操作步骤如下：

① 在设计视图中创建查询，并添加"员工"表。

② 添加"员工号""姓名""性别""出生日期"字段。

③ 设置排序规则。先在设计网格的"出生日期"列的"排序"行中选择"降序"，要显示年龄最小的前 5 名员工，在工具栏中的"上限值"按钮旁的文本框内输入 5。

员工号	姓名	性别	工资
0001	任晴盈	女	2,200.00
0009	杨茉	女	2,300.00
0004	杨郦	女	2,500.00
0005	王芳	女	2,800.00
0007	胡芝琳	女	4,500.00
0002	张仲繁	男	1,500.00
0003	萧枫	男	1,800.00
0011	赵俊	男	1,900.00
0008	李堇菲	男	2,000.00
0006	陈人杰	男	2,000.00
0010	朱成	男	3,200.00

图 3-28 例 3-12 的查询结果

单击该工具栏右侧的下拉按钮，屏幕上显示的列表框内容如图 3-29 所示。框内的数字表示要输出的前若干个，百分数表示要输出的百分比，例如，如果要输出年龄最小的前 20%，可直接输入百分数。在工具栏的文本框内默认的输入值为 ALL。这个工具按钮通常要配合升序或降序才可以输出字段值最高或最低的若干个记录。

④ 保存查询。运行结果如图 3-30 所示。

图 3-29 显示"上限值"按钮

图 3-30 例 3-13 的查询结果

3.4 参 数 查 询

前面建立的各个查询中,查询的条件值是在建立查询时就已经定义好的,这类查询在数据源表的数据没有发生变化的情况下,查询的结果也是不变的。当查询条件变化时,上面介绍的查询就不是很方便。例如,分别查询姓名为"杨朵朵"和"李莫非"的信息,查询的目的和格式都相同,只是姓名不同。这样数据库中将多出许多类型相同、目的相同,但名称和查询准则不同的查询对象,势必会浪费磁盘空间,且管理起来也很不方便。如果将姓名设置为查询的参数,在执行查询时由用户自己输入具体的姓名,这样既能满足用户要求,又不会产生过多的查询对象,参数查询就可以满足这样的查询要求。

参数查询就是将查询中的字段准则确定为一个带有参数的条件,用户在执行参数查询时会显示一个输入对话框,提示用户输入信息,系统在运行时根据给定的参数值确定查询结果,而参数值在创建查询时无须定义。参数查询有两种形式:单参数查询和多参数查询。

3.4.1 单参数查询

创建单参数查询,就是在字段中指定一个参数,在执行参数查询时,输入一个参数值。

例 3-14 在员工表中,创建按员工号查询员工的所有信息的参数查询。具体操作步骤如下:

① 在设计视图中创建查询,并添加"员工"表。

② 添加所有字段。

③ 在"员工号"列的"条件"行中输入条件:

[请输入员工号:]

输入条件时连同方括号一起输入,设计视图如图 3-31 所示。

④ 切换到查询数据表视图时,系统弹出图 3-32 所示的"输入参数值"对话框。

字段	员工号	员工.*
表	员工	员工
排序		
显示	☐	☑
条件	[请输入员工号]	

图 3-31 例 3-14 的设计窗口

从图 3-32 中可以看到,对话框中的提示文本正是在查询字段的"条件"行中输入的内容。按照需要输入查询条件,如果条件有效,查询的结果将显示出满足条件的记录,否则将不会显示任何数据。

⑤ 在"请输入员工号"文本框中输入员工名"0003",然后单击"确定"按钮,显示的查询结果如图 3-33 所示。

图 3-32 "输入参数值"对话框

图 3-33 参数查询结果

⑥ 保存查询。

3.4.2　多参数查询

从例 3-14 可以看出，建立参数查询，实际上就是在条件行输入了提示信息，如果在其他字段的条件行也输入类似的提示信息，就可以实现多参数查询，在运行一个多参数查询时，要依次输入多个参数的值。

例 3-15　以"员工"、"商品"、"销售单"和"销售明细"为数据源，创建一个名为"扩展销售明细"的查询，在该查询中，可显示出销售的详细信息，包括：销售号、员工号、姓名、销售日期、商品号、商品名、价格和数量。再以"扩展销售明细"为数据源，以销售号及商品号作为参数创建查询销售号、员工号、销售日期、商品号、商品名信息的多参数查询。具体操作步骤如下：

① 按前面介绍的方法创建并保存"扩展销售明细"查询。

② 在设计视图中创建查询，并将"扩展销售明细"查询添加到设计视图窗口中。

③ 添加销售号、员工号、销售日期、商品号、商品名字段。

在"销售号"对应的条件行中输入[请输入销售号:]，在"商品号"对应的条件行中输入：[请输入商品号:]。

输入查询条件后的设计视图如图 3-34 所示。

字段	销售号	员工号	销售日期	商品号	商品名
表	扩展销售明细	扩展销售明细	扩展销售明细	扩展销售明细	扩展销售明细
排序					
显示	✓	✓	✓	✓	✓
条件	[请输入销售号:]			[请输入商品号:]	

图 3-34　例 3-15 的设计窗口

④ 保存查询。

⑤ 运行查询，屏幕上显示"输入参数值"第一个对话框，如图 3-35（a）所示。

向文本框中输入销售号"201101001"之后，单击"确定"按钮，这时屏幕上又弹出"输入参数值"第二个对话框，如图 3-35（b）所示。向文本框中输入商品号"000004"之后，单击"确定"按钮，就可以看到相应的查询结果，如图 3-36 所示。

（a）第一个对话框　　　　　（b）第二个对话框

图 3-35　输入参数值的两个对话框

销售号	员工号	销售日期	商品号	商品名
201101001	0001	2011/1/8	000004	小天鹅洗衣机

图 3-36　查询结果

说明

在参数查询中，在“条件”行中输入的参数实际上是一个变量，运行查询时用户输入的参数将存储在该变量中，执行查询时系统自动将字段或表达式的值与该变量的值进行比较，根据比较的结果显示相应的结果。

3.5 交叉表查询

交叉表查询以一种独特的概括形式返回一个表内的总计数字，这种概括形式是其他种类的查询无法完成的。例如，要查询每个员工销售每种商品的数量，如果使用选择查询，在“员工号”、“姓名”及“商品名”字段都将出现重复的信息，如图 3-37 所示，这样显示出来的数据很凌乱。为了使查询的结果能够满足实际需要，使查询后生成的数据显示得更清晰、准确，结构更紧凑、合理，Access 提供了一个很好的查询方式，即交叉表查询。

查询1

员工号	姓名	商品名	数量
0001	任晴盈	海尔冰箱	10
0001	任晴盈	小天鹅洗衣机	10
0001	任晴盈	阿里斯顿热水器	10
0008	李墨非	海尔洗衣机	10
0008	李墨非	长虹电视机	30
0008	李墨非	美的空调	20
0002	张仲繁	海尔冰箱	10
0002	张仲繁	老板吸油烟机	10
0010	朱成	康佳冰箱	10
0010	朱成	飞利浦电视机	20
0004	杨丽	长虹电视机	20
0002	张仲繁	海尔洗衣机	10
0007	胡芝琳	海尔洗衣机	30
0003	萧枫	康佳冰箱	20
0003	萧枫	阿里斯顿热水器	10
0002	张仲繁	万家乐热水器	30
0002	张仲繁	小天鹅洗衣机	20

图 3-37 用选择查询统计每个员工销售商品的数量

所谓交叉表查询，类似于 Excel 中的数据透视表，就是将来源于某个表中的字段进行分组，一组列在查询表的左侧，一组列在查询表的上部，然后在查询表行与列的交叉处显示表中某个字段的各种计算值，如总和、平均、计数等。因此，在创建交叉表查询时，需要指定设置 3 种字段：

① 放在查询表最左端的分组字段构成行标题。

② 放在查询表最上面的分组字段构成列标题。

③ 放在行与列交叉位置上的字段用于计算。

其中，后两种字段只能有 1 个，第一种即放在最左端的字段最多可以有 3 个，这样，交叉表查询就可以使用两个以上分组字段进行分组总计。

创建交叉表查询有查询向导和查询设计视图两种方法。

3.5.1 使用查询向导创建交叉表查询

例 3-16 以前面创建的查询“扩展销售明细”为数据源，统计每个员工销售各种商品的数量。以“员工号”和“姓名”字段为行标题，以“商品名”字段为列标题，对“数量”字段进行求和统计，使用交叉表查询向导创建一个名为“员工销售统计”的交叉表查询，通过该交叉表查询可查阅各个员工所销售各种商品的数量。具体操作步骤如下：

① 打开“商品销售管理”数据库。

② 单击“创建”→“查询向导”按钮，弹出“新建查询”对话框（见图 3-1）。

③ 选择“交叉表查询向导”选项，单击“确定”按钮，弹出“交叉表查询向导”对话框之一，如图 3-38 所示。

④ 指定数据源。在图 3-38 中，选定"视图"选项组中的"查询"单选按钮，然后在查询列表框中选择前面创建的查询"扩展销售明细"为数据源。然后在弹出的"交叉表查询向导"对话框选择字段，如图 3-39 所示。

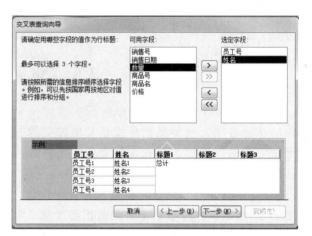

图 3-38 "交叉表查询向导"对话框之一   　　图 3-39 "交叉表查询向导"对话框之二

⑤ 指定行标题。在图 3-39 中，双击"可用字段"列表框中的"员工号"、"姓名"，使其成为"选定字段"，完成这两个字段为行标题的设置后，弹出"交叉表查询向导"对话框之三，完成列标题设置，如图 3-40 所示。

⑥ 指定列标题。在图 3-40 中选择"商品名"作为列标题，然后单击"下一步"按钮，弹出"交叉表查询向导"对话框之四，如图 3-41 所示。

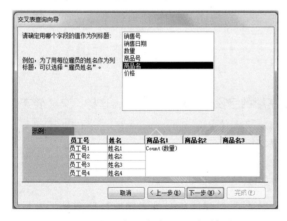

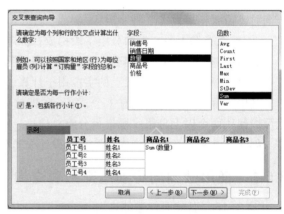

图 3-40 "交叉表查询向导"对话框之三   　　图 3-41 "交叉表查询向导"对话框之四

⑦ 指定要计算的数据。本题中需要对数量求和，因此在图 3-41 中选择"数量"字段，从"函数"列表框中选择"sum"。

⑧ 单击"下一步"按钮，在最后一个对话框中输入查询名称"扩展销售明细交叉表"，然后单击"完成"按钮，建立完毕。系统显示查询结果，如图 3-42 所示。

扩展销售明细_交叉表												
员工号	姓名	总计 数量	阿里斯顿热	长虹电视机	飞利浦电视	海尔冰箱	海尔洗衣机	康佳冰箱	老板吸油烟	美的空调	万家乐热水	小天鹅洗衣
0001	任晴盈	30	10			10						
0002	张仲繁	80			10		10		10		30	20
0003	萧枫	30	10					20				
0004	杨郦	20		20								
0007	胡芝琳	30					30					
0008	李墨菲	60		30			10			20		
0010	朱成	30			20				10			

图 3-42   例 3-16 交叉表查询结果

ℹ️ **说明**

查询向导创建的交叉表查询的数据源必须是一个表或查询。如果数据源来自多个表，可以首先以多个表为数据源建立一个查询，然后再以这个查询为数据源利用查询向导建立交叉表查询。

3.5.2   使用设计视图创建交叉表查询

例3-17   使用设计视图统计每个员工销售各种商品的数量。建立交叉表查询的具体操作步骤如下：

① 打开"商品销售管理"数据库。

② 单击"创建"→"查询设计"按钮，选择"扩展销售明细"查询作为数据源，选择工具栏中的查询类型为"交叉表"。

③ 选择字段。分别双击"扩展销售明细"查询中的"员工号""姓名""商品名""数量"字段。

④ 指定计算数据。选择"查询"→"交叉表命令"命令，这时，在"设计视图"窗口的下半部分自动增加"总计"行和"交叉表"行，如图 3-43 所示。

字段:	员工号	姓名	商品名	数量
表:	扩展销售明细	扩展销售明细	扩展销售明细	扩展销售明细
总计:	Group By	Group By	Group By	合计
交叉表:	行标题	行标题	列标题	值 ▼
排序:				
条件:				

图 3-43   交叉表参数设计窗口

在图 3-43 中进行如下设置：

- 分别单击"员工号"、"姓名"字段的"交叉表"行右侧的下拉按钮，在展开的列表框中选择"行标题"选项。
- 在"商品名"字段的"交叉表"行选择"列标题"选项。
- 对于要进行计算的字段，先在"数量"字段的"交叉表"行选择"值"选项，然后在"总计"行中选择"总计"选项。

④ 保存查询并运行查询。

3.6   操作表查询

前面介绍的几种查询方法，都是根据特定的查询准则，从数据源中提取符合条件的动态数据集，但对数据源的内容并不进行任何的改动。而操作查询则不然，它除了从数据源中选择数据外，还可以改变表中的内容，如增加数据、删除记录和更新数据等。

由于操作查询将改变数据表的内容，并且这种改变是不可恢复的，因而某些错误的操作查询可能会造成数据表中数据的丢失,因此用户在进行操作查询之前,应该先对数据表进行备份。

创建表的备份的具体操作步骤如下:

① 在数据库窗口中选择表对象,在右侧窗格中选中要备份的表,按【Ctrl+C】组合键进行复制。

② 选择"编辑"→"粘贴"命令,或按【Ctrl+V】组合键,弹出"粘贴表方式"对话框,如图 3-44 所示。

③ 为备份的表指定新表名。

④ 选择"结构和数据"单选按钮,然后单击"确定"按钮将新表添加到数据库窗口中,此备份的表和原表完全相同。

图 3-44　"粘贴表方式"对话框

操作查询是 Access 查询对象中重要的组成部分,它用于对数据库进行复杂的数据管理操作。操作查询共有 4 种类型:生成表查询、删除查询、更新查询与追加查询。

3.6.1　生成表查询

生成表查询是将查询的结果保存到一个表中,这个表可以是一个新表,也可以是已存在的表,但如果将查询结果保存在已有的表中,则该表中原有的内容将被删除。

例 3-18　创建生成表查询,将员工表中女员工的记录保存到新表中,要求显示员工号、姓名、性别、出生日期和工资 5 个字段。具体操作步骤如下:

① 在设计视图中创建查询,选择"员工"表为数据源。

② 选择字段。分别双击"员工"表中的"员工号"、"姓名"、"性别"、"出生日期"和"工资"字段。

③ 设置条件。在"性别"列的条件行输入"女",查询准则设置如图 3-45 所示。

字段:	员工号	姓名	性别	出生日期	工资
表:	员工	员工	员工	员工	员工
排序:					
显示:	☑	☑	☑	☑	☑
条件:					

图 3-45　生成表参数设计窗口

④ 选择查询类型为"生成表",弹出"生成表"对话框,如图 3-46 所示。在对话框的"表名称"文本框中输入新表名"女员工",然后单击"确定"按钮,返回查询设计窗口。

⑤ 保存查询为"生成女员工表",查询建立完毕。

⑥ 在"数据表视图"中预览查询结果,如图 3-47 所示。

图 3-46　"生成表"对话框

生成女员工表				
员工号	姓名	性别	出生日期	工资
0001	任晴盈	女	1982/2/15	2,200.00
0004	杨郦	女	1985/6/18	2,500.00
0005	王芳	女	1970/6/27	2,800.00
0007	胡芝琳	女	1976/12/5	4,500.00
0009	杨茉	女	1988/4/29	2,300.00

图 3-47　查询预览结果

⑦ 运行查询。在设计视图中,单击"运行"按钮 🔊,弹出生成表提示对话框,如图 3-48 所示。

单击"是"按钮，确认生成表操作。在数据库窗口中选择"表"对象，可以看到多了一个名为"女员工"的表。

图 3-48　生成表提示对话框

> **说明**
> 创建的新表中的数据是当前数据库的子集，之后数据库数据的更新，则不能在生成表中体现。

在以前各节的例子中，预览查询和执行查询的结果是一样的。从本例可以看出，对于操作查询，这两个操作是不同的。在"数据表视图"中预览，只是显示满足条件的记录，而执行查询，则是对查找到的记录继续进行添加、删除、修改等操作，也就是说，对于这类查询是先进行查询然后对查询到的记录进行操作，这就是所谓的操作查询。

3.6.2　删除查询

删除查询是指删除符合设定条件记录的查询，在数据库的使用过程中，有些数据不再有意义，可以将其删除。删除查询可以对一个或多个表中的一组记录做批量删除。如果要从多个表中删除相关记录，必须同时满足以下条件：

① 已经定义了表间的相互关系。

② 在"编辑关系"对话框中已选中"实施参照完整性"复选框。

③ 在"编辑关系"对话框中已选中"级联删除相关记录"复选框。

例 3-19　创建删除查询，以"员工备份"为数据源，创建一个删除查询，删除部门为"销售一部"的记录。

由于删除查询要直接删除原来数据表中的记录，为保险起见，本题中建立删除查询之前先将员工表进行备份，指定备份表名为"员工备份"，删除操作只对"员工备份"表进行。

建立查询的具体操作步骤如下：

① 在设计视图中创建查询，选择"员工备份"表作为数据源。

② 选择字段。分别双击"员工备份"表中的"员工号"、"姓名"和"部门"字段。

③ 设置条件。在"部门"字段的条件行输入"销售一部"。

④ 选择"查询"→"删除查询"命令，在"设计视图"窗口的下半部分多了一行"删除"，取代了原来的"显示"和"排序"行，如图 3-49 所示。

字段:	员工号	姓名	部门
表:	员工备份	员工备份	员工备份
删除:	Where	Where	Where
条件:			"销售一部"

图 3-49　创建删除查询

⑤ 保存查询为"删除销售一部记录"，查询建立完毕。

⑥ 在"数据表视图"中预览查询结果，如图 3-50 所示。

⑦ 运行查询。在设计视图中，单击"运行"按钮 ，弹出删除提示对话框，如图 3-51 所示。

员工号	姓名	部门
0002	张仲繁	销售一部
0003	萧枫	销售一部
0004	杨郦	销售一部
0008	李翠菲	销售一部
0009	杨茉	销售一部

图 3-50　查询预览结果

图 3-51　删除提示对话框

单击"是"按钮，执行删除查询。在数据库窗口中单击"表"对象，打开"员工备份"表，可以看到执行了删除查询后，数据表中没有了销售一部的记录。

说明

删除查询将永久地、不可逆地从指定的表中删除记录。因此，在删除之前一定要慎重对待，即先预览后执行，或随时维护数据的备份副本，以防不小心错删数据。

3.6.3　更新查询

维护数据库时，常常需要对符合条件的记录进行统一修改，这些操作可通过更新查询完成。它比通过键盘逐一修改表记录更加准确、快捷，但需要被修改的数据有规律。

例 3-20　以"员工备份"表为数据源，创建一个更新查询，将该表中部门为"销售一部"的记录改为"营业一部"。建立查询的操作过程如下：

① 在设计视图中创建查询，添加"员工备份"表作为数据源。

② 选择字段。双击"员工备份"表中的"员工号""部门"字段。

③ 设置条件。在"部门"字段的条件行输入"销售一部"。

④ 选择"设计"→"更新"查询类型命令，在"设计视图"窗口的下半部分多了一行"更新到"行，取代了原来的"显示"和"排序"行。在要更新字段的"更新到"单元格中输入用来更改这个字段的表达式或数值，即"营业一部"，如图 3-52 所示。

字段:	员工号	部门
表:	员工备份	员工备份
更新到:		"营业一部"
条件:		"销售一部"

图 3-52　创建更新查询

⑤ 保存查询为"更改部门"，查询建立完毕。

⑥ 若要查看将要更新的记录列表，可在"数据表视图"中预览查询结果，此列表并不显示新值。

⑦ 运行查询，弹出更新提示对话框，单击"是"按钮更新数据。打开"员工备份"表，可以看到数据已被更新。

例 3-21　以"员工备份"为数据源，创建一个带参数的更新查询，根据用户输入的金额增加员工的工资。建立查询的具体操作步骤如下：

① 在设计视图中创建查询，添加"员工备份"表作为数据源。

② 选择字段。双击"员工备份"表中的"员工号""工资"字段。

③ 单击"创建"菜单栏后选择工具栏中的"查询设计"命令，并选择查询类型为"更新查询"命令，在"工资"列的"更新到"行输入[工资]+[请输入增加金额]，如图 3-53 所示。

注意

表达式"[工资]+[请输入增加金额]"的作用是在原工资的基础上增加从对话框中输入的金额。表达式中如果涉及字段，字段名应用方括号括起来。

④ 保存查询为"更改工资"，查询建立完毕。

⑤ 运行查询，在弹出的"输入参数值"对话框中输入"100"，如图 3-54 所示。单击"确定"按钮，弹出更新提示对话框，单击"是"按钮更新数据。打开"员工备份"表，可以看出每个员工的工资都增加了 100。

字段	员工号	工资
表	员工备份	员工备份
更新到		[工资]+[请输入增加额]
条件		

图 3-53　创建更新查询

图 3-54　输入参数值对话框

🛈 说明

更新查询也是无法撤销的操作，如有需要，在执行该查询前，可先备份数据库。在使用过程中，不能重复运行更新查询，每运行一次，数据表中的数据就会被更新一次。

3.6.4　追加查询

追加查询是将一个或多个表中符合条件的记录添加到另一个表的末尾。可以使用追加查询从外部数据源中导入数据，然后将它们追加到现有表中，也可以从其他的 Access 数据库或同一数据库的其他表中导入数据。

例 3-22 创建"员工"表结构的副本，以"员工"表为数据源，创建一个追加查询，将所有部门为"销售一部"的员工追加到该副本中。建立查询的具体操作步骤如下：

① 创建员工表结构的副本（由于只需要复制表的结构，不需要复制数据，所以在"粘贴选项"中选择"只粘贴结构"单选按钮），将副本命名为"销售一部员工"。

② 在设计视图中创建查询，添加"员工"表作为数据源。

③ 选择字段。分别双击"员工"表中的星号和"部门"字段。

④ 设置条件。在"部门"字段的条件行输入"销售一部"。

⑤ 选择"设计"→"追加"查询类型，弹出"追加"对话框，如图 3-55 所示。在"表名称"下拉列表框中选择"销售一部员工"表，单击"确定"按钮。

⑥ 保存查询为"追加销售一部员工"，查询建立完毕。

⑦ 在"数据表视图"中预览查询结果，如图 3-56 所示。

图 3-55　"追加"对话框

员工号	姓名	性别	出生日期	政治面貌	婚否	员工.部门	工资	联系电话	籍贯	照片
0002	张仲繁	男	1983/5/19	党员	☑	销售一部	1,500.00	88141250	湖北省武汉市	Bitmap Image
0003	萧枫	男	1972/12/9	群众	☐	销售一部	1,800.00	88141602	江苏南京	Bitmap Image
0004	杨郦	女	1985/6/18	团员	☐	销售一部	2,500.00	88141004	湖南益阳	Bitmap Image
0008	李墨丰	男	1985/1/4	群众	☐	销售一部	2,000.00	88145302	河南郑州	Bitmap Image
0009	杨茉	女	1988/4/29	团员	☐	销售一部	2,300.00	88147501	江苏苏州	Bitmap Image

图 3-56　追加查询的预览结果

⑧ 运行查询，弹出追加提示对话框，单击"是"按钮追加数据。打开"销售一部员工"表，可以看出员工表中的 5 条记录被加在了该表中。

> **说明**
> 与更新查询一样，追加查询也不能够重复执行，否则将向目标表追加同一组记录若干次，造成目标表中的数据重复。

3.7　SQL 概述

SQL 是关系数据库的标准语言。目前，各种关系数据库管理系统均支持 SQL，SQL 已成为数据库领域中一个主流语言。

SQL 标准于 1986 年 10 月由美国国家局（American National Standards Institute，ANSI）公布，1987 年 6 月国际标准化组织（International Organization for standardization，ISO）将 SQL 定为国际标准，推荐它成为标准关系数据库语言。1990 年，我国颁布了《信息处理系统数据库语言 SQL》，将其定为中国国家标准。

SQL 是高级的非过程化编程语言，它不要求用户指定数据的存放方法，也不需要用户了解具体的数据存放方式，只需掌握 SQL 语法即能完成对数据的管理。

SQL 虽然被称为结构化查询语言，但是它的功能并不仅仅是查询。实际上，SQL 集数据定义、数据操纵、数据查询和数据控制功能于一体，充分体现了关系数据语言的优点，其主要特点如下：

1. SQL 是一种功能齐全的一体化语言

SQL 主要包括以下 4 类语言：

① 数据定义语言（Data Definition Language，DDL），包括定义、修改与删除基本表及建立与删除索引等。

② 数据操纵语言（Data Manipulation Language，DML），包括插入、修改与删除数据等。

③ 数据查询语言（Data Query Language，DQL），包括单表查询、连接查询、嵌套查询等各种查询功能。

④ 数据控制语言（Data Control Language，DCL），包括数据的安全性控制、数据的完整性控制、数据库的恢复及并发控制等功能。

SQL 可以独立完成数据库中的全部活动，包括定义关系模式、录入数据以建立数据库、查询、更新、维护、数据库重构、数据库安全性控制等一系列操作，这就为数据库应用系统开发提供了良好的环境。

2. SQL 是一种高度非过程化的语言

SQL 不规定某件事情该如何完成，而只规定该完成什么。当用 SQL 进行数据操作时，用户只需提出"做什么"，而不必指明"怎么做"。因此用户无须了解存取路径，存取路径的选择以及 SQL 语句的操作过程由系统自动完成。这不但大大减轻了用户的负担，而且有利于提高数据的独立性。

3. SQL 语句简洁，易学易用

SQL 只用为数不多的几条命令，就完成了数据定义、数据操作、数据查询和数据控制等功能，语法简单，使用的语句接近人类的自然语言，容易学习和方便使用。

4. 语言共享

任何一种数据库管理系统都拥有自己的程序设计语言，各种语言的语法规定及其词汇相差甚远。

但是 SQL 在任何一种数据库管理系统中都是相似的，甚至是相同的。还可以将 SQL 语句嵌入到高级语言（如 C 语言、Visual Basic）程序中，以程序方式使用。现在很多数据库应用开发工具都将 SQL 直接融入自身的语言之中，使用起来更加方便。

在 Access 中所有通过设计网格设计出的查询，系统在后台都自动生成了相应的 SQL 查询语句，但不是所有的 SQL 查询语句都可以在设计网格中显示出来，有部分查询工作是设计网格不能胜任的，这些查询被称为"SQL 特定查询"，这些查询包括联合查询、传递查询、数据定义查询和子查询等。SQL 查询的设计丰富了查询的手段和功能，使得查询变得更加灵活实用。熟悉 SQL 语句的用户可以在 SQL 查询中充分利用各种查询的潜力，利用 SQL 查询直接完成其他查询完成不了的任务。

3.8　SQL 数据定义

在 Access 中，数据定义是 SQL 的一种特定查询，SQL 的数据定义功能主要包括创建、修改、删除数据表和建立、删除索引等。

3.8.1　创建表

在 SQL 中，可以使用 CREATE TABLE 语句定义数据表。

1．语句格式
```
CREATE TABLE <表名>
(<字段名 1> <类型名> [(长度)] [PRIMARY KEY ] [NOT NULL]
[,<字段名 2> <类型名>[(长度)] [NOT NULL]]…)
```

2．语句功能
创建一个数据表的结构。创建时如果表已经存在，不会覆盖已经存在的同名表，会返回一个错误信息，并取消这一任务。

3．语句说明
<表名>：要创建的数据表的名称。

<字段名> <类型名>：要创建的数据表的字段名和字段类型。数据类型名及其说明如表 3-3 所示。

表 3-3　数据类型名及其说明

数据类型名	说　　明	数据类型名	说　　明
integer	长整型	short	整型
Char/varchar	文本型	real	单精度浮点型
float	双精度浮点型	Date/time/datetime	日期型/时间型/日期时间型
OLEObject	OLE 对象	Bit	布尔型
money	货币型	text	备注型

字段长度仅限于文本及二进制字段。

PRIMARY KEY：表示将该字段定义为主键。

NOT NULL：不允许字段值为空，而 NULL 允许字段值为空。

例3-23　在学生成绩管理数据库中建立一个数据表"学生"，表结构由学号、姓名、性别、出生日期、政治面貌、专业、四级通过、入学成绩等字段组成，并设置"学号"为主键。具体操作步骤如下：

① 创建"学生成绩管理"数据库。

② 在"学生成绩管理"数据库窗口中选择"创建"菜单。

③ 单击"创建"→"查询设计"按钮，在设计视图中，关闭弹出的"显示表"对话框，以打开查询设计视图窗口。

④ 选择工具栏中的查询类型"数据定义"。

⑤ 在"数据定义"查询窗口中输入 SQL 语句，每个数据定义查询只能包含一条数据定义语句，如图 3-57 所示。

⑥ 保存查询为"数据表定义查询（学生）"，查询建立完毕。

⑦ 运行查询。在设计视图中，单击"运行"按钮 ，执行 SQL 语句，完成创建表的操作。

⑧ 在数据库窗口中选择"表"对象，可以看到在"表"列表框中多了一个"学生"表，这就是用 SQL 的定义查询创建的表。

在"设计视图"窗口中打开学生表，显示的表结构如图 3-58 所示。

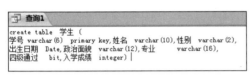

图 3-57　数据定义查询窗口

图 3-58　用 SQL 语句定义的表结构

例 3-24　在学生成绩管理数据库中建立一个数据表"成绩"，并通过"学号"字段建立与"学生"表的关系。

具体操作步骤与例 3-23 相同，其中 SQL 语句如下：

CREATE TABLE 成绩(学号 varchar(6) PRIMARY KEY REFERENCES 学生,课程号 varchar(3),平时 real,期中 real, 期末 real)

其中的"REFERENCES 学生"表示与"学生"表建立关系。选择"数据库工具"→"关系"按钮，打开"关系"窗口，如图 3-59 所示。

图 3-59　学生表与成绩表

从图 3-59 中可以看到两个表的结构及表之间已经建立的关系。

3.8.2　删除表

在 SQL 中，创建完成的表如果不再需要时，可以使用 DROP TABLE 语句删除它。

1．语句格式

```
DROP TABLE <表名>
```

2．语句功能

删除指定的数据表文件。

3．语句说明

一定要慎用 DROP TABLE 语句，一旦使用以后就无法恢复表或其中的数据，此表上建立的索引也将自动删除，并且无法恢复。

例3-25　删除例 3-24 建立的成绩表。具体操作步骤如下：

① 打开"数据定义查询"窗口。

② 在"数据定义查询"窗口中，输入删除表的 SQL 语句：

```
DROP TABLE 成绩
```

③ 单击工具栏中的"运行"按钮 ，执行 SQL 语句，完成删除表操作，"成绩"表将从"学生成绩管理"数据库窗口中消失。

3.8.3　修改表的结构

创建完成的表如果不能满足应用系统的需求，就需要对其表结构进行修改。在 SQL 中，可以使用 ALTER TABLE 语句修改表结构。

1．语句格式

```
ALTER TABLE <表名>
[ADD <新字段名 1> <类型名> [(长度)] [,<新字段名 2> <类型名>[(长度)]…]]
[DROP <字段名 1> [,<字段名 2>…]
[ALTER <字段名 1> <类型名> [(长度)] [,<字段名 2> <类型名>[(长度)]…]]
```

2．语句功能

修改指定的数据表的结构。

3．语句说明

<表名>：要修改的数据表的名称。

ADD 子句用于增加新的字段。

DROP 子句用于删除指定的字段。

ALTER 子句用于修改原有字段的定义，包括字段名、数据类型和字段的长度。

应注意 ADD 子句、DROP 子句和 ALTER 子句不能同时使用。

例3-26　为学生表增加一个"家庭住址"字段。具体操作步骤如下：

① 在"学生成绩管理"数据库窗口中选择"创建"菜单。

② 单击"创建"→"查询设计"按钮，关闭弹出的"显示表"对话框，以打开查询设计视图窗口。

③ 选择查询类型为"数据定义"，进入"数据定义"窗口。

④ 在"数据定义查询"窗口中输入修改表结构的 SQL 语句：

```
ALTER TABLE 学生 ADD 家庭住址  varchar(20)
```

⑤ 单击"运行"按钮 ，执行 SQL 语句，完成修改表结构操作。

例 3-27　将学生表的"学号"字段的宽度由原来的 6 改为 7，SQL 语句如下：
```
ALTER TABLE 学生 ALTER 学号  varchar(7)
```
例 3-28　删除学生表"家庭住址"字段，SQL 语句如下：
```
ALTER TABLE 学生 DROP 家庭住址
```

3.9　SQL 数据操作

SQL 的数据操作功能主要包括插入、更新、删除数据等相关操作，用 SQL 实现数据操作功能，通常也称为创建操作查询。

3.9.1　插入数据

插入数据是指在数据表的尾部添加一条记录。在 SQL 中，可以使用 INSERT 语句插入数据。

1．语句格式
```
INSERT INTO <表名>
[(<字段名清单>)] VALUES(<表达式清单>)
```
2．语句功能
在指定的数据表的尾部添加一条新记录。

3．语句说明
<表名>为要插入数据的表的名称。

<字段名清单>为数据表要插入新值的字段。

VALUES(表达式清单)为数据表要插入新值的各字段的数据值。

<字段名清单>和 VALUES 子句中"表达式清单"的个数和数据类型要完全一致。

若省略<字段名清单>，则数据表中的所有字段必须在 VALUES 子句中都有相应的值。

例 3-29　在学生表尾部添加一条新记录。具体操作步骤如下：

① 在"学生成绩管理"数据库窗口中，打开"数据定义"窗口。

② 在"数据定义"窗口中，输入插入数据的 SQL 语句：
```
INSERT INTO 学生(学号,姓名,性别,出生日期,政治面貌,专业,四级通过)
VALUES("1201001","任盈盈","女", #1992-03-05#,"团员","国贸",yes)
```
③ 单击"运行"按钮 ![运行按钮]，执行 SQL 语句，完成插入数据的操作。

例 3-30　在学生表尾部插入第二条记录，SQL 语句如下：
```
INSERT INTO 学生  VALUES("1201002","张中发","男",#1983-5-19#,"党员","财务",
yes,560)
```
在"数据表视图"中打开学生表，显示结果如图 3-60 所示。

学号	姓名	性别	出生日期	政治面貌	专业	四级通过	入学成绩
1201001	任盈盈	女	1992/3/5	团员	国贸	-1	
1201002	张中发	男	1983/5/19	党员	财务	-1	560

图 3-60　用 SQL 语句添加的学生表记录

3.9.2　更新数据

更新数据是指对表中的所有记录或满足条件的记录用给定的值替代。在 SQL 中，可以使用

UPDATE 语句更新数据。

1．语句格式

```
UPDATE <表名>
SET <字段名 1>=<表达式 1> [,<字段名 2>=<表达式 2>…]
[WHERE <条件>]
```

2．语句功能

根据 WHERE 子句指定的条件，对指定记录的字段值进行更新。

3．语句说明

<表名>为要更新数据的表的名称。

<字段名>=<表达式>是指用<表达式>的值替代<字段名>的值，一次可更新多个字段的值。

若省略 WHERE 子句，则更新全部记录。

一次只能在单一的表中更新记录。

例3-31　将学生表中姓名为"张中发"的专业更新为"会计"。

① 在"学生成绩管理"数据库窗口中，打开"数据定义查询"窗口。

② 在"数据定义查询"窗口中，输入更新数据的 SQL 语句：

```
UPDATE 学生 SET 专业="会计" WHERE 姓名="张中发"
```

③ 单击"运行"按钮，执行 SQL 语句，完成更新数据的操作。

3.9.3　删除数据

删除数据是指对表中的所有记录或满足条件的记录进行删除操作。在 SQL 中，可以使用 DELETE 语句删除数据。

1．语句格式

```
DELETE FROM <表名> [WHERE <条件>]
```

2．语句功能

根据 WHERE 子句指定的条件，删除表中指定的记录。

3．语句说明

<表名>为要删除数据的表的名称。

若省略 WHERE 子句，则删除表中全部记录。

DELETE 语句删除的只是表中的数据，而不是表的结构。

例3-32　将学生表中学号为"1201002"的记录删除。

① 在"学生成绩管理"数据库窗口中，打开"数据定义查询"窗口。

② 在"数据定义查询"窗口中，输入删除数据的 SQL 语句：

```
DELETE FROM 学生 WHERE 学号= "1201002"
```

③ 单击"运行"按钮，执行 SQL 语句，完成删除数据操作。

3.10　SQL 数据查询

SQL 最主要的功能是数据查询，数据查询是对已建立的数据表中的数据进行检索的操作。SQL 中的查询语句只有 SELECT，该语句功能强大，使用方便灵活，可实现多种查询。

在 Access 中，使用 SELECT 语句创建的查询也称为选择查询，主要有简单查询、连接查询和嵌套查询等。

3.10.1 SQL 查询语句

SELECT 语句是 SQL 的核心语句，该语句选项极其丰富，SELECT 语句的一般格式如下：

```
SELECT [ALL|DISTINCT|TOP n [PERCENT]] <字段名>|<字段表达式>|<函数>[, ...]
    FROM <数据源表或查询>
        [WHERE<筛选条件>]
        [GROUP BY <分组字段表> [HAVING <过滤条件>]
        [ORDER BY <排序关键字1> [ASC | DESC][, <排序关键字2>[ASC | DESC]...]]
```

整个 SELECT 语句的含义是，从 FROM 子句列出的表或查询中，选择满足 WHERE 子句中给出的条件的记录，然后按 GROUP BY 子句（分组子句）中指定字段的值分组，再提取满足 HAVING 子句中过滤条件的那些组，按 SELECT 子句给出的字段名或字段表达式求值输出。ORDER BY 子句（排序子句）是对输出的目标表进行重新排序，并可附加说明 ASC（升序）或 DESC（降序）排列。

3.10.2 简单查询

简单查询一般指单表查询，是对一个表进行的查询操作。这种查询相对比较简单，下面将通过实例循序渐进地介绍简单查询的操作过程。

1. 基本查询

SELECT 的基本结构如下：

```
SELECT [ALL|DISTINCT] <字段名1> [AS <列名称>]
    [,<字段名2> [AS <列名称>]...]
    FROM <数据源表或查询>
    [WHERE <筛选条件>]
```

说明

ALL：查询的结果中包含数据源中的所有记录。

DISTINCT：查询的结果中不包含数据源中重复行的记录。

<字段名表>：指定查询结果输出的字段，如果要包含数据源中的所有字段，可以使用通配符"*"。

AS <列名称>：表示如果在输出时不希望使用原来的字段名，可以用列名称重新设置。

FROM <数据源表或查询>：指出查询的数据来源。

WHERE <筛选条件>：说明查询条件，即选择记录的条件。

例3-33 查询员工表的全部字段。具体操作步骤如下：

① 在"商品销售管理"数据库窗口中选择"创建"菜单。

② 选择"查询设计"按钮，关闭弹出的"显示表"对话框，以打开查询设计视图窗口。

③ 选择"开始"→"视图"→"SQL 视图"命令，进入窗口。

④ 在窗口中输入 SQL 语句，如图 3-61 所示。

⑤ 保存查询，查询建立完毕。

⑥ 运行查询。在设计视图中，单击"运行"按钮 ，屏幕显示运行查询的结果，如图 3-62 所示。

图 3-61　SQL 查询窗口

图 3-62　例 3-33 执行结果

例3-34　查询员工表中所有员工的姓名和截至统计时的年龄，去掉重名。SQL 语句如下：

```
SELECT DISTINCT 姓名,YEAR(DATE())-YEAR(出生日期) AS 年龄
    FROM 员工
```

显示结果如图 3-63 所示。由于表中没有年龄字段，SELECT 子句中的表达式利用出生日期的数据计算出年龄值。SELECT 子句中指定的输出项可以是字段名也可以是函数或表达式，使用 AS 子句可以设置显示列名。需要指出的是，选择 AS 子句后，表中的字段名并没有因此而改变。

例33-35　查询员工表中工资高于 2 000 元的女员工。SQL 语句如下：

```
SELECT 员工号,姓名,性别,工资
FROM 员工
WHERE 性别="女"  AND 工资>2000
```

显示结果如图 3-64 所示。

图 3-63　例 3-34 执行结果

图 3-64　例 3-35 执行结果

在本例中 WHERE 子句指定查询条件，查询条件要求一个逻辑值。

2．带特殊运算符的条件查询

在 SELECT 语句中可以使用关系表达式和逻辑表达式构造条件，还可以使用专门的特殊运算符构造查询条件。SELECT 语句可以使用的特殊运算符有：

（1）BETWEEN…AND 运算符

格式：<字段名> [NOT] BETWEEN <初值> AND <终值>

BETWEEN 运算符用于检测字段的值是否介于指定的范围内。<字段名>可以是字段名或表达式。BETWEEN 表示的取值范围是连续的。

（2）IN 运算符

格式：<字段名> [NOT] IN(<表达式 1>[,<表达式 2>…])

IN 运算符用于检测字段的值是否属于表达式集合或子查询。<字段名>可以是字段名或表达式。IN

表示的取值范围是逗号分隔的若干个值，它表示的取值范围是离散的。

（3）LIKE 运算符

格式：<字段名> LIKE <字符表达式>

LIKE 运算符用于检测字段的值是否与样式字符串匹配。<字段名>是字符型字段或表达式。字符表达式中可以使用通配符，其中通配符"*"表示零个或多个字符，通配符"?"表示一个字符。

例3-36 查询员工表中工资在 2 000 ~ 3 000 之间的员工号、姓名、工资。SQL 语句如下：

```
SELECT 员工号, 姓名, 工资
    FROM 员工
    WHERE 工资 BETWEEN 2000 AND 3000
```

显示结果如图 3-65 所示。上述语句的功能相当于：

```
SELECT 员工号, 姓名, 工资
    FROM 员工
    WHERE 工资>=2000 AND 工资<=3000
```

例3-37 查询"部门"是销售一部或销售二部的员工。SQL 语句如下：

```
SELECT *
    FROM 员工
    WHERE 部门 IN("销售一部", "销售二部")
```

显示结果如图 3-66 所示。上述语句的功能相当于：

```
SELECT *
    FROM 员工
    WHERE 部门="销售一部" OR 部门="销售二部"
```

员工号	姓名	工资
0001	任晴盈	2,200.00
0004	杨郦	2,500.00
0005	王芳	2,800.00
0006	陈人杰	2,000.00
0008	李墨非	2,000.00
0009	杨茉	2,300.00

图 3-65 例 3-36 执行结果

员工号	姓名	性别	出生日期	政治面貌	婚否	部门	工资	联系电话
0001	任晴盈	女	1982/2/15	党员	☑	销售二部	2,200.00	88140021
0002	张仲繁	男	1983/5/19	党员		销售一部	1,500.00	88141250
0003	董枫	男	1972/12/9	群众		销售一部	1,800.00	88141602
0004	杨郦	女	1985/6/18	团员		销售一部	2,500.00	88141004
0006	陈人杰	男	1974/9/12	群众	☑	销售二部	2,000.00	88145618
0007	胡芝琳	女	1976/12/5	党员	☑	销售一部	4,500.00	88141920
0008	李墨非	男	1985/1/4	群众		销售一部	2,000.00	88145302
0009	杨茉	女	1988/4/29	团员		销售一部	2,300.00	88147501
0010	朱成	男	1980/9/10	党员	☑	销售二部	3,200.00	88144568

图 3-66 例 3-37 执行结果

例3-38 查询员工表中姓"杨"的员工的记录。SQL 语句如下：

```
SELECT *
    FROM 员工
    WHERE 姓名 LIKE "杨*"
```

显示结果如图 3-67 所示。

员工号	姓名	性别	出生日期	政治面貌	婚否	部门	工资	联系电话
0004	杨郦	女	1985/6/18	团员		销售一部	2,500.00	88141004
0009	杨茉	女	1988/4/29	团员		销售一部	2,300.00	88147501

图 3-67 例 3-38 执行结果

3．计算查询

SQL SELECT 语句支持表 3-4 所示的聚合函数。

表 3-4　SELECT 语句中使用的聚合函数

函　　　数	功　　　能
COUNT(字段名)	对指定字段的值计算个数
COUNT(*)	计算记录个数
SUM(字段名)	计算指定的数值列的和
AVG(字段名)	计算指定的数值列的平均值
MAX(字段名)	计算指定的字符、日期或数值列中的最大值
MIN(字段名)	计算指定的字符、日期或数值列中的最小值

🛈 说明

① 表 4-5 中的"字段名"可以是字段名，也可以是 SQL 表达式。

② 上述聚合函数可以用在 SELECT 子句中对查询结果进行计算，也可以在 HAVING 子句中构造分组筛选条件。

例 3-39　在员工表中统计员工人数。SQL 语句如下：

```
SELECT COUNT(*) AS 员工人数
    FROM 员工
```

显示结果如图 3-68 所示。

例 3-40　查询员工表中女员工工资的平均值、最大值和最小值。SQL 语句如下：

```
SELECT "女" AS 性别,AVG(工资) AS 平均工资,
    MAX(工资) AS 最高工资, MIN(工资) AS 最低工资
        FROM 员工
    WHERE 性别="女"
```

显示结果如图 3-69 所示。

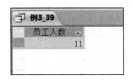

图 3-68　例 3-39 执行结果　　　　　　　　图 3-69　例 3-40 执行结果

4．分组与计算查询

计算查询是对整个表的查询，一次查询只能得出一个计算结果。利用分组计算查询则可以通过一次查询获得多个计算结果。分组查询是通过 GROUP BY 子句实现的。

格式：`GROUP BY <分组关键字 1> [,<分组关键字 2>…][HAVING <筛选条件>]`

说明：

分组关键字是分组的依据，可以是字段名，也可以是 SQL 函数表达式，还可以是字段序号（从 1 开始）。

HAVING 是对分组进行筛选的条件。HAVING 只能与 GROUP BY 一起出现，不能单独使用。

例3-41 分别统计男、女员工的人数和工资的最大值及平均值。SQL 语句如下：

```
SELECT 性别, COUNT(性别) AS 人数,MAX(工资) AS 最
高工资, AVG(工资) AS 平均工资
     FROM 员工 GROUP BY 性别
```

显示结果如图 3-70 所示。

图 3-70 例 3-41 执行结果

> **注意**
>
> 在 SQL SELECT 语句中如果选择了 GROUP BY 子句，输出的数据项中应只包含分类关键字和计算函数计算的结果。

例3-42 在销售明细表中统计销售数量在 30 以上的商品。SQL 语句如下：

```
SELECT 商品号, SUM(数量) AS 销售总计
     FROM 销售明细
     GROUP BY 商品号 HAVING SUM(数量)>=30
```

显示结果如图 3-71 所示。

本查询的执行过程是：首先对所有记录按商品号分组统计，然后对分组结果进行筛选，销售数量没有达到 30 以上的商品被筛选掉。

例3-43 对 1980 年以后出生的员工分别按部门统计平均工资，并输出平均工资在 2 000 以上的组。SQL 语句如下：

```
SELECT 部门,AVG(工资) AS 平均工资
     FROM 员工
     WHERE 出生日期>=#1980-01-01#
     GROUP BY 部门 HAVING AVG(工资)>=2000
```

显示结果如图 3-72 所示。

例3_42	
商品号	销售总计
000002	30
000003	50
000004	30
000006	50
000008	30

图 3-71 例 3-42 执行结果

例3_72	
部门	平均工资
销售二部	2700
销售一部	2075

图 3-72 例 3-43 执行结果

本查询的执行过程是：首先根据 WHERE 子句给出的条件筛选出 1980 年以后出生的记录，然后按部门分组，最后根据 HAVING 子句给出的条件筛选出平均工资在 2 000 以上的组。

HAVING 与 WHERE 的区别在于：WHERE 是对表中所有记录进行筛选，HAVING 是对分组结果进行筛选。在分组查询中如果既选用了 WHERE，又选用了 HAVING，执行的顺序是先用 WHERE 限定记录，然后对筛选后的记录按 GROUP BY 指定的分组关键字分组，最后用 HAVING 子句限定分组。

5. 排序

SQL SEELECT 允许用户根据需要将查询结果重新排序后输出。

格式：`ORDER BY <排序关键字 1> [ASC|DESC] [,<排序关键字> [ASC|DESC]…]`
`[TOP <数值表达式> [PERCENT]]`

说明：

ASC 表示对查询结果按指定字段升序排序。

DESC 表示对查询结果按指定字段降序排序，ASC|DESC 缺省时默认值是升序。

TOP 必须与 ORDER BY 短语同时使用，它的含义是从第一条记录开始，显示满足条件的前 N 个记录，N 为数值表达式的值。选择 PERCENT 短语时，数值表达式表示百分比。

例3-44　在员工表中查询工资最高在前 3 名的员工信息。SQL 语句如下：

```
SELECT TOP 3 *
    FROM 员工
    ORDER BY 工资 DESC
```

显示结果如图 3-73 所示。

员工号	姓名	性别	出生日期	政治面貌	婚否	部门	工资	联系电话	简历
0007	胡芝琳	女	1976/12/5	党员	☑	销售二部	4,500.00	88141920	湖北宜昌
0010	朱成	男	1980/9/10	党员	☑	销售二部	3,200.00	88144568	
0005	王芳	女	1970/6/27	群众	☐	销售三部	2,800.00	88145209	四川成都

图 3-73　例 3-44 执行结果

例3-45　显示年龄最小的 30% 的员工的信息。SQL 语句如下：

```
SELECT TOP 30 PERCENT *
    FROM 员工
    ORDER BY 出生日期 DESC
```

结果显示如图 3-74 所示。

员工号	姓名	性别	出生日期	政治面貌	婚否	部门	工资	联系电话	简历
0009	杨茉	女	1988/4/29	团员	☐	销售一部	2,300.00	88147501	江苏苏州
0004	杨丽	女	1985/6/18	团员	☐	销售一部	2,500.00	88141004	湖南益阳
0008	李墨非	男	1985/1/4	群众	☐	销售一部	2,000.00	88145302	河南郑州
0002	张仲繁	男	1983/5/19	党员	☑	销售一部	1,500.00	88141250	湖北省武汉市

图 3-74　例 3-45 执行结果

说明

① 排序关键字可以是字段名，也可以是数字，数字是 SELECT 指定的输出列的位置序号。

② 在 SELECT 语句中如果不仅选用了 WHERE，还选用了 GROUP BY 和 HAVING，以及 ORDER BY 子句，执行的顺序是：先用 WHERE 指定的条件筛选记录，再对筛选后的记录按 GROUP BY 指定的分组关键字分组，然后用 HAVING 子句指定的条件筛选分组，最后执行 SELECT...ORDER BY 对查询的最终结果进行排序输出。

3.10.3　连接查询

在数据查询中，经常涉及提取两个或多个表的数据，来完成综合数据的检索，因此就要用到连接操作来实现若干个表数据的查询。

在连接查询的 SELECT 语句中，通常利用公共字段将若干个表两两相连，使它们像一个表一样以供查询。为了区别，一般在公共字段前要加表名前缀，如果不是公共字段，则可以不加表名前缀。SELECT 语句提供了专门的 JOIN 子句实现连接查询。

格式：

```
SELECT <字段名表>
    FROM <表名 1> [INNER JOIN <表名 2> ON <连接条件>
        [WHERE <筛选条件>]
```

其中：INNER JOIN 用来连接左右两个<表名>指定的表，ON 用来指定连接条件。

例 3-46　在学生成绩管理数据库中查询专业是"工商"或"国贸"的学生的姓名、专业、课程号、平时、期中和期末等字段的信息。SQL 语句如下：

```
SELECT 姓名,专业,课程号,平时,期中,期末
FROM 职工 INNER JOIN 工资 ON 学生.学号=成绩.学号
    WHERE 专业 IN("工商","国贸")
```

或者：

```
SELECT 姓名,专业,课程号,平时,期中,期末
    FROM 学生,成绩
    WHERE 学生.学号=成绩.学号 AND 专业 IN("工商","国贸")
```

"学号"是学生和成绩表的公共字段，学生.学号=成绩.学号是连接条件。INNER JOIN 子句还可以嵌套，即在一个 INNER JOIN 之中，可以嵌套多个 INNER ON 子句。

例 3-47　以"员工"、"商品"、"销售单"和"销售明细"为数据源，创建一个名为"扩展销售明细"的查询，在该查询中，可显示出销售的详细信息，包括：销售号、员工号、姓名、销售日期、商品号、商品名、价格和数量。SQL 语句如下：

```
SELECT 销售单.销售号,员工.员工号,姓名,销售日期,销售明细.商品号,商品名,销售明细.价格,销售明细.数量 FROM 员工 INNER JOIN (销售单 INNER JOIN (商品 INNER JOIN 销售明细 ON 商品.商品号=销售明细.商品号) ON 销售单.销售号=销售明细.销售号) ON 员工.员工号=销售单.员工号
```

或者：

```
SELECT 销售单.销售号,员工.员工号,姓名,销售日期,销售明细.商品号,商品名,销售明细.价格,销售明细.数量 FROM 员工,商品,销售单,销售明细 WHERE 商品.商品号=销售明细.商品号 AND 销售单.销售号=销售明细.销售号 AND 员工.员工号=销售单.员工号
```

注意

如果某字段是两个表的公共字段，为了避免混淆，在语句中字段名的前面加上数据表名，以示区别。如果字段名是唯一的，则可以不加表名前缀。

3.10.4　嵌套查询

在 SQL 中，当一个查询是另一个查询的条件时，即在一个 SELECT 语句的 WHERE 子句中出现另一个 SELECT 语句，这种查询称为嵌套查询。通常把内层的查询语句称为子查询，调用子查询的查询语句称为父查询。SQL 允许多层嵌套查询，即一个子查询中还可以嵌套其他子查询。需要特别指出的是，子查询的 SELECT 语句中不能使用 ORDER BY 子句，ORDER BY 子句只能对最终查询结果排序。

嵌套查询一般的求解方法是由里向外处理，即每个子查询在上一级查询处理之前求解，这样父查询可以利用子查询的结果。

嵌套查询使我们可以用多个简单查询构成复杂的查询，从而增强 SQL 的查询能力。以层层嵌套的方式来构造程序正是 SQL 中"结构化"的含义所在。

1. 带有比较运算符的子查询

带有比较运算符的子查询是指父查询与子查询之间用比较运算符进行连接。当用户能确切知道内层查询返回的是单一值时，可以用>、<、=、>=、<=、<>等比较运算符。

例3-48 查询所有工资高于"王芳"的员工的员工号、姓名、性别和工资。

本查询首先要查询王芳的工资，然后再查询工资高于它的信息。先分步来完成此查询，然后再构造嵌套查询。

① 确定"王芳"的工资。

```
SELECT 工资
     FROM 员工
     WHERE 姓名= "王芳"
```

结果为：2800

② 查找工资高于 2800 的员工号、姓名、性别和工资。

```
SELECT 员工号,姓名,性别,工资
     FROM 员工
     WHERE 工资>2800
```

将第①步查询嵌入到第②步查询的条件中，构造嵌套查询，SQL 语句如下：

```
SELECT 员工号,姓名,性别,工资
     FROM 员工
       WHERE 工资>
(SELECT 工资
     FROM 员工
     WHERE 姓名= "王芳" )
```

显示结果如图 3-75 所示。

例3_48

员工号	姓名	性别	工资
0007	胡芝琳	女	4,500.00
0010	朱成	男	3,200.00

图 3-75　例 3-48 执行结果

例3-49 显示工资高于女员工平均工资的男员工的员工号、姓名、性别和工资。SQL 语句如下：

```
SELECT 员工号,姓名,性别,工资
     FROM 员工
     WHERE 性别="男" AND 工资>=
         ( SELECT AVG(工资)
         FROM 员工
         WHERE 性别="女")
```

显示结果如图 3-76 所示。

例3_49

员工号	姓名	性别	工资
0010	朱成	男	3,200.00

图 3-76　例 3-49 执行结果

本查询的执行过程是：首先求出女员工的平均工资，然后找出工资高于女员工的平均工资的男员工信息。

2．带有 IN 谓词的子查询

如果子查询返回的值有多个，通常要使用谓词 IN。

格式：<字段名>[NOT] IN(<子查询>)

IN 是属于的意思，<字段名>指定的字段内容属于子查询中任何一个值，运算结果都为真。<字段名>可以是字段名或表达式。

例3-50　查询 2011 年 3 月 1 日有销售单的员工姓名。

2011 年 3 月 1 日有销售单的员工可能不止一人，所以子查询的结果是一个集合，因此必须用谓词 IN，其 SQL 语句如下：

```
SELECT 员工号，姓名，性别
    FROM 员工
    WHERE 员工号 IN
        ( SELECT 员工号
        FROM 销售单
        WHERE 销售日期=#2011-03-01#)
```

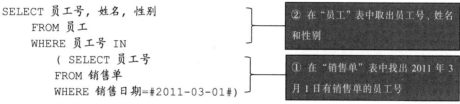
② 在"员工"表中取出员工号、姓名和性别

① 在"销售单"表中找出 2011 年 3 月 1 日有销售单的员工号

显示结果如图 3-77 所示。

3．带有 ANY 或 ALL 谓词的子查询

格式：<字段名> <比较运算符> [ANY|ALL] (<子查询>)

注意：使用 ANY 或 ALL 谓词时必须同时使用比较运算符，其语义为：

>ANY：大于子查询结果中的某个值。

>ALL：大于子查询结果中的所有值。

<ANY：小于子查询结果中的某个值。

<ALL：小于子查询结果中的所有值。

>=ANY：大于等于子查询结果中的某个值。

>=ALL：大于等于子查询结果中的所有值。

<=ANY：小于等于子查询结果中的某个值。

<=ALL：小于等于子查询结果中的所有值。

=ANY：等于子查询结果中的某个值。

=ALL：等于子查询结果中的所有值（通常没有实际意义）。

<>ANY：不等于子查询结果中的某个值。

<>ALL：不等于子查询结果中的任何一个值。

例 3-51　查询工资高于男员工最低工资的女员工的员工号、姓名和工资，SQL 语句如下：

```
SELECT 员工号,姓名,工资
    FROM 员工
    WHERE 性别="女"AND 工资>ANY
        ( SELECT 工资
        FROM 员工
        WHERE 性别="男")
```

在执行此查询时，首先找出所有男员工的工资，然后找出工资高于男员工工资中任何一个值的女员工。

显示结果如图 3-78 所示。

例3_50

员工号	姓名	性别
0002	张仲繁	男
0006	陈人杰	男

图 3-77　例 3-50 执行结果

例3_51

员工号	姓名	工资
0001	任晴盈	2,200.00
0004	杨丽	2,500.00
0005	王芳	2,800.00
0007	胡芝琳	4,500.00
0009	杨茉	2,300.00

图 3-78　例 3-51 执行结果

本查询也可以用聚合函数来实现，SQL 语句如下：

```
SELECT 员工号, 姓名,工资
    FROM 员工
    WHERE 性别="女" AND 工资>=
      ( SELECT MIN(工资)
        FROM 员工
        WHERE 性别="男")
```

事实上，用聚合函数实现子查询通常比直接用 ANY 或 ALL 查询效率要高。

如果要查询工资比所有男员工工资都高的女员工的员工号、姓名和工资，则 SQL 语句如下：

```
SELECT 员工号,姓名,工资
    FROM 员工
    WHERE 性别="女"AND 工资>ALL
      ( SELECT 工资
        FROM 员工
        WHERE 性别="男")
```

3.10.5　联合查询

联合查询是并操作 UNION，其查询语句是将两个或多个选择查询合并形成一个新的查询。执行联合查询时，将返回所包含的表或查询中对应字段的记录。

格式：<SELECT 语句 1>

```
UNION [ALL]
< SELECT 语句 2 >
```

说明：ALL 缺省时，自动去掉重复记录，否则合并全部结果。

例3-52　合并员工表和销售单表中的员工号。SQL 语句如下：

```
SELECT 员工号
    FROM 员工
UNION
SELECT 员工号
    FROM 销售单
```

在销售单表中，尽管员工号比较多，但大部分与员工表重复，合并后，重复的内容就自动去掉了，所以结果输出的员工号最多与员工表中的员工号个数一致。

3.10.6　传递查询

Access 的传递查询是自己并不执行，而是传递给另一个数据库执行。这种类型的查询直接将命令发送到 ODBC 数据库（如 Visual FoxPro、SQL Server）。使用传递查询，可以直接使用服务器上的表，而不需要建立连接。

创建传递查询，一般要完成两项工作：一是设置要连接的数据库；二是在 SQL 窗口中输入 SQL 语句。SQL 语句的输入与在本地数据库中的查询是一样的，因此，传递查询的关键是设置连接的数据库。整个操作分成 3 个阶段：

（1）打开查询属性对话框

在数据库窗口中选择"创建"菜单，双击工具栏中"查询设计"进行设计视图创建查询，关闭弹出的"显示表"对话框，选择"设计"→"传递"查询类型，打开传递查询设置窗口，单击工具栏中的"属性表"按钮，弹出"属性表"对话框，如图 3-79 所示。

（2）设置要连接的数据库

在"属性表"对话框中，单击"ODBC 连接字符串"的生成器按钮，弹出"选择数据源"对话框，选择"机器数据源"选项卡，如图 3-80 所示。如果要选择的数据源已经显示在列表框中，则可以直接在列表框中选择，如果不存在，则单击"新建"按钮，在弹出的各个对话框中输入要连接的服务器信息。

（3）建立传递查询

在 SQL 传递查询窗口中输入相应的 SQL 查询命令，单击工具栏中的"运行"按钮，就可以得到查询的结果。

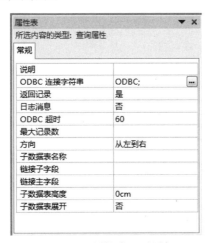

图 3-79 "属性表"对话框

图 3-80 "选择数据源"对话框

习 题

一、选择题

1. Access 支持的查询类型有（　　）。

　A. 选择查询、交叉表查询、参数查询、SQL 查询和操作查询

　B. 基本查询、选择查询、参数查询、SQL 查询和操作查询

　C. 多表查询、单表查询、交叉表查询、参数查询和操作查询

　D. 选择查询、统计查询、参数查询、SQL 查询和操作查询

2. 下面关于查询的说法中，错误的是（　　）。

　A. 根据查询准则，从一个或多个表中获取数据并显示结果

    B. 可以对记录进行分组

    C. 可以对查询记录进行总计、计数和平均等计算

    D. 查询的结果是一组数据的"静态集"

3. 使用向导创建交叉表查询的数据源是（　　　　）。

    A. 数据库文件　　　　B. 表　　　　　　　　C. 查询　　　　　　　　D. 表或查询

4. 在 Access 中，从表中访问数据的速度与从查询中访问数据的速度相比（　　　　）。

    A. 要快　　　　　　　B. 相等　　　　　　　C. 要慢　　　　　　　　D. 无法比较

5. 每个查询都有 3 种视图，其中用来显示查询结果的视图是（　　　　）。

    A. 设计视图　　　　　B. 数据表视图　　　　C. SQL 视图　　　　　　D. 窗体视图

6. 要对一个或多个表中的一组记录进行全局性的更改，可以使用（　　　　）。

    A. 更新查询　　　　　B. 删除查询　　　　　C. 追加查询　　　　　　D. 生成表查询

7. 关于查询的设计视图，下面说法中不正确的是（　　　　）。

    A. 可以进行数据记录的添加　　　　　　　　B. 可以进行查询字段是否显示的设定

    C. 可以进行查询条件的设定　　　　　　　　D. 可以进行查询表的设定

8. 关于查询和表之间的关系，下面说法中正确的是（　　　　）。

    A. 查询的结果是建立了一个新表

    B. 查询的记录集存在于用户保存的地方

    C. 查询中所存储的只是在数据库中筛选数据的准则

    D. 每次运行查询时，Access 便从相关的地方调出查询形成的记录集，这是物理上就已经存在的

9. 如果想显示姓名字段中包含"李"字的所有记录，在条件行输入（　　　　）。

    A. 李　　　　　　　　B. Like 李　　　　　　C. Like "李*"　　　　　D. Like　"*李*"

10. SQL 的含义是（　　　　）。

    A. 结构化查询语言　　　　　　　　　　　　B. 数据定义语言

    C. 数据库查询语言　　　　　　　　　　　　D. 数据库操纵与控制语言

11. 以下关于空值的叙述中，错误的是（　　　　）。

    A. 空值表示字段还没有确定的值　　　　　　B. Access 使用 Null 来表示空值

    C. 空值等同于空字符串　　　　　　　　　　D. 空值不等于数值 0

二、填空题

1. 创建分组统计查询时，总计项应选择_____。

2. Access 中，查询不仅具有查找的功能，还具有_____功能。

3. 如果要将某表中若干记录删除，应该创建_____查询。

4. 参数查询是一种利用_____来提示用户输入条件的查询。

5. 用文本值作为查询准则时，文本值要用半角的_____或_____括起来。

6. 在 SQL 的 SELECT 语句中用_____短语对查询的结果进行排序。

7. 要查询的条件之间具有多个字段的"与"和"或"关系，则在输入准则时，各条件间"与"的关系要输入在_____，而各条件间"或"的关系要输入在_____。

8. 查询的结果总是与数据源中的数据保持_____。

9. 函数 Right("计算机等级考试",4)的执行结果是_____。

三、简答题

1. 什么是查询？查询的优点是什么？
2. 简述 Access 查询对象和数据表对象的区别。
3. 创建查询的数据来源有哪些？
4. 简述操作查询和选择查询的不同之处。
5. 创建查询有哪些方法？
6. 什么是 SQL 查询？它有哪些特点？
7. 简述 SQL 查询语句中各子句的作用。
8. 简述数据更新的功能。

第4章

窗体

窗体是一种用户界面，是 Access 的重要对象，是联系数据库与用户的桥梁。用户可以通过窗体方便、直观、安全地输入和维护数据，可以以接近实际业务的处理方式来浏览数据、修改数据。用户可以根据自己的需要来设计窗体，进而可以自己设计基于 Access 的应用系统界面。本章详细介绍窗体的概念和作用、窗体设计方法及常用控件、主/子窗体和切换面板的设计与应用。

4.1 窗体概述

相对于早期命令行界面，图形用户界面更易被接受和使用。这种通过窗口来实现人机交互接口界面的方式在数据库系统中也广泛应用。

窗体是 Access 2010 数据库中的一个非常重要的对象，同时也是最复杂和灵活的对象。是人机交互的窗口，通过它用户可以方便地输入数据、编辑数据、显示统计和查询数据。窗体的设计最能展示设计者的能力与个性，好的窗体结构能使用户方便地进行数据库操作。此外，利用窗体可以将整个应用程序组织起来，控制程序流程，形成一个完整的应用系统。

4.1.1 窗体的作用

在前面的章节中，介绍了在 Access 中通过数据表视图来浏览、新增、修改、删除数据记录。虽然这种方式已经能够满足熟悉数据库操作的用户的需求，但对于不了解数据库的用户却不知道该如何着手。同时，由于用户操作直接作用于数据库，操作的自由增加了数据被无意损坏的风险。为了给用户提供一种更接近实际业务的界面形式，Access 在数据库中提供了窗体对象，它不仅能以用户易于接受的表现形式给用户提供所需要的数据操作，而且能够有效地限制用户操作，在用户和数据间增加了一道保护屏障，从而达到数据安全的目的。

由于最终用户通过窗体来使用数据库，所以窗体在数据库应用系统中起着非常重要的作用，主要体现在以下几个方面：

1．数据输入与编辑

用户可以根据需要设计窗体，作为数据输入与编辑的窗口，以此实现用户与数据库的数据交换。这种方式可以使用户以接近实际业务的格式来进行数据操作，仅输入那些必须的数据项，省略输入那些可以由系统自动生成的数据，节省数据录入的时间。并且，用户在规定的区域内，使用指定的方法输入数据，既提高了数据输入的准确度，又保证了数据的安全性。窗体的数据输入功能，正是它与报表的主要区别，因为报表主要用来表现数据，不允许对其中的数据进行修改变动。

2．显示和数据打印

窗体的最基本功能是显示数据，它可以通过文本、数字、图片、图表、形状、色彩等多种形式表现数据，并且这些数据的来源可以是一个或多个数据表。窗体还可以显示一些警告或解释的信息，在用户试图进行错误的操作或操作出现错误时给以提示或帮助。此外，窗体也可以用来控制打印数据库中的数据、图像，或由数据形成的图表。

3．应用程序流控制

Access 中窗体可以与函数、子程序相结合，可以将对数据库中数据进行的各种操作使用 VBA 编写成代码，通过按钮或菜单等方式来调用它们。这将简化用户的操作，提高工作效率。

Access 窗体是 Access 数据库中的一个对象，是组成数据库的一个元素，它可以在 Access 中使用，而不能离开 Access 单独运行，除非使用其他高级语言来进行窗体设计。

4.1.2　窗体的类型

Access 窗体有多种分类方法，通常按功能、数据的显示方式和显示关系等分类。

按数据记录的显示方式可分为纵栏式窗体、表格式窗体、数据表窗体、主/子窗体、图表窗体、数据透视表窗体、数据透视图窗体等 7 种类型的窗体。

纵栏式窗体、表格式窗体、数据表窗体是对相同的数据的不同显示形式，其中纵栏式窗体同时只显示一条记录，而表格式窗体和数据表窗体可同时显示多条记录。

1．纵栏式窗体

纵栏式窗体将窗体中的一条记录按列显示，每列左侧显示字段名，右侧显示字段内容，如图 4-1 所示。

2．表格式窗体

表格式窗体顶端是字段名标签，其下每行显示一条记录，如图 4-2 所示。

图 4-1　纵栏式窗体

图 4-2　表格式窗体

3．数据表窗体

数据表窗体从外观上看与数据表和查询显示数据的界面相同，如图 4-3 所示。数据表窗体的主要功能是用来作为一个窗体的子窗体。

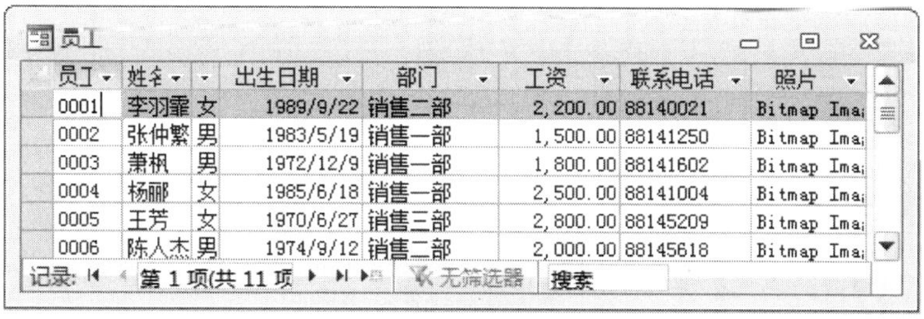

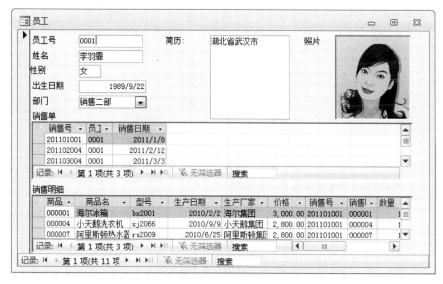

图 4-3　数据表窗体

4．主/子窗体

主/子窗体也称为阶层式窗体、主窗体/细节窗体或父窗体/子窗体，在显示具有一对多关系的表或查询中的数据时，子窗体特别有效，如图 4-4 所示。

图 4-4　主/子窗体

5．图表窗体

图表窗体利用 Microsoft Graph 以图表方式显示表中的数据，如图 4-5 所示。可以单独使用图表窗体，也可以在子窗体中使用图表窗体来增加窗体的功能。

6．数据透视表窗体

数据透视表窗体是一种交互式的表，可以进行选定的计算，它是 Access 2010 在指定表或查询基础上产生一个导入 Excel 的分析表格，允许对表格中的数据进行一些扩展和其他操作，如图 4-6 所示。

通过使用数据透视表，可以动态更改表的布局，以不同的方式查看和分析数据。

在数据透视表窗体中，可以查看数据库中的明细数据和汇总数据，但不能添加、编辑或删除透视表中显示的数据值。

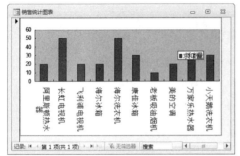

图 4-5　图表窗体　　　　　　　　　　　图 4-6　数据透视表窗体

7.数据透视图窗体

数据透视图窗体是以图表方式显示数据,如图 4-7 所示。图表窗体可以单独使用,也可以将它嵌入到其他窗体中作为子窗体。Access 提供了多种图表,包括折线图、柱形图、饼图、圆环图、面积图和三维条形图等。

另外,依据窗体的其他性质也可对窗体做出另类划分:

根据窗体是否与数据源连接可以分为绑定窗体和未绑定窗体,绑定窗体与数据源连接,未绑定窗体不与数据源连接。

根据窗体的功能用途,可以分为数据操作窗体、控制窗体、信息显示窗体和交互信息窗体 4 类,不同类型的窗体具有不同功能,完成不同的任务。数据操作窗体用来对表和查询进行显示、浏览、输入、修改等操作;控制窗体主要用来操作和控制程序的运行;信息显示窗体以数值或图表的形式显示信息;交互信息窗体主要用于警告、提示或要求用户回答的各种自定义信息窗口。

控制程序流程的窗体最典型的例子就是切换面板,该面板对浏览数据库很有帮助。切换面板中有一些按钮,单

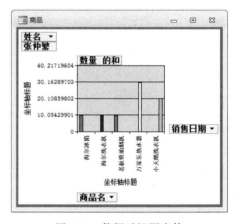

图 4-7　数据透视图窗体

击这些按钮可以打开相应的窗体和报表(或打开其他窗体和报表的切换面板)、退出 Microsoft Access 2010 或自定义切换面板。

与用户交互的窗体用来向用户提供系统的信息,也接受用户输入信息到系统中。一般用户设计的弹出式窗体就是这种用途。另外,通过调用系统函数 MsgBox 和 InputBox 也可以实现信息的输入/输出。

4.1.3　窗体的视图

窗体视图是窗体在具有不同功能和应用范围下呈现的外观表现形式。窗体有 6 种视图:设计视图、窗体视图、数据表视图、数据透视表视图、数据透视图视图和布局视图。最常用的是窗体视图、布局视图和设计视图。窗体在不同视图中完成不同的任务,不同视图间可以方便地进行切换。

设计视图(见图 4-8)是创建窗体或修改窗体的窗口,任何类型的窗体均可以通过设计视图来完

成创建。在窗体的设计视图中,可直观地显示窗体的最终运行格式,设计者可利用控件工具箱向窗体添加各种控件,通过设置控件属性、事件代码处理,完成窗体功能设计;通过格式工具栏中的工具完成控件布局等窗体格式设计。

窗体视图就是窗体运行时的显示格式,用于查看在设计视图中所建立窗体的运行结果。

数据表视图是以行和列的格式显示表、查询或窗体数据的窗口。在数据表视图中,可以编辑、添加、修改、查找或删除数据。

数据透视表视图用于汇总并分析数据表或窗体中数据的视图。可以通过拖动字段和项,或通过显示和隐藏字段的下拉列表中的项,来查看不同级别的详细信息或指定布局。

数据透视图视图用于显示数据表或窗体中数据的图形分析的视图。

布局视图(见图 4-9)是 Access 2010 新增的一种视图,可用于对窗体进行直观的修改和调整窗体设计,可以根据实际数据调整列宽,在窗体中放置新的字段,并设置窗体及其控件的属性,调整控件的位置和宽度等。在布局视图中,窗体实际正在运行,因此,用户看到的数据与在窗体视图中的显示外观非常相似,比使用设计视图更直观。

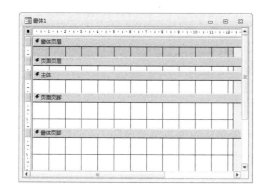

图 4-8　窗体设计视图

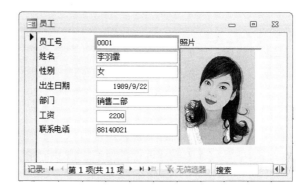

图 4-9　窗体布局视图

4.2　创 建 窗 体

Access 2010"创建"选项卡"窗体"组中有多个快速创建窗体的功能按钮,包括"窗体"、"窗体设计"和"空白窗体"3 个主要按钮和"窗体向导"、"导航"和"其他窗体"3 个辅助按钮,如图 4-10 所示。各按钮的功能如下:

窗体:最快速地创建窗体,只需选定数据源(数据表或查询),单击鼠标就可以创建窗体。数据源的所有字段都自动放置到窗体上。

窗体设计:利用窗体设计视图设计窗体。

空白窗体:也是一种快捷的窗体构建方式,以布局视图的方式设计和修改窗体,当窗体上放置字段较少时较适用。

窗体向导:要更好地选择哪些字段显示在窗体上,可以

图 4-10　窗体组

使用"窗体向导"来替代上面提到的各种窗体构建工具。可以指定数据的组合和排序方式，并且如果事先指定了表与查询之间的关系，还可以使用来自多个表或查询的字段。

导航：用于创建具有导航按钮即网页形式的窗体，也称表单，包含 6 种不同的布局格式，但创建方式相同。

多个项目：使用"窗体"工具创建窗体时，Access 创建的窗体一次显示一个记录。如果需要一次显示多个记录可以使用"多个项目"工具，数据排列成行和列的形式，同时可以查看多个记录。多项目窗体提供了比数据表更多的自定义选项，例如，添加图形元素、按钮和其他控件的功能。

数据表：生成数据表形式的窗体。

分割窗体：可以同时提供数据的两种视图，窗体视图和数据表视图。分割窗体不同于窗体/子窗体的组合，它的两个视图连接到同一数据源，并且总是相互保持同步。如果在窗体的一个部分中选择了一个字段，则会在窗体的另一部分中选择相同的字段。可以从任一部分添加、编辑或删除数据。使用分割窗体可以在一个窗体中同时利用两种窗体类型的优势。例如，可以使用窗体的数据表部分快速定位记录，然后使用窗体部分查看或编辑记录。

模式对话框：生成的窗体总是保持在系统的最上面，不关闭该窗体不能进行其他操作，如登录窗体。

数据透视图：生成基于指定数据源的数据透视图窗体。

数据透视表：生成基于数据源的数据透视表窗体。

4.2.1 自动创建窗体

使用自动方式创建窗体是最快捷的方式，它直接将单一的表或查询与窗体绑定，从而创建相应的窗体。窗体中将包含表或查询中的所有字段及记录。

1. 使用"窗体"按钮创建窗体

使用"窗体"按钮所创建的窗体，其数据源来自某个表或某个查询，其窗体的布局结构简单。这种方法创建的窗体是一种单记录布局的窗体。窗体对表中的各个字段进行排列和显示，左边是字段名，右边是字段的值，字段排成一列或两列。

例4-1　在"商品销售管理"数据库中创建"员工"窗体，用于显示"员工"表中的信息。

具体操作步骤如下：

① 打开"商品销售管理"数据库，在导航窗格中选择作为窗体数据源的"员工"表。

② 单击"创建"选项卡，再在"窗体"组单击"窗体"按钮，窗体立即创建完成，并且以布局视图显示。

③ 选择"文件"→"保存"命令，或在快速访问工具栏中单击"保存"按钮，打开"另存为"对话框，在"窗体名称"文本框内输入窗体的名称，单击"确定"按钮。

利用"窗体"工具，Access 将自动创建窗体，并以布局视图显示该窗体。在布局视图中，可以在窗体显示数据的同时对窗体进行设计方面的更改。例如，可以根据需要删除控件、改变字体颜色、改变背景颜色、调整文本框的大小等操作。

2. 创建"分割窗体"

利用"分割窗体"命令创建窗体与利用"窗体"命令创建窗体的操作步骤是一样的，只是创建窗体的效果不一样。分割窗体可以同时提供数据的两种视图：窗体视图和数据表视图。

分割窗体不同于窗体/子窗体的组合，它的两个视图连接到同一数据源，并且总是相互保持同步。如果在窗体的一个部分中选择了一个字段，则会在窗体的另一部分中选择相同的字段。可以从任一部分添加、编辑或删除数据（只要记录源可更新）。

使用分割窗体可以在一个窗体中同时利用两种窗体类型的优势。例如，可以使用窗体的数据表部分快速定位记录，然后使用窗体部分查看或编辑记录。

例 4-2　以"员工"表为数据源，创建分割窗体。

操作步骤如下：

① 打开"商品销售管理"数据库，在导航窗格中单击要在窗体上显示数据的"员工"表，或者在数据表视图中打开该表。

② 单击"创建"选项卡，再在"窗体"组单击"其他窗体"按钮，然后单击"分割窗体"命令，"员工"表的分割窗体就自动创建好了，并以窗体布局视图显示该窗体。

③ 将窗体保存为"员工分割窗体"。

在 Access 布局视图中，可以在窗体显示数据的同时对窗体进行设计方面的更改。例如，可以根据需要调整文本框的大小以适合数据。

图 4-11　员工分割窗体

3. 使用"多个项目"工具创建显示多个记录的窗体

使用"窗体"工具创建窗体时，Access 创建的窗体一次显示一个记录。如果需要一个可显示多个记录，且可自定义性比数据表强的窗体，可以使用"多项目"工具。Access 创建的窗体类似于数据表。数据排列成行和列的形式，一次可以查看多个记录。多项目窗体提供了比数据表更多的自定义选项，例如，添加图形元素、按钮和其他控件的功能。

例 4-3　以"员工"表为数据源，创建多个项目窗体。

操作步骤如下：

① 打开"商品销售管理"数据库，在导航窗格中单击要在窗体上显示数据的"员工"表，或者在数据表视图中打开该表。

② 单击"创建"选项卡，再在"窗体"组单击"其他窗体"按钮，然后单击"多个项目"命令，"员工"表的多个项目窗体就自动创建好了，窗体默认是布局视图，可以方便地调整行与列的高度、宽度及各种控件大小、位置等属性。

③ 将窗体存为"员工多个项目窗体"。

图 4-12　员工多个项目窗体

4.2.2　手动创建窗体

使用手动方式创建窗体，是指需要从表的字段列表中选择所需字段，然后将其添加到窗体中。

1. 使用"数据透视表"命令创建窗体

数据透视表是一种特殊的表，用于进行数据计算和分析。通过使用数据透视表，可以动态更改表的布局，以不同的方式查看和分析数据。例如，可以重新排列行列标题、筛选字段等，布局改变后数据透视表会立即基于新排列重新计算数据。针对要分析的数据，利用行与列的交叉产生数据运算，其字段分布如图 4-6 所示。在数据透视表窗体中，窗体按行和列显示数据，并按行和列统计汇总数据，对数据进行计算。

例4-4　以"商品销售"查询为数据源，创建计算不同日期各种商品销售量的数据透视表窗体。操作步骤如下：

① 打开"商品销售管理"数据库，在导航窗格中选择"商品销售"查询，作为窗体的数据源。

② 单击"创建"选项卡，再在"窗体"组单击"其他窗体"按钮，然后单击"数据透视表"命令，一个数据透视表的框架就被创建出来了，如图 4-13 所示。

③ 在"数据透视表字段列表"中，把"商品名"字段拖放到左侧"将行字段拖至此处"的位置，"销售日期"字段拖放到上面"将列字段拖至此处"的位置，"数量"字段拖放到"将汇总或明细字段拖至此处"的位置。

④ 命名窗体。单击"保存"按钮，弹出"另存为"对话框，输入窗体名称"商品销售量数据透视表"，再单击"确定"按钮，至此，数据透视表窗体创建完毕，如图 4-14 所示。

数据透视表中可以同时显示明细数据和汇总数据，单击加号"+"标记可以显示明细数据和汇总数据，单击减号"-"标记，则隐藏明细数据。

图 4-13 数据透视表框架

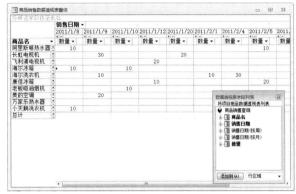

图 4-14 商品销售量数据透视表窗体

2．使用"数据透视图"命令创建窗体

数据透视图是一种交互式的图表，功能与数据透视表类似，只是用图形化的形式来表现数据，利用数据透视图窗体也可对数据库中的数据进行"行、列"合计、数据分析和版面重组。数据透视图能较为直观地反映数据之间的关系。

例4-5 以"商品销售"查询为数据源，创建计算不同日期各种商品销售量的数据透视表窗体。操作步骤如下：

① 打开"商品销售管理"数据库，在导航窗格中选择"商品销售"查询，作为窗体的数据源。

② 单击"创建"选项卡，再在"窗体"组单击"其他窗体"按钮，然后单击"数据透视图"命令，一个数据透视图的框架就被创建出来。

③在"图表字段列表"中，把"商品名"字段拖放到下侧"将分类字段拖至此处"的位置，"销售日期"字段拖放到上面"将筛选字段拖至此处"的位置，"数量"字段拖放到"将数据字段拖至此处"的位置。

④ 命名窗体。单击"保存"按钮，弹出"另存为"对话框，输入窗体名称"商品销售量数据透视图窗体"，再单击"确定"按钮，至此，数据透视表窗体创建完毕，如图 4-15 所示。

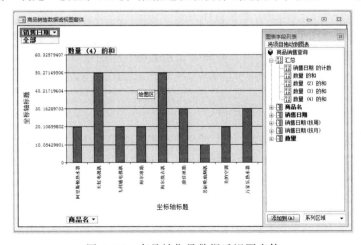

图 4-15 商品销售量数据透视图窗体

3. 使用"空白窗体"按钮创建窗体

使用"空白窗体"按钮创建窗体是在布局视图中创建数据表式窗体，但不会添加任何控件，而是显示"字段列表"窗格，根据需要将表中的字段拖放到窗体对应位置来完成创建工作。

例 4-6 以"员工"表为数据源，使用"空白窗体"按钮创建窗体。

操作步骤如下：

① 打开"商品销售管理"数据库。

② 单击"创建"选项卡，再在"窗体"组单击"空白窗体"按钮。Access 将在布局视图中打开一个空白窗体，并显示"字段列表"窗格。

③ 在"字段列表"窗格中，单击要在窗体上显示的字段所在的"员工"表旁边的加号（+）。

④ 依次双击"员工"中的所有字段，或者将其拖动到窗体上。这是立即显示"员工"表中的第一条记录，同时"字段列表"的布局从一个窗格变为三个小窗格，分别是"可用于此视图的字段"、"相关表中的可用字段"和"其他表中的可用字段"，如图 4-16 所示。

⑤ 命名并保存窗体。

图 4-16 添加了字段后的空白窗体和字段窗格

"空白窗体"是一种所见即所得的创建窗体方式，即向空白窗体添加字段后，立即显示出具体记录信息，不用视图转换，非常直观，可以立即看到创建后的结果。在当前窗体视图中，还可以使用"设计"选项卡上的"页眉/页脚"组中的工具向窗体添加徽标、标题或日期和时间，使用"控件"组中的工具向窗体添加更多类型的控件。

4.2.3 使用"窗体向导"创建窗体

使用 Access 提供的窗体向导功能，可以更好地选择哪些字段显示在窗体上，还可以指定数据的组合和排序方式。如果指定了表与查询之间的关系，还可以使用来自多个表或查询的字段。

1. 创建单个窗体

使用"窗体向导"按钮创建单个窗体，其数据可以来自于一个表或查询，也可以来自于多个表或查询。

例 4-7 以"员工"表为数据源，使用"窗体向导"创建员工信息窗体。

操作步骤如下：

① 打开"商品销售管理"数据库。

② 单击"创建"选项卡，再在"窗体"组单击"窗体向导"按钮。

在打开的"窗体向导"对话框中，在"表/查询"下拉列表框中选择数据源"员工"表，并将该表中全部字段送入"选定字段"窗格中，单击"下一步"按钮，如图 4-17 所示。

在打开的"请确定窗体使用的布局"对话框中，选中"纵栏表"单选按钮，单击"下一步"按钮，如图 4-18 所示。

在打开的"请为窗体指定标题"对话框中，输入窗体标题"员工信息"，选取默认设置："打开窗体查看或输入信息"单选按钮，单击"完成"按钮，如图 4-19 所示。

创建的员工信息窗体以窗体视图呈现，如图 4-20 所示。

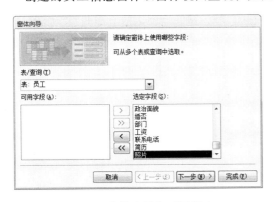

图 4-17 "窗体向导"对话框之一

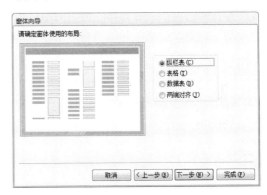

图 4-18 "窗体向导"对话框之二

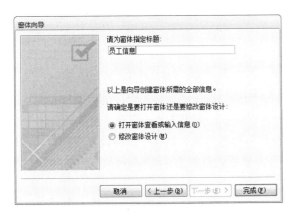

图 4-19 "窗体向导"对话框之三

图 4-20 "窗体向导"对话框之四

2．创建主/子窗体

使用"窗体向导"按钮也可以创建基于多个数据源的主/子窗体。在创建这种窗体之前，要确定作为主窗体的数据源与作为子窗体的数据源之间存在着一对多联系。

在 Access 2010 中，可以使用两种方法创建主/子窗体：一是同时创建主窗体与子窗体；二是将已建的窗体作为子窗体添加到另一个已建窗体中。子窗体与主窗体的关系，可以是嵌入式，也可以是链接式。

例4-8 以"销售单"和"销售明细"表为数据源，使用窗体向导创建嵌入式的主/子窗体，用于浏览与编辑销售信息。

操作步骤如下：

① 打开"商品销售管理"数据库。

② 在"新建窗体"对话框中选择"窗体向导"选项，单击"确定"按钮，弹出如图 4-21 所示的"窗体向导"对话框之一。

③ 指定数据源。在"表/查询"下拉列表框中选择"表：销售单"选项，这时，在"可用字段"列表框中列出了该表中所有的字段供选择。

④ 选择字段。在"可用字段"列表框中双击"销售号"、"员工号"和"销售日期"字段，将其添加到右侧的"选定字段"列表框中。

⑤ 按相同的方法，分别将"销售明细"表中的"数量"和"商品"表中的"商品名"、"型号"、"生产日期"、"生产厂家"和"价格"字段也添加到右侧的列表框中。然后单击"下一步"按钮，弹出如图 4-22 所示的"窗体向导"对话框之二。

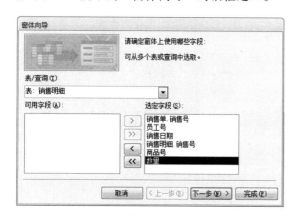

图 4-21 "窗体向导"对话框之一

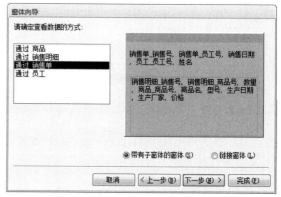

图 4-22 "窗体向导"对话框之二

⑥ 确定子窗体的放置方式。在图 4-22 所示的对话框中，系统已默认选定"销售单"表为主表，其他表中的记录为子窗体的值。在对话框下方有两个单选按钮，如果选择"带有子窗体的窗体"单选按钮，则子窗体固定在主窗体中，如果选择"链接窗体"单选按钮，则将子窗体设置成弹出式窗体。这里保持默认值"带有子窗体的窗体"。单击"下一步"按钮，弹出图 4-23 所示的"窗体向导"对话框之三。

⑦ 选择布局。在图 4-23 所示的对话框中列出了窗体的不同布局，系统默认窗体的布局为"数据表"。单击"下一步"按钮，弹出图 4-24 所示的"窗体向导"对话框之四。

⑧ 命名窗体。在图 4-24 所示的对话框中，设定窗体和子窗体的标题分别是"销售单"和"销售单子窗体"，并选中"打开窗体查看或输入信息"单选按钮。

⑨ 单击"完成"按钮，系统打开如图 4-25 所示的窗体浏览窗口，即纵栏式窗体。

主窗体中当前记录的销售号为"201101001"，子窗体显示与该销售单号对应的商品明细记录信息。单击主窗体记录选择器，随着主窗体中当前记录的变化，子窗体中的记录也随之变化。

用"窗体向导"的方法创建主/子窗体要求数据源之间建立一对多的关系，否则会显示出错信息。如果生成的窗体不符合预期要求，可以在设计视图中进行更改。

图 4-23 "窗体向导"对话框之三

图 4-24 "窗体向导"对话框之四

图 4-25 "销售单"主窗体和"销售单明细"子窗体

4.3 设 计 窗 体

实际应用中，为了能灵活控制窗体的布局外观、数据关联等，往往需要在设计视图中自行创建窗体或对已有窗体进行修改，使其满足用户需求。设计视图不仅可以创建窗体，也可以调整已有的窗体设计。通过向设计网格添加新的控件和字段将它们添加到窗体上。通过属性表可以访问许多属性，通过设置这些属性实现对窗体的自定义。

4.3.1 窗体设计视图

1. 窗体的构成

窗体通常由窗体页眉、窗体页脚、页面页眉、页面页脚和主体 5 部分组成，每一部分称为一个"节"，除主体节外，其他节可通过设置确定有无，但所有窗体必有主体节，其结构如图 4-26 所示。

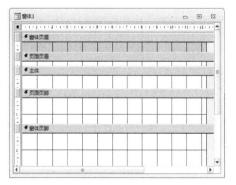

图 4-26 窗体的结构

① 窗体页眉，出现在"窗体"视图中屏幕的顶部，以及打印时首页的顶部。用于显示窗体标题、窗体使用说明或放置执行某些其他任务的命令按钮等。

② 页面页眉，只出现在打印的窗体中，用于设置窗体在打印时的页头信息，例如，标题、日期、页码等用户要在每一打印页上方显示的内容。

③ 主体，是窗体的主要部分，绝大多数控件及信息都出现在主体节中，通常用来显示记录数据，是数据库系统数据处理的主要工作界面。

④ 页面页脚，只出现在打印的窗体中，用于设置窗体在打印时的页脚信息，如日期、页码等用户要在每一打印页下方显示的内容。由于窗体主要作为系统与用户的交互接口，所以一般设计时较少考虑，只在打印页呈现的页面页眉和页面页脚。

⑤ 窗体页脚，功能与窗体页眉基本相同，位于窗体底部，一般用于显示对记录的操作说明、设置命令按钮。打印时，窗体页脚出现在"窗体"视图中屏幕的底部，或者在最后一个打印页的最后一个明细节之后。

2. "窗体设计工具"选项卡

打开窗体设计视图时，在功能区选项卡上出现 3 个窗体设计工具选项卡："设计"、"排列"和"格式"子选项卡，其中"设计"选项卡包含"视图"、"主题"、"控件"、"页眉/页脚"以及"工具"5 个组，这些组提供了窗体的各种设计工具，如图 4-27 所示。

图 4-27 "设计"选项卡

"排列"选项卡中包括"表"、"行和列"、"合并/拆分"、"移动"、"位置"和"调整大小和排序"6 个组，主要用来对齐和排列控件，如图 4-28 所示。

图 4-28 "排列"选项卡

"格式"选项卡中包括"所选内容"、"字体"、"数字"、"背景"和"控件格式"5 个组，用来设置控件的各种格式，如图 4-29 所示。

图 4-29 "格式"选项卡

3．设计选项卡

（1）视图组

视图组是带有下拉列表的视图按钮，单击该按钮展开下拉列表，可以在窗体的不同视图之间切换，如图 4-30 所示。

（2）主题组

主题决定 Access 数据库系统的视觉样式，包括"主题"、"颜色"和"字体"3 个按钮，每一个按钮都可以进一步打开相应的下拉列表。当选中某一主题后，整个系统的外观会随之发生改变。

（3）控件组

控件组是设计窗体的主要工具，它由多个控件组成，单击控件组下拉箭头可以打开控件对话框，对话框中显示所有的控件，如图 4-31 所示。

图 4-30　视图下拉列表　　　　图 4-31　控件对话框

（4）页眉/页脚组

设置窗体页眉页脚、页面页眉和页面页脚。

（5）工具组

工具组包括"添加现有字段"、"属性表"、"Tab 键次序"、"子窗体"和"将宏转变为代码"等命令按钮。

4．属性表

在 Access 中，窗体及其中的控件称为对象，每一个对象都通过属性来决定其外观、格式、数据来源等，修改对象属性也就改变了对象上述特征。浏览某个对象的属性时，首先单击该对象表面的任何一部分，将其选定，然后再单击工具栏中的"属性表"按钮，或者右击该控件，在弹出的快捷菜单中选择"属性"命令，就会打开与该对象对应的"属性表"对话框，如图 4-32 所示。

"属性表"对话框所显示的属性总是与当前选定的对象相关，不同对象会有不尽相同的属性。在"属性表"对话框中，列出了可以设置的各个属性，这些属性通过选项卡进行组织，前 4 个选项卡分别按"格式"、"数据"、"事件"和"其他"进行分类，最后一个选项卡"全部"是将所有的属性安排在一起。

"格式"选项卡中的属性用来设置控件的外观或显示格式，其中窗体的格式属性中包括了默认视图、滚动条、记录选择器、浏览按钮、分隔线、控制框、最大化和最小化按钮、边框样式等。控件的格式属性包括标题、字体名称、字体大小、前景颜色、背景颜色、特殊效果等。

"数据"选项卡（见图 4-33）中的属性用来设置窗体或控件的数据来源、数据的操作规则等。其中窗体的数据属性包括记录源、排序依据、允许编辑等，控件属性包括控件来源、输入掩码、有效性规则、有效性文本、默认值、是否锁定等。

"事件"选项卡（见图 4-34）中列出了窗体和控件可以触发的不同事件，使用这些事件可以将窗体和宏、模块等结合进来构成完整的应用程序。

　　"其他"选项卡（见图 4-35）中列出了一些附加的特性，其中窗体的其他属性包括菜单栏、弹出方式、循环等，控件的其他属性包括名称、状态栏文字、自动 Tab 键、控件提示文本等。

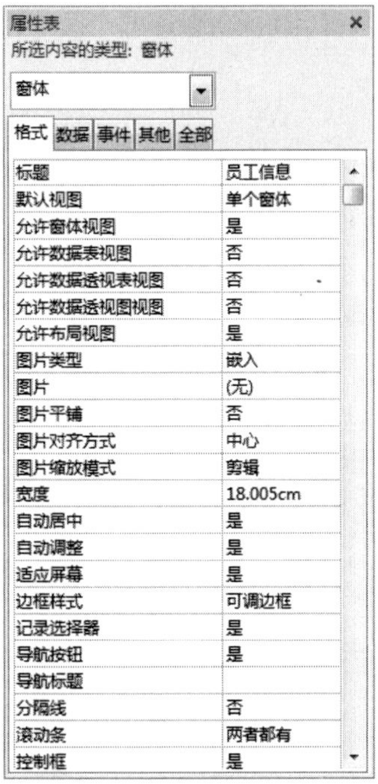

图 4-32　"格式"选项卡　　　　　　　　　　图 4-33　"数据"选项卡

图 4-34　"事件"选项卡 　　　　　　　　　　图 4-35　"其他"选项卡

可以使用以下方法设置属性。

① 先在对话框中单击要设置的属性，然后在属性框中输入一个设置值或表达式。

② 有些属性框单击后右侧出现下拉按钮 ✔，单击该下拉按钮，可以展开列表框，然后在列表框中进行选择。

③ 有些属性框单击后右侧显示有"生成器"按钮 ⋯，单击该按钮，弹出"表达式生成器"对话框，可以在此对话框中设置属性，设置后单击"确定"按钮返回"属性表"对话框。

5．字段列表

工具选项卡"添加现有字段"按钮可以打开字段列表窗口，显示窗体数据源中可以使用的一组字段名称。如果当前窗体未指定数据源，则字段列表窗口中"显示所有表"，单击数据表可以展开该表的所有字段。将"字段列表"中的字段拖动到窗体内，窗体就自动建立两个控件：一个是标签，用来显示字段的名称；另一个控件根据字段的类型不同可以是文本框或绑定对象框，用来显示字段的值。

4.3.2 常用控件的分类

在 Access 中控件是窗体对象中的对象，用户可通过操作控件来执行某些操作，通过控件进行数据输入或操作数据对象。控件是窗体中的子对象，起着显示数据、执行操作以及修饰窗体的作用。控件也具有各自的属性，可以在控件属性表中进行设置，不同的控件具有不同的属性。

控件是窗体、报表或者数据访问页上的一个对象，如标签和文本框。Access 中控件分为绑定控件、非绑定控件和计算型控件 3 种类型。

"窗体设计工具"的"设计"选项卡的"控件"组中共有 20 个控件按钮及"使用控件向导""ActiveX控件"2 个菜单命令，其功能如表 4-1 所示。

表 4-1 控件组中的按钮/控件及功能

按 钮	名 称	功 能
⬉	选择对象	选定窗体、窗体中的节或窗体中的控件，单击可释放前面锁定的控件
abl	文本框	显示、输入、编辑数据源的数据，显示计算结果或用户输入的数据
Aa	标签	在窗体或报表中显示说明性的文本
xxxx	命令按钮	可以通过运行事件过程或宏来执行某些操作
▯	选项卡	可以把信息分组显示在不同的选项卡上
◉	超链接	在窗体中插入超链接控件
▣	Web 浏览器	在窗体中插入浏览器控件
▤	导航	在窗体中插入导航条
xyz	选项组	可以为用户提供一组选择，一次只能选择一个
▤	分页符	在创建多页窗体时用来指定分页位置
▥	组合框	可以显示一个提供选项的列表，也允许输入
▥	插入图表	在窗体中插入图表对象
╲	直线	在窗体上绘制直线，可以是水平线、垂直线或斜线

续表

按　钮	名　　称	功　　能
	切换按钮	作为单独的控件来显示数据源的"是/否"值
	列表框	可以显示一个提供选项的列表，不允许手动输入
	矩形框	在窗体中绘制一个矩形框，将一组相关控件组织在一起
	复选框	建立多选按钮，可以从多个值中选择一个或多个，或不选
	未绑定对象框	在窗体中插入未绑定对象
	附件	在窗体中插入附件控件
	选项按钮	建立单选按钮，在一组中只能选择一个，选中时按钮内有个小黑点
	子窗体/子报表	显示多个表中的数据，在一个窗体中包含另一个窗体
	绑定对象框	在窗体中显示绑定的 OLE 对象，这些对象与数据源的字段有关
	图像	在窗体中显示静态图像，用来美化窗体
	控件向导	单击该按钮，才能使用其他按钮
	ActiveX 控件	打开一个 ActiveX 控件列表，插入 Windows 系统提供的更多控件

1．绑定控件

绑定控件是指将控件与数据表的某个字段绑定在一起，用于同步显示绑定字段的值，在给绑定控件输入某个值时，Access 自动更新当前记录中的对应字段。大多数允许输入信息的控件都是绑定控件。绑定控件可以与大多数数据类型的字段捆绑在一起，包括文本、日期、数值、是/否、图片和备注等类型字段。

2．非绑定控件

非绑定控件保留所输入的值，但是它们与数据表的字段没有直接的关系。这些控件可用于显示文本、形状、没有存储在表中但在窗体上显示的各种图像等。

3．计算控件

计算控件是基于表达式（如函数和计算）的控件，在窗体运行时，由该控件按表达式进行计算并显示计算结果值，表达式可以是运算符（如=、+）、控件名称、字段名称、返回单个值的函数以及常数值的组合。计算控件也是非绑定控件，因为它们通常与数据表字段没有直接的联系，但字段可以参与计算控件对应的表达式运算。计算控件通常用文本框实现，选中文本框并拖动到窗体内，在框内输入计算表达式，该表达式必须以等号"="开始。表达式可以使用来自窗体或报表的基础表或查询中的字段数据，也可以使用来自窗体或报表中另一个控件的数据。

4.3.3　常用控件的功能

1．文本框

文本框控件在 Access 窗体中应用频率最高，主要用来显示与编辑字段中的数据，这时文本框为绑定控件；文本框也可以是非绑定的，比如使用非绑定文本框来让用户输入所要查找的数据，或者让用户在非绑定文本框中输入密码；计算型文本框用于放置表达式以显示表达式的结果。

2．标签

标签是一个非绑定控件，其主要作用是在窗体或报表上显示静态文本，如标题、简短说明等，不能够在窗体运行时编辑标签框里面的内容。标签可以独立存在，也能够依附于另一个控件上。比如新建一个文本框时，它会自动产生一个依附的标签，用以显示此文本框的标题。如果使用标签控件按钮来建立标签，此标签将独立存在。

3．复选框、切换按钮和选项按钮

复选框、切换按钮和选项按钮都有非绑定型和绑定型两种。选项按钮和复选框有选定和未被选定两种状态，而切换按钮则有按下和未被按下两种状态。绑定型控件用于与数据源中"是/否"数据类型的字段相结合，如图 4-36 所示。

事实上，在 Access 中，这 3 个控件除了在外观上不一样外，使用上基本没有区别，并且 Access 允许将已经创建的复选框、切换按钮和选项按钮转换为其他两种类型，转换的方法是选择控件并右击，在弹出的快捷菜单中选择"更改为"命令，然后选择转换后的类型即可。

图 4-36　分别通过复选框、切换按钮和选项按钮绑定"是/否"字段

4．选项组控件

选项组控件一般都包含一组选项按钮、切换按钮或者复选框控件，只能从中选取一个并且必须选取一个。在图 4-37 中，设计了 3 个选项组，分别包含了 3 个选项按钮、2 个切换按钮以及 3 个复选框，那么这 3 组控件的任何一组都只能并且必须选择一个，包括"政治面貌"中的复选框。

图 4-37　选项组示例

5．命令按钮

命令按钮通常用来执行操作。当用户按下命令按钮时，便会引发这个按钮的 Click 事件，系统会自动执行 Click 事件程序。如果已经将程序代码编写在该按钮的 Click 事件程序中，相应的程序代码会被执行，相应的操作也将自动进行。Access 提供了一个能够建立 30 种不同类型命令按钮的向导，并由向导自动编写合适的事件程序，所以一般功能性的命令按钮可以通过向导来建立。

6．列表框与组合框

如果在窗体上输入的数据是来自某一个表或查询中的数据，就应该使用组合框或列表框控件。组合框或列表框可列举若干可以选用的数据，用户可以从中选择以代替输入。采用这种方式，可以提高数据输入的速度，保证输入数据的正确性，同时还省去了用户记忆和录入数据的麻烦。

列表框或组合框控件在使用上很多地方都非常类似，但又有所不同，列表框提供一个列表，用户可以从列表中选择一项或多项，而组合框则由一个文本框和一个列表框组合而成，用户既可以从列表框中选择一项，又可以在文本框中输入数据。它们之间的第二个区别在于：列表框的列表处于展开状态，因此需要更多的窗体空间，而组合框的列表则处于折叠状态，只有用户单击了组合框的下拉按钮才会展开，并且用户选择后又自动折叠，因而节省窗体空间。

7. 选项卡

当窗体中的内容较多无法在一页全部显示时，可以使用选项卡进行分页，操作时只需单击选项卡上的标签，就可以在多个页面间切换。选项卡控件主要用于将多个不同格式的数据操作窗体封装在一个选项卡中，或者说，它能够使一个选项卡中包含多页数据操作窗体的窗体，而且在每页窗体中又可以包含若干个控件。

8. 图像控件

窗体中用图像对象显示图形，可以使窗体更加美观。图像控件包括图片、图片类型、超链接地址、可见性、位置及大小等属性。

9. 子窗体/子报表

子窗体/子报表控件用于在主窗体和主报表上显示来自一对多表中的数据。

4.3.4 常用控件的使用

使用设计视图创建窗体的一般步骤是打开窗体设计视图、添加控件、控件更改，然后对控件进行移动、改变大小、删除、设置边框、特殊字体效果等操作，来更改控件的外观。另外，通过属性对话框，可以对控件或工作区部分的诸如格式、数据事件等属性进行设置。

为帮助设计人员使用控件，Access 为多种控件设计了控件向导。当设计人员需要使用控件向导时，可单击选项卡中的"使用控件向导"选项，就可以在相应向导的帮助下逐步完成对控件的各种属性设置。

下面通过在设计视图中创建窗体的实例介绍如何使用控件。

例4-9 在窗体设计视图中以"员工"表为数据源创建名为"员工基本信息录入"的窗体。

（1）添加窗体标题

如果要在窗体上显示该窗体的标题，可使用"页眉/页脚"选项卡的"标题"选项。操作步骤如下：

打开"商品销售管理"数据库，在"创建"选项卡的"窗体"分组中，单击"窗体设计"按钮，创建一个新的窗体，保存窗体名为"员工基本信息录入"。选择该窗体的"设计视图"，同时打开"设计"选项卡。

在"设计"选项卡的"页眉/页脚"组中，单击"标题"按钮，则在窗体中自动添加"页眉/页脚"节，同时在页眉节中立即显示出窗体标题"员工基本信息录入"，如图 4-38 所示。

（2）创建绑定型文本框控件

文本框控件是最常用的控件，从字段列表中拖动字段，可以直接创建绑定型文本框。具体操作步骤如下：

① 单击"设计"选项卡上"工具"组中的"添加现有字段"按钮，打开字段列表窗口。

② 将"员工"字段列表中的"员工号"、"姓名"、"出生日期"和"电话"等字段拖动到窗体内适当的位置。系统根据字段的数据类型和默认的属性为字段创建相应的控件并设置特定的属性，如图 4-39 所示。

图 4-38 创建标签控件的窗体设计视图

图 4-39 创建绑定型文本框的窗体设计视图

如果要选择相邻的字段，单击其中的第一个字段，按住【Shift】键的同时单击最后一个字段。如果要选择不相邻的字段，按住【Ctrl】键的同时单击要包含的每个字段名称。

（3）创建选项组控件

选项组控件提供了必要的选项，用户只进行简单的选取就可完成参数设置。选项组中可以包含复选框、切换按钮或选项按钮等控件。可以利用向导来添加一个选项组，也可以在窗体的设计视图中直接创建。选项组可以是绑定的，也可以是非绑定的，但只能绑定数值型字段。选项组中每个控件的值都是数值型，如果字段为文本型数据不能直接绑定到选项组控件上，即使绑定了也不能正常显示和使用。下面使用向导创建"性别"选项组。具体操作步骤如下：

① 单击"设计"选项卡中"控件"组的"选项组"按钮 📖，然后在窗体上单击要放置选项组的位置，这时弹出图 4-40 所示的"选项组向导"对话框之一。在该对话框中输入选项组中每个选项的标签名，这里分别输入"男"和"女"， 如图 4-40 所示。

② 单击"下一步"按钮，弹出"选项组向导"对话框之二。该对话框要求用户确定是否需要默认选项，这里选择"是"单选按钮并指定"男"为默认项，如图 4-41 所示。

图 4-40 "选项组向导"对话框之一

图 4-41 "选项组向导"对话框之二

① 单击"下一步"按钮，弹出"选项组向导"对话框之三。该对话框用来对每个选项赋值，这里将选项"男"赋值为 0，将选项"女"赋值为 1，如图 4-42 所示。

② 单击"下一步"按钮，弹出"选项组向导"对话框之四。该对话框用来指定选项的值与字段

的关系，这里设置将选项的值保存在"性别"字段中，如图 4-43 所示。

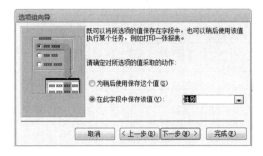

图 4-42　"选项组向导"对话框之三　　　图 4-43　"选项组向导"对话框之四

① 单击"下一步"按钮，弹出"选项组向导"对话框之五。在该对话框中指定"选项按钮"作为选项组中的控件，指定"蚀刻"作为采用的样式，如图 4-44 所示。

② 单击"下一步"按钮，弹出"选项组向导"对话框之六，在该对话框中要求输入选项组的标题，这里输入"性别"，然后单击"完成"按钮，如图 4-45 所示。

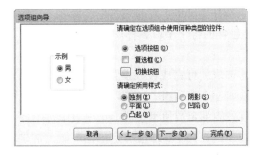

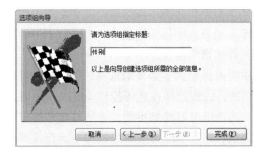

图 4-44　"选项组向导"对话框之五　　　图 4-45　添加"选项组"的窗体设计视图

ℹ️ **说明**

　　"员工"表中的"性别"字段改为数值型，用数字 0、1 分别表示"男""女"，才能正常创建此绑定"性别"选项组。

（4）创建绑定型复选框控件

绑定型复选框、切换按钮和选项按钮控件用于与数据源中"是/否"数据类型的字段相结合。只需按下"控件"组中对应控件按钮，然后将"字段列表"窗口中的"是/否"数据类型字段（如婚否）拖动到窗体内适当位置即可，如图 4-46 所示。

（5）创建绑定型列表框控件

列表框也可分为绑定型与非绑定型两种，既可以利用向导来添加列表框，也可以在窗体设计视图中直接创建。下面使用向导创建"部门"列表框为例介绍绑定型列表框控件的操作方法。具体操作步骤如下：

图 4-46　创建绑定性复选框控件的窗体设计视图

① 单击"控件"组中的"列表框"按钮 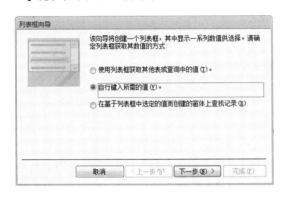，然后在窗体上要放置列表框的位置单击，弹出"列表框向导"对话框之一，在对话框中选择"自行键入所需的值"单选按钮，如图 4-47 所示。

② 单击"下一步"按钮，弹出"列表框向导"对话框之二。该对话框要求用户输入各个选项的值，在"第 1 列"中依次输入"销售一部"、"销售二部"和"销售三部"等值，每输入完一个值，按【Tab】键，如图 4-48 所示。

图 4-47　"列表框向导"对话框之一

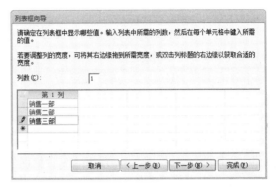

图 4-48　"列表框向导"对话框之二

③ 单击"下一步"按钮，弹出"列表框向导"对话框之三。在该对话框中指定选项的值与字段的关系，这里设置将选项保存在"部门"字段中，如图 4-49 所示。

④ 单击"下一步"按钮，弹出"列表框向导"对话框之四。在最后一个对话框中要求为列表框指定标签，这里输入"部门"，然后单击"完成"按钮，结果如图 4-50 所示。

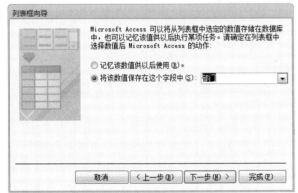

图 4-49　"列表框向导"对话框之三

图 4-50　添加"列表框"的窗体设计视图

（6）创建绑定型组合框控件

与列表框控件相似，组合框也可分为绑定型与非绑定型两种，既可以利用向导来添加组合框，也可以在窗体设计视图中直接创建。组合框是文本框和列表框的组合，既可以输入并修改数据，又可以通过列表框显示数据，而且占用屏幕少（显示时只用一行）。

① 在图 4-50 所示的设计视图中，单击"控件"组中的"组合框"按钮 ，然后在窗体上单击要放置组合框的位置，弹出"组合框向导"对话框之一，在对话框中选择"自行键入所需的值"单选按钮，如图 4-51 所示。

② 单击"下一步"按钮，弹出"组合框向导"对话框之二。该对话框要求用户输入各个选项的值，在"第1列"中分别输入"党员""团员""群众"，如图4-52所示。

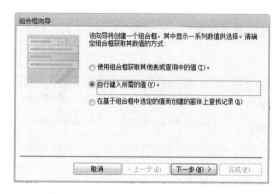

图 4-51　"组合框向导"对话框之一　　　　图 4-52　"组合框向导"对话框之二

③ 单击"下一步"按钮，弹出"组合框向导"对话框之三。在该对话框中指定选项的值与字段的关系，这里设置将选项保存在"政治面貌"字段中，如图4-53所示。

④ 单击"下一步"按钮，弹出"组合框向导"对话框之四。在最后一个对话框中要求为组合框指定标签，这里输入"政治面貌"，然后单击"完成"按钮，结果如图4-54所示。

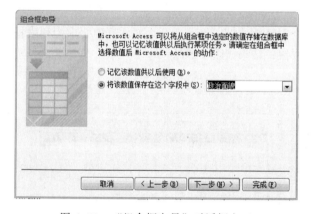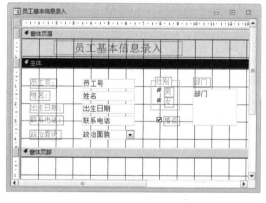

图 4-53　"组合框向导"对话框之三　　　　图 4-54　添加"组合框"的窗体设计视图

（7）创建命令按钮

窗体中的命令按钮可以和某个操作联系起来，单击该按钮时，就可以执行相应的操作。这些操作可以是一个过程，也可以是一个宏。下面使用"命令按钮向导"创建"添加记录"命令按钮。

① 在图4-54所示的设计视图中，单击"控件"组中的"命令按钮"控件 ▄▄，然后在窗体上单击要放置命令按钮的位置，弹出"命令按钮向导"对话框之一，如图4-55所示。

② 在对话框的"类别"列表框中列出了可供选择的操作类别，每个类别在"操作"列表框下都对应着多种不同的操作。首先在"类别"列表框中选择"记录操作"选项，然后在对应的"操作"列表框中选择"添加新记录"选项。

③ 单击"下一步"按钮，弹出"命令按钮向导"对话框之二。该对话框指定在按钮显示的是文本还是图片，这里选择"文本"单选按钮，在文本框中输入"添加记录"，如图4-56所示。

图 4-55　"命令按钮向导"对话框之一　　　图 4-56　"命令按钮向导"对话框之二

④ 单击"下一步"按钮，弹出"命令按钮向导"对话框之三。在该对话框中可以为创建的命令按钮命名，以便以后引用，在文本框中输入"cmdInsert"，如图 4-57 所示。

⑤ 单击"完成"按钮，完成"添加记录"命令按钮的创建。

重复上述步骤，分别创建其他 4 个命令按钮，其中第 1 个和第 2 个命令按钮的"类别"为"记录导航"，"操作"分别是"转至前一项记录"和"转至下一项记录"，显示的文本是"前一项记录"和"下一项记录"；第 4 个命令按钮的"类别"为"记录操作"，选择的"操作"是"保存记录"，显示的文本是"保存记录"；第 5 个命令按钮的"类别"是"窗体操作"，选择的"操作"是"关闭窗体"，显示的文本是"关闭窗体"，结果如图 4-58 所示。

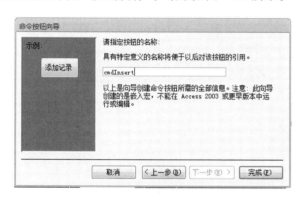

图 4-57　"命令按钮向导"对话框之三　　　图 4-58　添加"命令按钮"的窗体设计视图

⑥ 单击"视图"组中的"窗体视图"按钮，切换到窗体视图中检查所创建窗体，如图 4-59 所示。如果满意，则可以保存该窗体的设计。

（8）创建选项卡控件

当窗体中的内容较多无法在一页中全部显示时，可以使用选项卡进行分页，在窗体中分别单击选项卡中的标签，就可以进行页面的切换。下面在"员工基本信息录入"窗体上添加选项卡，用来输入简历。

① 将"员工基本信息录入"窗体主体节中所有控件全部选中（选中一个控件后，按住【Shift】键的同时单击其他控件），然后单击"剪切"按钮 ，将选中的控件放到剪贴板上。

② 单击"控件"组中的"选项卡"按钮 ，在窗体上单击要放置选项卡的位置，调整其大小。初始选项卡有两个，可以在选项卡上右击，在弹出的快捷菜单中选择"插入页"命令，增加选项卡的

个数。本例中设置为两个即可。

③ 单击选项卡"页1"，再单击"粘贴"按钮 ，将剪贴板上的所有控件粘贴到第一个页面上。

④ 在属性对话框中设置该页面的"标题"属性为"基本信息"，设置结果如图 4-60 所示。

图 4-59　"员工基本信息录入"窗体视图　　　　图 4-60　"输入员工基本信息"窗体中的第 1 页

⑤ 单击选项卡"页2"，在属性对话框中设置该页面的"标题"属性为"简历"，如图 4-61 所示。

⑥ 从字段列表中将"简历"字段拖入选项卡"简历"页面内，删除标签并适当调整控件大小及位置，结果如图 4-62 所示。

图 4-61　第 2 页格式属性设置　　　　　　图 4-62　"简历"选项卡

⑦ 切换到窗体视图，显示效果如图 4-63 所示。

（9）创建图像控件

使用图像控件可以将一幅图片放置在控件中或窗体上，使其显示更美观大方。创建图像控件的方法比较简单，单击"控件"组中的"图像"控件 ，然后在窗体上要放置图片的位置单击，弹出"插入图片"对话框，在对话框中查找并选择要插入的图片文件，然后单击"确定"按钮即可。

创建图像控件的窗体视图如图 4-64 所示。

图 4-63 "员工信息"选项卡显示效果

图 4-64 创建图像控件的窗体视图

4.3.5 切换面板

切换面板是数据库启动时由系统自动执行的应用界面，它本身就是一个窗体，通常它的上面包含一组按钮，而一个按钮对应一个功能的实现，所以切换面板一般作为数据库应用系统的启动界面。

1．创建切换面板

切换面板可以通过"切换面板管理器"进行设计。例如，创建"商品销售管理"数据库的切换面板的具体操作步骤如下：

① 打开"商品销售管理"数据库，选择"数据库工具"选项卡→"管理"→"切换面板管理器"命令，如果是第一次使用切换面板管理器，则弹出如图 4-65 所示的对话框。

② 单击"是"按钮，弹出"切换面板管理器"对话框。单击"新建"按钮，弹出"新建"对话框，如图 4-66 所示。在文本框中输入切换面板页的名称并单击"确定"按钮，将生成一个切换面板，该切换面板名出现在切换面板管理器窗口的列表框中。

图 4-65 切换面板管理器提示对话框

图 4-66 新建切换面板

③ 在切换面板管理器窗口中选择上一步创建的切换面板，单击"创建默认"按钮，使之成为默认的启动页面，然后单击"编辑"按钮，弹出"编辑切换面板页"对话框。

④ 此时，"切换面板的项目"列表框为空，因为还没有建立任何项目。所谓切换面板项目，实际上就是切换面板窗体上对应的一个功能，如果希望添加一个功能，单击"新建"按钮，弹出"编辑切换面板项目"对话框，如图 4-67 所示。

⑤ 图 4-67 是定义切换面板功能的主要界面，每一个功能都对应图中三个方面的信息。

"文本"文本框用于输入功能的名称,它将作为提示信息出现在切换面板中。

"命令"决定了希望实现的功能,其下拉列表框中提供了 8 条命令,具体的类别和含义如表 4-2 所示。

表 4-2 切换面板管理器提供的命令选项

命 令 名 称	命 令 描 述	命令操作对象
转到切换面板	打开另一个切换面板并关闭该切换面板	目标切换面板的名称
打开添加模式中的窗体	打开数据输入项的窗体,出现一个空记录	窗体名
打开编辑模式中的窗体	打开查看和编辑数据用的窗体	窗体名
打开报表	打开"打印预览"中的报表	报表名
设计应用程序	打开切换面板管理器以对当前切换面板进行更改	无
退出应用程序	关闭当前数据库	无
运行宏	运行宏	宏名
运行代码	运行一个 Visual Basic 过程	过程名

一旦选择了一条命令,就必须选择一个命令的操作对象。例如,选择"打开编辑模式中的窗体"命令,那么在其下的组合框中就是当前数据库所有窗体的名称,那么就必须从中选择一个。

一个切换面板可以添加若干个项目,只要重复上面的步骤即可实现。切换面板项目如图 4-68 所示。

图 4-67　"编辑切换面板项目"对话框　　　　图 4-68　"编辑切换面板页"对话框

⑥ 切换面板创建完成后,在"表"对象列表栏中将增加一个名为 Swichboard Items 的表,该表记录了切换面板的相关信息。并且同时在"窗体"对象列表栏中增加一个名为"切换面板"的窗体。我们可以在设计视图下对该窗体进行编辑修改,以美化切换面板界面。例如,切换面板上 Access 自动布局了一个图片框控件,我们可以更改其"图片"属性为一幅我们希望的图像;切换面板的标题是一个标签,也可以更改其内容以及字体等格式。图 4-69 是具备三个功能的切换面板示例的窗体视图。

2．设置切换面板为启动窗体

从切换面板的生成来看,切换面板管理器实际上就是一个窗体的向导,那么其生成的切换面板到底有什么作用呢？在本节的开始，我们就说过，切换面板更多的是用作数据库启动窗体，即一旦数据库打开就首先启动切换面板，然后用户通过切换面板上设计的功能接口访问数据库或窗体。如果要将切换面板作为启动窗体，还要对其进行设置，具体操作步骤如下：

① 单击"文件"→"选项"命令，打开"Access 选项"对话框。

② 单击"当前数据库"选项，从"显示窗体"下拉列表中选择"切换面板"。

③ 单击"确定"按钮，即将切换面板设置为启动窗体，如图 4-70 所示。

关闭数据库，然后将其重新打开，切换面板将自动打开。

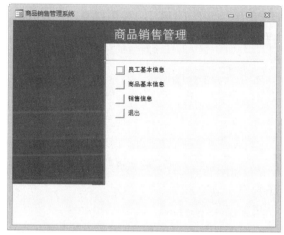

图 4-69　切换面板窗体视图

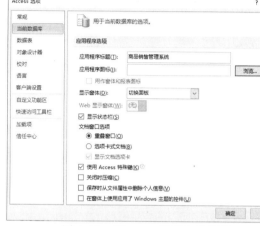

图 4-70　"Access 选项"对话框

4.4　美　化　窗　体

窗体功能设计基本完成后，要对控件及窗体的格式进行设置，使窗体更加美观、友好，布局更加合理，操作更加方便。通过设置窗体和控件的属性，调整各控件的大小、排列和对齐等，使窗体不仅具有强大的功能，还有人性化的交互界面。

4.4.1　使用主题

Access 2010 提供了许多窗体的主题格式，用户可以直接在窗体上套用某个主题格式。

例4-10　在"商品销售管理"数据库中，为"员工信息录入"窗体设定"华丽"主题格式。

操作步骤：

① 打开"商品销售管理"数据库，打开"员工信息录入"窗体切换至设计视图。

② 单击"窗体设计工具/设计"选项卡，在"主题"组中单击"主题"按钮，打开主题格式列表。

③ 在打开的主题格式列表中选择要使用的"华丽"主题格式，窗体随即就会使用该主题格式的整体外观，包括字体、颜色、线条和填充效果等。

4.4.2　使用条件格式

除可以使用属性对话框设置控件的"格式"属性外，还可以根据控件的值，按照某个条件设置相应的显示格式。

例 4-11 在"销售单明细"窗体中应用条件格式，使子窗体中的"数量"字段的值能用不同的颜色显示。10 台套以下（含 10）用红色显示，11～20 台套用蓝色显示，21 台套（含 21）以上用绿色显示。具体操作步骤如下：

① 在"设计"视图中打开要修改的窗体，选中子窗体中绑定"数量"字段的文本框控件。

② 在功能区中，选择"格式"选项卡，然后在"控制格式"组中，单击"条件格式"按钮，打开条件格式规则管理器，如图 4-71 所示。

③ 单击"新建规则"按钮，打开"新建格式规则"对话框，如图 4-72 所示。

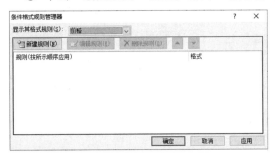

图 4-71 "条件格式规则管理器"对话框

图 4-72 "新建格式规则"对话框

④ 在弹出的"新建格式规则"对话框中设置 3 条规则，结果如图 4-73 所示。

⑤ 单击"确定"按钮。切换到窗体视图。显示结果如图 4-74 所示。

图 4-73 设置完整的条件格式规则

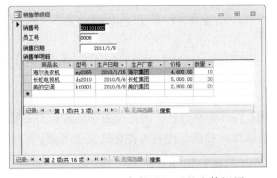

图 4-74 条件设置后的窗体视图

4.4.3 添加当前日期和时间

如果用户希望在窗体中添加当前日期和时间，具体操作步骤如下：

① 打开要格式化的窗体，切换至设计视图。

② 在"窗体设计工具"选项卡的"页眉/页脚"组中，单击"日期和时间"按钮，弹出"日期和时间"对话框，如图 4-75 所示。

③ 若只插入日期或时间，则在对话框中选择"包含日期"或"包含时间"复选框，也可以全选。

④ 选择某项后，再选择日期或时间格式，然后单击"确定"按钮。

图 4-75 "日期和时间"对话框

4.4.4 对齐窗体中的控件

窗体的最后布局阶段，需要调整控件的大小、排列或对齐控件，以使界面有序、美观。

1. 改变控件大小和控件定位

如果改变文本格式，文本所在的标签或文本框并不会自动调整大小来适应新的格式。这种情况下，需要手动改变控件的大小使之能够显示全部文本。可以在控件的属性对话框中修改宽度和高度属性，也可以在设计视图下选中控件，然后用鼠标拖动控件边框上的控制点来改变控件尺寸。

控件的精确定位可以在属性对话框中设置，也可以用鼠标完成。方法是保持控件的选中状态，按住【Ctrl】键不放，然后按下方向箭头移动控件直到正确的位置。控件定位时，还可以使用窗体快捷菜单中的"标尺"命令和"网格"命令，打开"标尺"和"网格"作为参照。

2. 将多个控件设置为相同尺寸

当需要把多个控件设置为同一尺寸时，除了在属性对话框中设置外，还可以使用选项卡命令完成，如下方法：

① 按住【Shift】键连续单击要设置的多个控件。

② 选择"排列"→"大小/空格"→"至最短"/"至最窄"命令。

3. 将多个控件对齐

当需要设置多个控件对齐时，也可以用选项卡命令快捷地完成。具体操作步骤如下：

① 选中需要对齐的控件。

② 选择"排列"→"对齐"→"靠左"或"靠右"命令。这样保证了控件之间垂直方向对齐，如果选择"靠上"或"靠下"命令，则保证水平对齐。

在水平对齐或垂直对齐的基础上，进一步设定等间距。假设已经设定了多个控件垂直方向的对齐，选择"排列"→"大小/空格"→"间距"→"垂直相同"命令。

习 题

一、选择题

1. 下列不是窗体的组成部分的是（　　　）。

    A. 窗体页眉　　　　　B. 窗体页脚　　　　　C. 主体　　　　　D. 窗体设计器

2. 窗体按功能分类不包括（　　　）。

    A. 数据操作窗体　　B. 新奇式窗体　　　C. 控制窗体　　　D. 交互信息窗体

3. 属于 Access 窗体控件的是（　　　）。

    A. 标签　　　　　　B. 数据表　　　　　C. 文本框　　　　D. 组合框

4. 在窗体中，用来输入或编辑字段数据的交互控件是（　　　）。

    A. 文本框控件　　　B. 标签控件　　　　C. 复选框控件　　D. 列表框控件

5. 以下各项中，可以使用用户定义的界面形式来操作数据的是（　　　）。

    A. 表　　　　　　　B. 查询　　　　　　C. 窗体　　　　　D. 数据库

6. 通过窗体，用户不能实现的功能是（　　　）。

    A. 存储数据　　　　B. 输入数据　　　　C. 编辑数据　　　D. 显示和查询表中的数据

7. 下面关于子窗体的叙述中，正确的是（　　　）。

A. 子窗体只能显示为数据表窗体　　　　B. 子窗体中不能再创建子窗体

C. 子窗体可以显示为表格式窗体　　　　D. 子窗体可以存储数据

8. 在"窗体"视图中可以进行（　　）。

　A. 创建报表　　　　　　　　　　B. 创建和修改窗体

　C. 显示、添加或修改表中的数据　　D. 以上说法都正确

9. 下列关于列表框和组合框的叙述中，错误的是（　　）。

　A. 列表框和组合框可以包含一列或几列数据

　B. 可以在组合框中输入新值，而不能在列表框中输入

　C. 可以在列表框中输入新值，而不能在组合框中输入

　D. 在列表框和组合框中均可以选择数据

10. 表格式窗体同一时刻能显示（　　）。

　A. 1条记录　　　B. 2条记录　　　C. 3条记录　　　D. 多条记录

11. 当窗体中的内容太多无法放在一页中全部显示时，可以用下列（　　）控件来分页。

　A. 命令按钮　　　B. 选项卡　　　C. 组合框　　　D. 选项组

12. 主窗体和子窗体通常用来显示和查询多个表中的数据，这些数据具有的关系是（　　）。

　A. 多对一　　　B. 多对多　　　C. 一对一　　　D. 一对多

13. 编辑数据透视表对象时，是在（　　）里读取 Access 数据，并对数据进行更新。

　A. Microsoft Graph　　　　　　B. Microsoft Excel

　C. Microsoft Word　　　　　　D. Microsoft PowerPoint

14. 如果要隐藏控件，应将（　　）属性设置为"否"。

　A. 何时显示　　　B. 可用　　　C. 锁定　　　D. 可见

15. 在主/子窗体中，子窗体还可以包含（　　）个子窗体。

　A. 0　　　B. 1　　　C. 2　　　D. 3

16. 关于控件的组合，下列叙述中错误的是（　　）。

　A. 多个控件组合后，会形成一个矩形组合框

　B. 移动组合中的单个控件超过组合边界时，组合框的大小会随之改变

　C. 当取消控件的组合时，将删除组合的矩形框并自动选中所有的控件

　D. 选择组合框，按【Delete】键就可以取消控件的组合

17. 要改变窗体上文本框控件的数据源，应设置的属性是（　　）。

　A. 记录源　　　B. 控件来源　　　C. 筛选查询　　　D. 默认值

18. 创建窗体的数据源不能是（　　）。

　A. 一个表　　　　　　　　　　B. 一个单表创建的查询

　C. 一个多表创建的查询　　　　D. 报表

19. 在 Access 窗体中，能够显示在窗体每一个页的底部的信息是（　　）。

　A. 页面页眉　　　B. 页面页脚　　　C. 窗体页眉　　　D. 窗体页脚

20. 下列选择窗体控件对象正确的是（　　）。

　A. 单击可选择一个对象

　B. 按住【Shift】键再单击其他多个对象可选定多个对象

C. 按【Ctrl+A】组合键可以选定窗体上所有对象

D. 以上皆是

二、填空题

1. 窗体是数据库中用户和应用程序之间的_____，用户对数据库的任何操作都可以通过它来完成。

2. 窗体由多个部分组成，每个部分称为一个_____。

3. 窗体中的控件有绑定型、_____和_____ 3 种。

4. 窗体属性对话框中包括数据、格式、_____、_____和全部 5 个选项卡。

5. 在设计视图中，如果字段列表不可见，应单击_____。

6. 如果要设置节的属性，应双击_____。

7. 组合框和列表框的主要区别是是否允许在框中_____。

8. 控件按钮的作用就是向窗体_____。

9. 窗体的数据来源可以是_____数据对象，也可以是_____数据对象。

三、简答题

1. 什么是窗体？窗体的主要作用是什么？

2. 窗体有哪几种类型？各具有什么特点？

3. 窗体的主要创建方法有哪些？

4. 子窗体有何用处？如何建立主/子窗体？

5. 窗体的设计视图由哪几部分构成？各有什么用途？

6. 控件组中有哪些常用的控件对象？各有何用处？

7. "绑定控件"和"非绑定控件"有什么区别？

8. 常用的窗体格式属性有哪些？

9. 文本框控件的主要常用属性有哪些？各具有什么作用？

10. 窗体设计视图中，如何选择数据源？

第5章

报　表

任何基于数据库的应用，总是以数据为主要处理对象的，其最终的目标就是要将系统产生的信息显示或打印输出，其中报表是很重要的一种输出形式。在报表中，可以组织显示需要向用户反映的数据，这些数据可以是文字、数值、图形或图像。在报表中，可以对数据进行分组处理，可以进行小计、汇总等数据统计和计算。

Access 中的报表用来设计和生成可以打印在纸上的最终报表对象。报表有不同的类型，但基本结构是相同的，创建的方法也很简单。在报表中可以反映来自同一个数据源的数据，也可以以子表的形式反映来自多个数据源的数据。报表可以以预览方式在正式打印前查看设计效果，也可以根据需要对报表做进一步的修改和优化。此外，标签属于报表的一种特殊形式，可以用来制成邮寄标签等小型印刷品。

本章详细介绍报表的概念和作用、报表设计方法、报表中的排序分组与计算技巧、报表的预览及打印。

5.1　报　表　概　述

尽管数据表和查询都可用于打印，但是，报表才是打印和复制数据库管理信息的最佳方式，可以帮助用户以更好的方式表示数据。报表既可以输出到屏幕上，也可以传送到打印设备。

报表是查阅和打印数据的方法，与其他的打印数据方法相比，具有以下两个优点：

① 报表不仅可以执行简单的数据浏览和打印功能，还可以对大量原始数据进行比较、汇总和小计。

② 报表可生成清单、订单及其他所需的输出内容，从而可以方便有效地处理商务。

5.1.1　报表的作用

在 Access 中，有关数据的打印输出通常都是通过报表实现的。在这里，报表有两个含义：一是指系统生成的用于表现信息的输出结果；另一个含义则是指用以设计和生成输出结果对象。Access 报表是数据库的一种对象，主要功能包括：

① 按照一定的格式打印来自表和查询的数据。

② 能自动求解表达式的值并进行打印。

③ 能够进行自动的数据汇总，包括对分组数据进行小计。

④ 可包含子窗体、子报表。

⑤ 可以在报表中包含图形、图表和 OLE 对象。

⑥ 能进行个性排版，如发票、订单、报到证、邮寄标签等。

5.1.2　报表的构成

报表通常由报表页眉、报表页脚、页面页眉、页面页脚和主体以及组页眉、组页脚 7 个部分组成，每一部分称为报表的"节"，除主体节外，其他节可通过设置确定有无，但所有报表必须有主体节，其结构如图 5-1 所示。

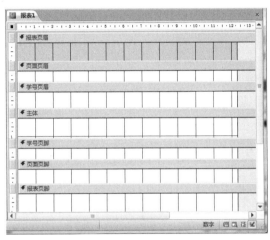

图 5-1　报表的设计视图

① 报表页眉。以大的字体将该份报表的标题放在报表顶端。只有报表的第 1 页才出现报表页眉内容。报表页眉的作用是做封面或报表标题等。

② 页面页眉。页面页眉中的文字或字段，通常会打印在每页的顶端。如果报表页眉和页面页眉共同存在于第 1 页，则页面页眉数据会打印在报表页眉数据的下面。一般用来设置数据表中的列标题，即字段名。

③ 主体。用于处理每一条记录，其中的每个值都要被打印。主体节是报表内容的主体区域，通常含有计算的字段。

④ 页面页脚。页面页脚出现在每页的底部，用来设置本页的汇总说明、插入日期或页码等。如"="第"&[page]& "页""表达式用来打印页码。

⑤ 报表页脚。报表页脚只出现在报表的结尾处，常用来设置报表的汇总说明、结束语及报表的生成时间等。

除了以上通用区段外，在分组和排序时，有可能需要组页眉和组页脚。可选择"视图"→"排序与分组"命令，弹出"排序与分组"对话框。选定分组字段后，对话框下端会出现"组属性"选项组，将"组页眉"和"组页脚"框中的设置改为"是"，在工作区即会出现相应的组页眉和组页脚。

⑥ 组页眉。组页眉节是输出分组的有关信息。一般用来设置分组的标题或提示信息。在该节中设置的内容，将在报表的每个分组的开始显示一次。

⑦ 组页脚。组页脚节也是输出分组的有关信息。一般用来设置每组输出的信息，例如，分组的

一些小计、平均值等。在该节中设置的内容，将显示在每个分组的结束位置。

5.1.3 报表的类型

在 Access 2010 数据处理报表的设计中，根据数据记录的显示方式提供了 4 种类型的报表，分别是纵栏式报表、表格式报表、图表报表、标签报表 4 种类型。

① 纵栏式报表，又称窗体报表，报表中每个字段占一行，左边是字段的名称，右边是字段的值。纵栏式报表适合记录较少、字段较多的情况，如图 5-2 所示。

② 表格式报表，以整齐的行列形式显示记录数据，一行显示一条记录，一页显示多行记录。字段的名称显示在每页的顶端。表格式报表适合记录较多、字段较少情况，如图 6-3 所示。

图 5-2 以课程表为数据源的纵栏式报表

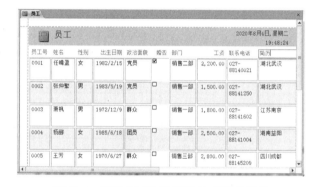

图 5-3 以员工表为数据源的表格式报表

③ 图表报表，指包含图表显示的报表类型。在报表中使用图表，可以更直观地表示数据之间的关系。适合综合、归纳、比较和进一步分析数据，如图 5-4 所示。

④ 标签报表，一种特殊类型的报表，将报表数据源中少量的数据组织在一个卡片似的小区域。标签报表通常用于显示名片、书签、邮件地址等信息，如图 5-5 所示。

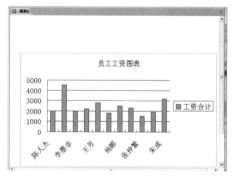

图 5-4 员工工资图表报表

图 5-5 以员工表为数据源的标签报表

5.1.4 报表的视图

Access 2010 的报表操作提供了 4 种视图：报表视图、设计视图、打印预览和布局视图。打开任一报表后，单击"开始"选项卡"视图"命令组中的下拉列表按钮，在弹出的列表中可以看到如图 5-6

所示的报表视图命令，选择不同的视图命令，可以在不同的报表视图间相互切换。

报表视图可以对报表中的记录进行筛选、查找，也可以方便地对报表的格式进行相关的设置。

设计视图用于创建和编辑报表的结构，使用"格式"工具栏可以更改字体或字号、对齐文本、更改边框或线条宽度，或者应用颜色或特殊效果；用标尺对齐控件；使用工具箱为报表添加控件，如标签和文本框等。

图 5-6 报表视图命令

报表中的信息可以分在多个节中，在报表设计视图中体现为视图窗口，被分为许多区段，每个区段称为节。显示有文字的水平条称为节栏。节栏显示节的类型和名称，通过它可访问节的属性表。单击节栏，然后将鼠标移动到节栏上，鼠标的形状变为"+"时拖动鼠标可以改变节区域的大小。

每个节都有特定的用途，并且按报表中预览的顺序打印输出。报表"页眉/页脚"中设置的内容，在整个报表中只显示一次；"页面页眉/页脚"中设置的内容在报表的每个输出页中显示一次；"组页眉/页脚"中设置的内容则在每个分组中显示一次；"主体节"中设置的内容则在每处理一条记录时显示一次。

打印预览视图用于查看报表实际输出时的样式；可以按不同的缩放比例对报表进行预览。在设计视图中创建一个报表后，可以在"打印预览"或"布局视图"中对其进行预览。

在布局视图中，可以在预览方式下对报表中的元素进行修饰，利用报表布局工具方便快捷地在设计、格式、排列等方面做出调整，以创建符合用户需要的报表形式。与打印预览视图不同，在版面预览视图中报表只显示几个记录作为示例。

4 种视图之间的切换可以通过单击工具栏中的"视图"按钮，从展开的菜单中选择一种视图，系统就会自动地将当前视图切换到相应的视图界面。但打印预览视图不能直接切换到其他三种视图，需要关闭打印预览后才能切换。

5.2 创 建 报 表

创建报表有 4 种方法：使用"自动报表"基于单个表或查询创建报表；使用手动方式创建报表、使用向导基于一个或多个表或查询创建报表；在"设计"视图中自行创建报表。

自动创建报表是创建报表的最快捷方法。使用向导可以快速创建各种不同类型的报表。使用"标签向导"可以创建邮件标签，使用"图表向导"可以创建图表，使用"报表向导"可以创建标准报表。报表向导操作简单、易学，但报表形式固定，功能单一，不能设计较复杂的报表。报表设计视图可以设计出复杂的报表，满足各种用户不同的要求。

5.2.1 自动创建报表

需要快速浏览表或查询中的数据时，或需要快速创建初步的报表以便随后再修改时，可以使用"自动创建报表"的方式创建报表。"自动创建报表"将包含所选表或查询中的所有字段。报表的类型是表格式。

创建这些报表的一个关键就是指定数据源，通常为一个数据表或者查询，无须做其他操作，就由

Access 自动生成对应报表。

例5-1 创建如图 5-3 所示表格式报表，数据源为员工表。自动创建报表的具体操作步骤如下：

① 在"商品销售管理"数据库导航窗格中选中"表"→"员工"表对象。

② 单击"创建"→"报表"→"报表"按钮，如图 5-7 所示。

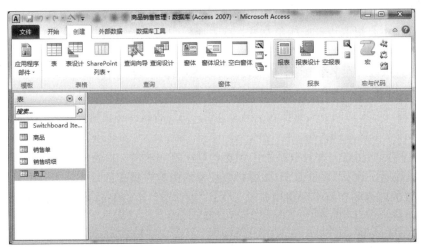

图 5-7 自动创建报表按钮

③ Access 开始自动创建表格式报表，创建好的报表在布局视图中显示。

④ 在关闭报表的打印预览窗口时，Access 会询问是否保存，输入报表名就能保存创建的报表。将这个报表切换到设计视图，如图 5-8 所示，可以看出系统对这个报表所做的设置。

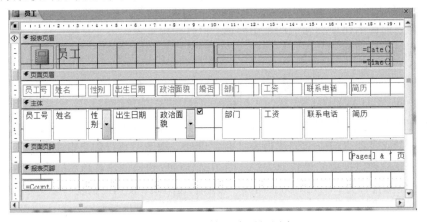

图 5-8 表格式报表的布局视图窗口

从图中可以看到如下内容：

① 在报表页眉节，系统自动添加的报表页眉内容是"员工"，即与数据源的名称相同，在右上方系统自动设置显示的是系统日期，这通过文本框中的系统函数 Now() 来实现，即当前的日期。

② 在主体节中的每一行显示数据源中的一个字段，文本框显示字段的内容。

③ 在页面页脚节中，右下方显示的是页码信息，可以通过向文本框中输入下面的内容来实现：

="共" & [Pages] & "页,第"& [Page] & "页"

其中，[Pages]和[Page]是系统保留的变量，分别表示报表的总页数和当前页码。

④ 该报表的页面页眉中的标签用来显示字段名称，报表页脚区中显示报表统计信息。

⑤ 由于该报表中没有设置分组字段，因此，也没有组页眉和组页脚。

使用这种方法只能创建基于一个数据源的报表，而且也不能对数据源进行字段的选择。

5.2.2　使用手动方式创建报表

使用手动方式创建报表，是指需要从表的字段列表中选择所需字段，然后将其添加到报表中。空报表不会自动添加任何控件，而是显示"字段列表"窗格。通过手动添加表中的字段来设计报表。

例5-2　以"扩展销售明细"查询为数据源。使用"空报表"命令创建"扩展销售明细"报表。

操作步骤如下：

① 在"商品销售管理"数据库窗口中，单击"创建"→"报表"→"空报表"按钮，自动切换到布局视图，如图 5-9 所示。

图 5-9　"空报表"布局视图

② 在报表"属性表"对话框中设置"记录源"属性为"扩展销售明细"查询，再在"字段列表"窗格中依次将"员工号""姓名""销售日期""商品名""价格""数量"字段添加到报表主体区，并调整控件的位置。

③ 以"扩展销售明细"为名保存报表。

④ 进入布局视图，报表效果如图 5-10 所示。

图 5-10 "扩展销售明细"报表

5.2.3 使用向导创建报表

通过使用向导,可以快速创建各种不同类型的报表。Access 2010 提供了"报表向导""图表向导""标签向导"3 种方式。使用"报表向导"可以创建标准报表;使用"图表向导"可以创建图表;使用"标签向导"可以创建用于邮件的标签。

向导可以创建基于一个或多个表或查询的报表。向导将提示输入有关记录源、字段、版面以及所需格式,它还询问是否对数据进行分组以及如何对数据进行排序和汇总,并根据用户的回答来创建报表。

1. 报表向导

在报表向导中,需要选择在报表中出现的信息,并从多种格式中选择一种格式以确定报表外观。与自动报表向导不同的是,用户可以用报表向导选择希望在报表中看到的指定字段,这些字段可来自多个表和查询,向导最终会按照用户选择的布局和格式,建立报表。

例 5-3 使用"报表向导"创建"员工"表的报表。具体操作步骤如下:

① 在"商品销售管理"数据库窗口中,单击"创建"→"报表"→"报表向导"按钮,弹出"报表向导"对话框之一(见图 5-11)。

② 指定数据源。在此对话框中,单击"表/查询"下拉列表框右侧的下拉按钮,从展开的列表框中选择"表:员工",在该对话框下方的"可用字段"列表框中列出了该表所有的字段供选择。

③ 选择字段。将需要在报表中使用的字段由"可用字段"列表框添加到"选定字段"列表框中。此例中没有选择"简历"和"照片"字段。单击"下一步"按钮,弹出"报表向导"对话框之二,如图 5-12 所示。

④ 确定分组级别。该对话框用于确定分组,如果有多个分组字段,还要指定分组的级别。本例

中只有一个分组字段即"部门"，在左侧的列表框中选择"部门"字段，然后单击▷按钮，将该字段添加到右侧最上方的分组字段中，如图 5-12 所示。

⑤ 单击"下一步"按钮，弹出"报表向导"对话框之三，如图 5-13 所示。该对话框用于设置排序次序，用户可在报表中选择允许的 1～4 个排序字段，本例中不排序。单击"汇总选项"按钮，弹出"汇总选项"对话框，如图 5-14 所示。

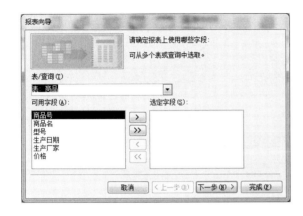

图 5-11 "报表向导"对话框之一

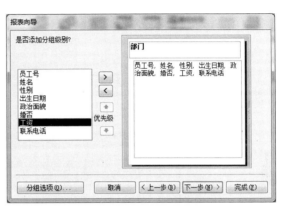

图 5-12 "报表向导"对话框之二

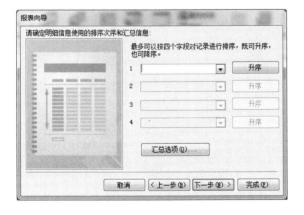

图 5-13 "报表向导"对话框之三

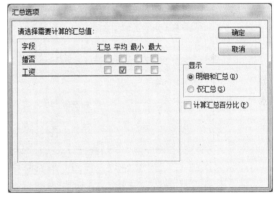

图 5-14 "汇总选项"对话框

⑥ 设置汇总选项。在图 5-14 中，选中"工资"的"平均"列，在"显示"选项组中选择"明细和汇总"单选按钮，然后单击"确定"按钮，返回到"报表向导"对话框之三，单击"下一步"按钮，弹出"报表向导"对话框之四，如图 5-15 所示。

⑦ 选择报表的布局方式。在图 5-15 所示的"布局"选项组中选择"递阶"单选按钮，在"方向"选项组中选择"纵向"单选按钮。单击"下一步"按钮，弹出"报表向导"最后一个对话框，如图 5-16 所示。

⑧ 为报表指定标题。在图 5-16 中输入"员工基本情况"。然后单击"完成"按钮，显示该报表的设计效果，如图 5-17 所示。至此，报表创建完毕。

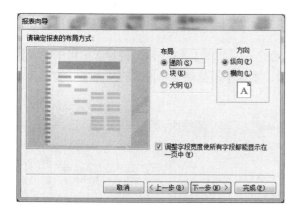

图 5-15 "报表向导"对话框之四 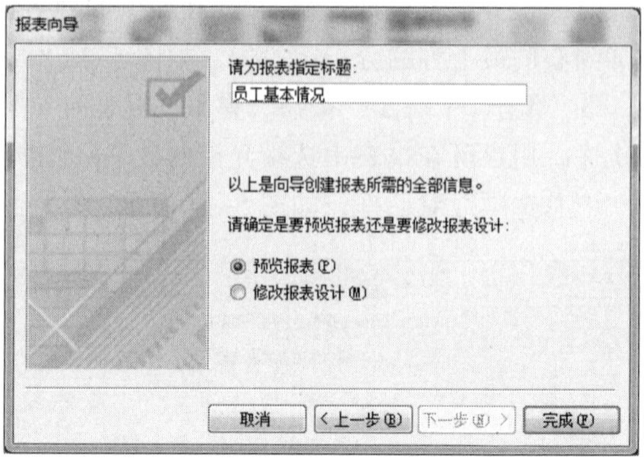   图 5-16 "报表向导"对话框之五

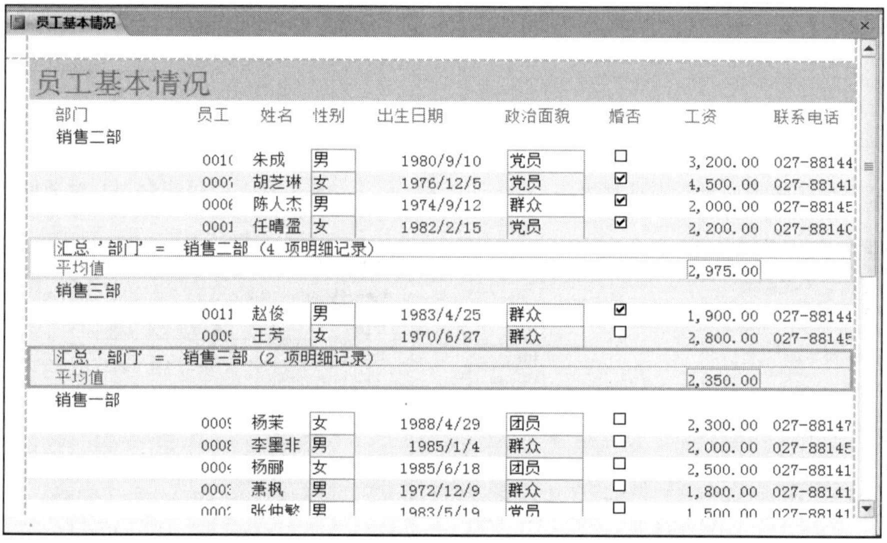

图 5-17 使用"报表向导"创建的"员工基本情况"报表

用向导创建的报表，系统使用数据源的名称作为报表的名称自动保存，如果要改名保存，可以选择"文件"→"另存为"命令，弹出"另存为"对话框，输入新名称，单击"确定"按钮即可。

ⓘ 注意

该方法形成的报表，去掉了不使用的字段简历和照片，但是格式仍不理想，有些字段占用空间太大，而有些字段又不能完整显示，这些可以在布局视图中进行修改。

2．图表向导

使用图表可以直观地表示表或查询中的数据，如柱形图、饼形图等，包含图表的报表就是图表报表，在 Access 2010 中，取消了"图表向导"的功能，但可以使用"图表"控件来创建图表报表。

例5-4 使用"图表"控件创建"员工"表姓名与工资的图表报表。具体操作步骤如下：

① 打开"商品销售管理"数据库，单击"创建"→"报表"→"报表设计"按钮，进入报表设

计视图。

② 选中"图表"控件，然后在报表的"主体"节中单击，弹出"图表向导"对话框，如图 5-18 所示。

图 5-18　"图表向导"对话框

③ 在"视图"选项组中选择"表"单选按钮，在数据源中选择"员工"表，单击"下一步"按钮，打开图表向导之二，选择"姓名""工资"字段。

图表向导的操作过程与用图表向导创建窗体的过程完全一样，完成效果如图 5-19 所示。

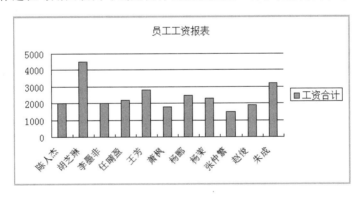

图 5-19　员工工资图表报表

3．标签向导

标签向导的功能强大，它不但支持标准型号的标签，也支持自定义标签的创建。标签报表可以将数据源中的每一条记录设计为一个标签，例如，图书馆中为每一本书设计的标签、一个单位为每个职工打印的工资小条等。

例5-5　使用"标签向导"创建以"员工"表为数据源的标签式报表。具体操作步骤如下：

① 在"商品销售管理"数据库导航窗格中选中"表"→"员工"表，作为报表数据源。单击"创建"→"报表"→"标签"按钮，进入"标签向导"对话框之一（见图 5-20）。

② 在该对话框中选择标签的尺寸，也可以单击"自定义"按钮自定义标签的大小，本例选择"C2166"，然后单击"下一步"按钮，弹出"标签向导"对话框之二，如图 5-21 所示。

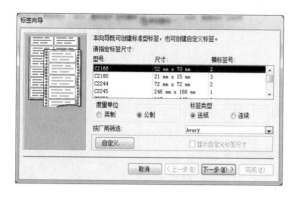 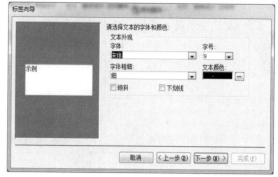

图 5-20   "标签向导"对话框之一   图 5-21   "标签向导"对话框之二

③ 在该对话框中设置标签文本的字体、字号、颜色、下画线等，设置后单击"下一步"按钮，弹出"标签向导"对话框之三。

④ 在该对话框中，可以根据需要选择标签中要使用的字段，调整标签中显示内容的布局，输入所需要的文字。在右侧的"原型标签"文本框中第一行输入"员工号："，再双击左侧"可用字段"列表框中的"员工号"字段；然后在右侧的"原型标签"文本框中输入"姓名："，再双击左侧"可用字段"列表框中的"姓名"字段；在"原型标签"文本框中输入"性别："，再双击"可用字段"列表框中的"性别"字段。按【Enter】键，在下一行的"原型标签"文本框中输入"部门："，再双击"可用字段"列表框中的"部门"字段；继续在同一行输入"政治面貌："，再双击左侧"可用字段"列表框中的"政治面貌"字段。设置后的内容如图 5-22 所示。

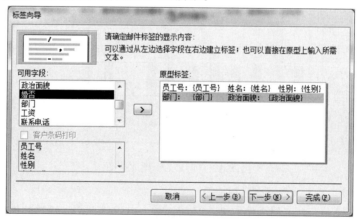

图 5-22   "标签向导"对话框之三

⑤ 单击"下一步"按钮，弹出"标签向导"对话框之四，该对话框中确定排序的字段，本例中不排序。

⑥ 单击"下一步"按钮，弹出"标签向导"的最后一个对话框，为新建的报表指定名称，在名称文本框中输入"员工标签"，单击"完成"按钮，完成标签报表的设计，预览效果如图 5-5 所示。

5.2.4   使用设计视图创建报表

虽然自动创建报表和报表向导可以方便、快捷地创建报表，但是创建的报表形式单一，往往不能满足用户的需要。这时可以使用设计视图对报表做进一步的修改，或直接使用报表设计视图创建个性化定制的报表。

例5-6　使用设计视图创建商品销售明细报表。具体操作步骤如下：

① 创建空白报表。在"商品销售管理"数据库窗口中，单击"创建"→"报表"→"报表设计"命令按钮，进入报表"设计视图"，如图 5-23 所示。然后双击报表空白处，打开报表属性窗口，选中"报表"对象，在报表属性表窗口中设置"记录源"属性为"扩展销售明细"查询，如图 5-24 所示。

如果创建的是未绑定报表，就不需选择任何选项，如果要创建使用多表数据的报表，需要先创建基于多表的查询。

如果直接双击数据库窗口中的"在设计视图中创建报表"按钮进行报表设计时，则新建报表不与任何数据相关，这时向其中添加的各种控件都是非绑定的，无法将表或查询中的字段添加到报表中，因此必须定义报表的数据源。在报表设计视图中，打开报表的属性对话框。在"记录源"属性列表中选择需要的表或查询。

② 单击"确定"按钮，在设计视图中出现一张空白报表，默认有 3 个节，分别是页面页眉、主体和页面页脚。

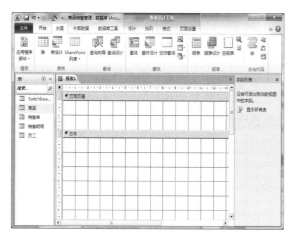

图 5-23　使用设计视图新建报表

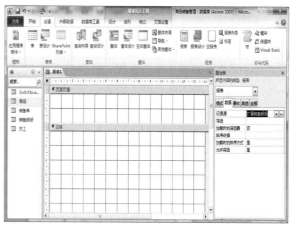

图 5-24　设置"报表"对象记录源属性

③ 添加报表页眉、页脚和创建标签。右击报表空白处，在弹出的快捷菜单中选择"报表页眉/页脚"命令，在报表中添加报表页眉和报表页脚两个节。

在工具箱中单击"标签"按钮，然后在报表的页眉节中添加一个标签控件，输入标题"商品销售明细表"，单击工具栏中的"属性"按钮 ，弹出"属性表"任务窗格，在"格式"选项卡中设置"字体名称"为"楷体"，"字号"为"20"，然后单击"关闭"按钮，如图 5-25 所示。

④ 向报表添加数据源字段。单击"设计"→"工具"→"添加现有字段"按钮，打开"字段列表"窗口，从字段列表框中分别将"姓名"、"销售日期"、"商品名"、"价格"和"数量"5 个字段拖动到报表的主体节中，如图 5-26 所示，每拖动一个字段，在报表中同时添加两个控件，一个是标签控件，显示字段的名称，另一个是绑定文本框控件，用来输入字段的具体内容。

将报表主体节中"姓名"、"销售日期"、"商品名"、"价格"和"数量"等 5 个标签分别选中剪切并粘贴到页面页眉节中，调整各节中控件的大小、位置并对齐；或直接删除主体节中的这 5 个标签，然后使用工具箱中的标签控件，向页面页眉中逐个添加。

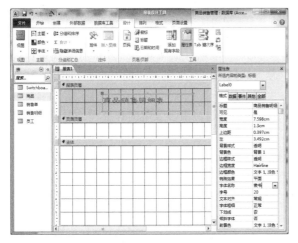 

图 5-25　在报表页眉中创建标签　　　　　　图 5-26　向报表添加数据源字段

调整各个控件的布局和大小、位置及对齐方式等，修正报表页面页眉节和主体节的高度，以合适的尺寸容纳其中包含的内容，如图 5-27 所示。

⑤ 切换到"布局"视图查看显示的报表，如图 5-28 所示。如果不满意，可切换到设计视图重新调整布局或者直接在"布局视图"中调整大小与位置。如果满足要求，单击工具栏中的"保存"按钮，弹出"另存为"对话框，输入报表名称"商品销售明细表"，最后单击"确定"按钮完成报表的创建。

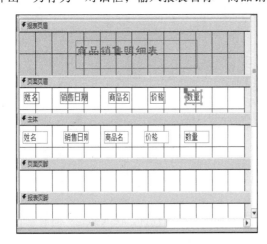 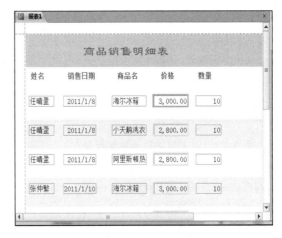

图 5-27　设计报表的布局　　　　　　图 5-28　布局视图预览"商品销售明细表"报表

5.3　设　计　报　表

在报表的"设计"视图中可以对已经创建的报表进行编辑和修改，主要操作项目有：设置报表外观，添加背景图案、页码及时间日期等。

5.3.1 设置报表的外观

Access 2010 中提供了许多主题格式，用户可以直接在报表上套用某个主题格式。

例 5-7 设置"商品销售明细表"报表的主题格式。具体操作步骤如下：

① 在设计视图中打开"商品销售明细表"报表。

② 单击"设计"→"主题"→"主题"下拉按钮，展开主题样式，如图 5-29 所示。

在选择了某一种主题样式后，单击该样式就可以将选择的格式应用在当前的报表。

5.3.2 添加背景图案

图 5-29 主题"样式"选项

为报表添加背景图案是指将某个指定的图片作为报表的背景。具体操作步骤如下：

① 在"设计视图"中打开报表。

② 双击报表左上角的报表选择器，打开报表属性窗口。

③ 在"属性表"任务窗格中选择"格式"选项卡，该选项卡中包含了关于图片设置的操作，如图 5-30 所示。

④ 单击"图片"行右侧的"生成器"按钮，弹出"插入图片"对话框。

⑤ 在"插入图片"对话框中选择要作为背景的图片文件所在的盘符、文件夹和文件名，最后单击"确定"按钮，则选择图片文件内容被添加到报表中。

图 5-30 "属性表"任务窗格

⑥ 选择了背景图片后，在"报表属性"窗口中还可以对选择的图片进行下面的属性设置。

图片类型：可以选择"嵌入"或"链接"方式。

图片缩放方式：可以选择"剪裁"、"拉伸"或"缩放"来调整图片的大小。

图片对齐方式：可以选择"左上"、"右上"、"中心"、"左下"或"右下"确定图片在报表中的位置。

图片平铺：选择是否平铺背景图片。

图片出现的页：可以设置图片出现在"所有页"、"第一页"或"无"。

5.3.3 插入日期和时间

向报表中插入日期和时间，可以使用菜单命令或添加文本框的方法。

1. 使用菜单命令插入日期和时间

使用菜单命令插入日期和时间的具体操作步骤如下：

① 在设计视图中打开报表。

② 选择"设计"→"页眉/页脚"→"日期和时间"命令，弹出"日期和时间"对话框，如图 5-31 所示。

③ 在该对话框中可以选择向报表中插入"日期"或"时间"或两者都插入，并且可以选择日期和时间的显示格式，选择后单击"确定"按钮，Access 就会在报表页眉处加入系统的日期或时间。

图 5-31 "日期和时间"对话框

2. 使用文本框插入日期和时间

使用文本框在报表中插入日期和时间时，可以将日期和时间显示在报表的任何节中，具体操作步骤如下：

① 在设计视图中打开报表。

② 向报表中添加一个文本框，添加的位置根据需要可以是报表中的任何节。

③ 删除与文本框同时添加的"标签"控件，双击"文本框"控件，打开其属性对话框，选择"数据"选项卡。

④ 如果要向报表中插入日期，单击"控件来源"行，然后向其中输入下面的表达式。

```
=Date()
```

如果要显示时间，可在"控件来源"行输入下面两个表达式中的任何一个。

```
=Time()
=Now()
```

5.3.4 插入页码

在报表中插入页码的具体操作步骤如下：

① 在设计视图中打开报表。

② 选择"设计"→"页眉/页脚"→"页码"命令，弹出"页码"对话框，如图 5-32 所示。

③ 在其中可以设置页码的格式、位置、对齐方式以及是否在首页显示页码，其中对齐方式是设置存放页码文本框的位置，有以下 5 种：

左：将文本框添加在左页边距。

中：将文本框添加在左页边距和右页边距的中间。

右：将文本框添加在右页边距。

内：奇数页的文本框添加在左侧，偶数页的文本框添加在右侧。

图 5-32 "页码"对话框

外：奇数页的文本框添加在右侧，偶数页的文本框添加在左侧。

④单击"确定"按钮完成设置。

在 Access 中，Page 和 Pages 是两个内置变量，[Page]代表当前页号，[Pages]代表总页数。可以使用字符运算符"&"来构造一个字符表达式，将此表达式作为页面页脚节中一个文本框控件的"控件来源"属性值,这样就可以输出页码了。例如,用表达式"="第"&[Page]&"页,共"&[Pages]&"页""来打印页码,其页码形式为"第×页,共×页"。

5.3.5 使用节

报表中的内容是以节划分的。每个节都有其特定的目的,而且按照一定的顺序输出在页面及报表上。在"设计"视图中,节代表各个不同的带区,每一节只能被指定一次。在打印报表中,某些节可以指定很多次。通过放置控件来确定在节中显示内容的位置。

1.添加或删除报表页眉、页脚和页面页眉、页脚

页眉和页脚只能作为一对同时添加。如果不需要页眉或页脚,可以将不要的节的"可见性"属性设置为"否",或者删除该节的所有控件,然后将其大小设置为零或将其"高度"属性设为"0"。

如果删除页眉和页脚,Access 将同时删除页眉、页脚中的控件。

2.改变报表的页眉、页脚或其他节的大小

可以单独改变报表中各个节的大小。但是,报表只有唯一的宽度,改变一个节的宽度将改变整个报表的宽度。

可以将鼠标放在节的底边(改变高度)或右边(改变宽度)上,上下拖动鼠标改变节的高度,或左右拖动鼠标改变节的宽度。也可以将鼠标放在节的右下角上,然后沿对角线的方向拖动鼠标,同时改变高度和宽度。

3.为报表中的节或控件创建自定义颜色

如果调色板中没有需要的颜色,用户可以利用节或控件属性表中的"前景颜色"(对控件中的文本)、"背景颜色"或"边框颜色"等属性框并配合使用"颜色"对话框来进行相应属性的设置。

5.3.6 添加线条和矩形

在报表中添加线条和矩形,目的是修饰报表,起到突出显示的效果。

1.添加线条

添加线条的具体操作步骤如下:

① 在设计视图中打开报表。

② 单击工具箱中的"直线"控件 ╲。

③ 单击工具栏中的"属性"按钮,打开"线条"属性对话框,在其中可以设置线条的样式、颜色、宽度。

④ 在报表中拖动鼠标可以绘制出所需长短的线条,按住【Shift】键后绘制出的直线可以是水平直线或垂直直线。

绘制的线条其长度和位置都可以通过属性对话框进行设置,也可以用鼠标进行调整。

单击线条,其四周出现 8 个控点,将鼠标移动到两个水平或垂直控点的中间位置,当鼠标形状变为一个手形时,拖动鼠标可以改变线条的位置。

拖动控点可以改变线条的长度或角度。

如果要细微调整线条的位置,可以按住【Ctrl】键后通过 4 个方向键进行,如果要细微地调整线条的长度或角度,可以按住【Shift】键后通过 4 个方向键进行。

2．添加矩形

添加矩形的具体操作步骤如下：

① 在设计视图中打开报表。

② 单击工具箱中的"矩形"控件□。

③ 在报表中拖动鼠标可以绘制出所需大小的矩形。

在添加矩形时，同样可以通过"矩形"属性对话框设置线条的样式、颜色、宽度。

在进行细微地调整矩形的位置和大小时，也可以通过按住【Ctrl】键或【Shift】键后，结合 4 个方向键进行调整。

5.4 报表高级设计

报表中的记录通常是按照自然顺序，即数据输入的先后顺序排列显示的。在实际应用过程中，经常需要按照某个指定的顺序排列记录数据，例如，按照年龄从小到大排列等，称为报表"排序"操作。此外，报表设计时还经常需要就某个字段按照其值的相等与否来划分成组进行一些统计操作并输出统计信息，这就是报表的"分组"操作。

5.4.1 报表排序

使用"报表向导"创建报表时，会提示设置报表中的记录排序，最多可以对 4 个字段进行排序。"报表向导"中设置字段排序，除有最多一次设置 4 个字段的限制外，排序依据还限制只能是字段，不能是表达式。实际上，一个报表最多可以安排 10 个字段或字段表达式进行排序。

图 5-33 "排序、分组和汇总"设计器

例5-8 将"商品销售明细"报表中的记录按"数量"的降序排序。具体操作步骤如下：

① 在报表的设计视图中打开"商品销售明细"报表。

② 单击工具栏中的"排序与分组"按钮，下方弹出"分组、排序和汇总"设计器，单击"添加组"，在展开的下拉列表框中选择"数量"字段，并将排序次序设置为降序，如图 5-33 所示。

③ 切换到打印预览视图查看显示的报表，所有记录均按"数量"的降序排列。

5.4.2 报表分组

分组是指报表设计时按选定的某个或几个字段值是否相等而将记录划分成组的过程。操作时，先要选定分组字段，将字段值相等的记录归为同一组，字段值不等的记录归为不同组。通过分组可以实现同组数据的汇总和输出，增强了报表的可读性。一个报表中最多可以对 10 个字段或表达式进行分组。

例5-8 将"商品销售明细"报表中的记录按"员工号"进行分组，操作步骤如下：

① 在报表的设计视图中打开"商品销售明细"报表。

② 单击工具栏中的"排序与分组"按钮，打开"分组、排序和汇总"设计器，单击"添加组"，

在展开的下拉列表框中选择"员工号"字段，排序默认设置为升序。

③ 设置分组属性。单击分组形式中"员工号"分组的右边"更多"按钮，展开分组属性，设置如下：

组页眉：设置为"有页眉节"（默认），用来显示组页眉节。

组页脚：设置为"有页脚节"，用来显示组页脚节。

分组形式：设置为"按整个值"（默认），即用"员工号"字段的不同值划分组。

保持同页：设置为"不将组放在同一页上"（默认），指定在打印时组页眉、主体和组页脚不一定要在同一页上。

设置后的对话框如图 5-34 所示。

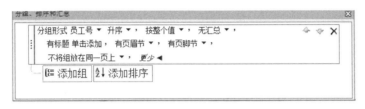

图 5-34　添加组页眉和页脚

用"员工号"字段设置分组后，报表中会增加组页眉和组页脚两个节，并分别用"员工号页眉"和"员工号页脚"来标识。

④ 将主体节中的"姓名"文本框移动到"员工号页眉"节中。

⑤ 双击工具箱中的"直线"按钮，在"页面页眉"中的标签控件下添加一条直线，再单击工具箱中的"直线"按钮，结束直线的添加，设置后的设计视图如图 5-35 所示。

图 5-35　设置分组后的设计视图

⑥ 切换到"打印预览"视图查看显示的报表，如图 5-36 所示。

图 5-36 分组后的"商品销售明细"报表预览效果

5.4.3 报表计算

在设计报表时，如果需要通过已有的字段计算出其他的数据，如销售表中的销售金额、工资表中的实发工资等，并将其在报表中显示出来，这可以通过在文本框的"控件来源"属性中设置表达式来实现，即将文本框与表达式绑定起来，这个保存计算结果的控件称为"计算控件"。

根据报表设计的不同，可以将计算控件添加到报表的不同节中。

1. 将计算控件添加到主体节区

在主体节中添加计算控件，用于对数据源中的每条记录进行字段的计算，如求和、求平均值等，相当于在报表中增加了一个新的字段。

2. 将计算控件添加到报表页眉/页脚区或组页眉/页脚区

在报表页眉/页脚区或组页眉/页脚区添加计算控件，目的用于汇总数据，例如，对某些字段的一组记录或所有记录进行求和或求平均值等。如果说，在主体节中添加的字段用于对数据源中每条记录进行行方向的统计，则在报表页眉/页脚区或组页眉/页脚区添加计算控件就是对数据源中的每个字段进行列方向的统计。

在列方向统计时，可以使用 Access 内置的统计函数，如 Sum、Count、Avg 等。

例5-10 在"商品销售明细"报表中统计每个员工的销售总金额。具体操作步骤如下：

① 在报表的设计视图中打开"商品销售明细"报表。

② 单击工具箱中的"文本框"控件，然后在"员工号页脚"节中添加文本框及附加的标签，在标签的标题中输入"总销售金额:"，在文本框属性设置的"控件来源"中输入"=Sum([价格]*[数量])"，同时将文本框"格式"属性选项卡中的"格式"设置为"固定"，"小数位数"设置为"1"。

③ 双击工具箱中的"直线"控件，在"员工号页脚"节的控件上下分别添加一条直线，最后，单击工具箱中的"直线"按钮，结束直线的添加，设置后的设计视图如图 5-37 所示。

图 5-37　在"商品销售明细"报表中设置计算控件

④ 切换到"打印预览"视图查看显示的报表，如图 5-38 所示。

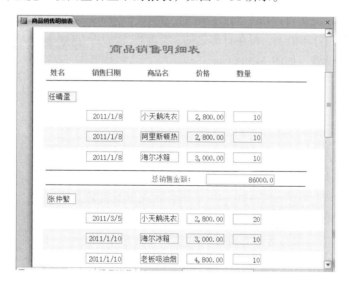

图 5-38　"商品销售明细"报表的输出

⑤ 单击工具栏中的"保存"按钮，完成该报表的修改与编辑。

5.4.4　子报表

子报表是出现在另一个报表内部的报表，包含子报表的报表称为主报表。主报表中包含的是一对多关系中的"一"，而子报表显示"多"的相关记录，在已经建好的报表中插入子报表，可以利用"子窗体/子报表"控件，然后按"子报表向导"的提示进行操作。

一个主报表，可以是结合型，也可以是非结合型。也就是说，它可以基于查询或 SQL 语句，也可以不基于它们。通常，主报表与子报表的数据来源有以下几种联系：

① 一个主报表内的多个子报表的数据来自不相关记录源。在此情况下，非结合型的主报表只是

作为合并的不相关的子报表的"容器"使用。

② 主报表和子报表数据来自相同数据源。当希望插入包含与主报表数据相关信息的子报表时，应该把主报表与查询或 SQL 语句结合起来。

③ 主报表和多个子报表数据来自相关记录源。一个主报表也可以包含两个或多个子报表共用的数据，在此情况下，子报表包含与公共数据相关的详细记录。

5.4.5 报表预览与打印

1. 预览报表

在数据库窗口中选择"报表"对象，选中所需预览的报表后，单击工具栏中的"预览"按钮，即进入"打印预览"窗口。打印预览与打印真实结果一致。如果报表记录很多，一页容纳不下，在每页的下面有一个滚动条和页数指示框，可进行翻页操作。

2. 报表打印

打印报表的最简单方法是直接单击工具栏中的"打印"按钮，直接将报表发送到打印机上。但在打印之前，有时需要对页面和打印机进行设置，如图 5-39 所示。

图 5-39 "页面设置"对话框

习　题

一、选择题

1. 在 Access 中，使用自动创建报表方法创建报表时，可以设置（　　）。
   A. 报表的数据来源
   B. 报表显示的字段
   C. 报表的样式
   D. 报表中数据的分组条件

2. 若计算报表中所有商品的平均价格，应把此计算的文本框设置在（　　）位置。
   A. 主体　　　　　　B. 页面页眉　　　　C. 页面页脚　　　　D. 报表页脚

3. 在 Access 中，使用菜单在报表中插入页码，页码可以显示在（　　）中。
   A. 报表页眉　　　　B. 报表页脚　　　　C. 页面页眉　　　　D. 报表主体

4. 在报表中，页眉/页脚总是成对出现，若只要页眉一项，下列（　　）操作可以实现。
   A. 在页脚中不放入任何内容　　　　B. 选择"编辑" → "删除"命令删除页脚
   C. 隐藏页脚　　　　D. 设置页脚的高度属性为 0

5. 在 Access 中，报表中的数据可以进行排序，排序在（　　）中设置。
   A. 版面预览视图　　B. 打印预览视图　　C. 设计视图下的排序与分组　　D. 属性对话框

6. 报表没有（　　）功能。
   A. 录入数据　　　　B. 排序　　　　　　C. 分类汇总　　　　D. 打印输出

7. 制作名片、标签时使用（　　）可以实现。
   A. 报表向导　　　　B. 图表向导　　　　C. 标签向导　　　　D. 自动创建报表向导

8. 在创建带子报表的报表时，主报表与子报表的基表或查询应具备（　　）关系。

    A. 一对一   B. 一对多   C. 多对一   D. 任意

9. 关于报表，以下叙述中正确的是（　　　）。

    A. 报表只能输入数据   B. 报表只能输出数据

    C. 报表可以输入和输出数据   D. 报表不能输入和输出数据

10. 要设置在报表每一页的底部都输出的信息，需要设置（　　　）。

    A. 报表页眉   B. 报表页脚   C. 页面页眉   D. 页面页脚

11. 最常用的计算控件是（　　　）。

    A. 命令按钮   B. 组合框   C. 列表框   D. 文本框

12. 用于实现报表的分组统计数据的操作区间是（　　　）。

    A. 报表的主体区域   B. 页面页眉或页面页脚区域

    C. 报表页眉或报表页脚区域   D. 组页眉或组页脚区域

13. Access 的报表操作提供了 4 种视图，下面不属于报表操作视图的是（　　　）。

    A. 设计视图   B. 打印预览视图

    C. 布局视图   D. 版面预览视图

14. 使用报表向导设计报表时，无法设置（　　　）。

    A. 在报表中显示字段   B. 记录排序次序

    C. 报表布局   D. 在报表中显示日期

15. 为报表指定数据来源之后，在报表设计窗口中，从（　　　）中取出数据源的字段。

    A. 属性表   B. 工具箱   C. 自动格式   D. 字段列表

16. 报表设计视图中的（　　　）按钮是窗体的设计视图工具栏中没有的。

    A. 代码   B. 字段列表   C. 工具箱   D. 排序与分组

17. 在报表设计中，以下控件中可以做绑定控件显示普通字段数据的是（　　　）。

    A. 文本框   B. 标签   C. 命令按钮   D. 图像

18. 将大量数据按不同的类型集中在一起的操作称为（　　　）。

    A. 分组   B. 排序   C. 合计   D. 筛选

19. 要使打印的报表每页显示 3 列记录，应在（　　　）中设置。

    A. 属性表   B. 页面设置   C. 工具箱   D. 排序与分组

20. 报表标题的字体大小、颜色可以使用（　　　）设置。

    A. 格式菜单   B. 快捷菜单   C. 编辑菜单   D. 属性窗口

二、填空题

1. 创建报表时一般先用自动创建报表或＿＿＿＿创建报表，然后切换到＿＿＿＿视图，对生成的报表进行修改。

2. 要在报表的页面页脚显示的页码格式为"第 3 页共 8 页"，则计算控件的来源应设置为＿＿＿＿。

3. 默认情况下，报表中的记录是按照＿＿＿＿排列显示的。

4. ＿＿＿＿主要用于对数据库中的数据进行分组计算、汇总和打印输出。

5. 网格线的作用是＿＿＿＿。

6. 报表中有＿＿＿＿、＿＿＿＿、＿＿＿＿和布局视图 4 种视图状态。

7. 在绘制报表中的直线时，按住＿＿＿＿键后拖动鼠标，可以保证绘制出水平直线和垂直直线。

8. 对记录排序时，使用报表设计向导最多可以按照_____个字段排序。

9. 在设计视图中创建报表，自动出现的三个节是_____、主体、_____。

10. 如果要对报表中每一条记录的数据进行计算并显示计算值，应将计算控件添加到_____节中。

三、简答题

1. 报表由哪几部分组成？各组成部分的作用是什么？

2. 有哪些创建报表的方式？

3. 在打印报表时，各节的内容是如何显示的？

4. 报表的视图有几种？每种视图的功能是什么？

5. 如何实现报表的排序、分组和计算？

第6章

宏的创建和使用

在 Access 中，宏是一个重要的对象，通过执行宏可以使得对数据库进行的操作变得更为方便，本章将介绍宏的概念、宏的分类及各类宏的创建、运行和调试。

6.1 宏 概 述

宏是具有名称的、由一个或多个操作命令组成的集合，其中每个操作实现特定的功能，如打开表、调入数据或报表、切换不同窗口等。当宏由多个操作组成时，运行时会按照宏命令的排列次序依次执行。如果用户频繁地重复一系列操作，就可以用创建宏的方式来执行这些操作。

用户掌握了宏的操作，可以像使用编程技术一样，实现对 Access 的灵活应用，然而，掌握宏的操作要比学习编程技术容易得多，它不需要记住各种语法，只要将所执行的操作、参数和运行的条件输入到宏窗口中即可。

6.1.1 宏的分类

可以从不同的角度，对宏进行分类。不同类型的宏反映了设计宏的意图、执行宏的方式及组织宏的方式。

1. 根据宏所依附的位置来分类

根据宏所依附的位置，宏可以分为独立的宏、嵌入的宏和数据宏。

（1）独立的宏

独立的宏对象将显示在导航窗格中的"宏"下。宏对象是一个独立的对象，窗体、报表或控件的任意事件都可以调用宏对象的宏。如果希望在应用程序的很多位置重复使用，则独立的宏是非常有用的。通过从其他宏调用宏，可以避免在多个位置重复相同的代码。

（2）嵌入的宏

嵌入在对象的事件属性中的宏称为嵌入的宏。嵌入的宏与独立的宏的区别在于嵌入的宏在导航窗格中不可见，它成为了窗体、报表或控件的一部分。宏对象可以被多个对象以及不同事件引用，而嵌入的宏只作用于特定的对象。

（3）数据宏

数据宏是 Access 2010 中新增的一项功能，该功能允许在插入、更新或删除表中的数据时执行某些操作，从而验证和确保表数的准确性。数据宏也不显示在导航窗格的"宏"下。

2．根据宏操作命令的组织方式来分类

根据宏操作命令的组织方式，宏可以分为操作序列宏、子宏、宏组和条件操作宏。

（1）操作序列宏

操作序列宏是指组成宏的操作命令按照顺序关系依次排列，运行时按顺序从第一个宏操作依次往下执行。如果用户频繁地重复一系列操作，就可以用创建操作序列宏的方式来执行这些操作。

（2）子宏

完成相对独立功能的宏操作命令可以定义成子宏，子宏可以通过其名称来调用。每个宏都可以包含多个子宏。

（3）宏组

宏组是将相关操作分为一组，并为该组指定一个名称，从而提高宏的可读性。分组不会影响宏操作的执行方式，组不能单独调用或运行。分组的主要目的是标识一组操作，帮助一目了然地了解宏的功能。此外，在编辑大型宏时，可将每个分组块向下折叠为单行，从而减少必须进行的滚动操作。

（4）条件操作宏

条件操作宏就是在宏中设置条件，用来判断是否要执行某些宏操作。只有当条件成立时，宏操作才会被执行，这样可以增强宏的功能，也使宏的应用更加广泛。利用条件操作宏可以根据不同的条件执行不同的宏操作。例如，如果在某个窗体中使用宏来校验数据，可能要用某些信息来响应记录的某些输入值，而用另一些信息来响应其他不同的值，此时可以使用条件宏来控制宏的执行。

6.1.2 宏的操作界面

在"创建"选项卡的"宏与代码"组中，单击"宏"按钮，将进入宏的操作界面。其中，包括"宏工具/设计"选项卡、"操作目录"窗格和宏设计窗口 3 个部分。宏的操作就是通过这些操作界面来实现的。

1．"宏工具/设计"选项卡

"宏工具/设计"选项卡有 3 个组，分别是"工具"、"折叠/展开"和"显示/隐藏"，如图 6-1 所示。各组的作用如下。

① "工具"组包括运行、单步以及将宏转换为 Visual Basic 代码 3 个操作。

图 6-1 "宏工具/设计"选项卡

② "折叠/展开"组提供浏览宏代码的几种方式：展开操作、折叠操作、全部展开、全部折叠。展开操作可以详细地阅读每个操作的细节，包括每个操作的具体内容。折叠操作可以把宏操作收缩起来，不显示操作的参数，只显示操作的名称。

③ "显示/隐藏"组主要是用于对"操作目录"窗格的隐藏和显示。

2．"操作目录"任务窗格

为了方便用户操作，Access 2010 用"操作目录"任务窗格分类列出所有的宏操作命令，用户可以根据需要从中选择宏操作命令。当选择一个宏操作命令后，在窗格下半部分会显示相应命令的说

明信息。"操作目录"任务窗格由 3 部分组成，分别是程序流程控制、操作和在此数据库中，如图 6-2 所示。

图 6-2 "操作目录"窗格

各部分的作用如下：

① "程序流程"部分包括 Comment(注释)、Group(组)，If（条件）和 Submacro(子宏)等选项。其中，Comment 用于给宏命令添加注释说明，以提高宏程序代码的可读性;Group 允许对宏命令进行分组，以使宏的结构更清晰、可读性更强；if 通过条件表达式的值来控制宏操作的执行; Submacro 用于在宏内建立子宏。

② "操作"部分把宏操作按操作性质分成 8 组，分别是"窗口管理"、"宏命令"、"筛选/查询/搜索"、"数据导入/导出"、"数据库对象"、"数据输入操作"、"系统命令"和"用户界面命令，共 86 个操作。Access 2010 以这种方式管理宏，使得用户创建宏更为方便和容易。

③ "在此数据库中"部分列出了当前数据库中的所有宏，以便用户可以重复使用所创建的宏和事件过程代码。展开"在此数据库中"通常会显示下一级列表"报表"、"窗体"和"宏"，进一步展开报表、窗体和宏后，会显示在报表、窗体和宏中的事件过程或宏。

3．宏设计窗口

Access 2010 重新设计了宏设计窗口，使开发宏更加方便。当创建一个宏后，在宏设计窗口中，出现一个组合框，在其中可以添加宏操作并设置操作参数，如图 6-3 所示。

图 6-3 宏设计窗口

添加新的宏操作有以下 3 种方式：

① 直接在"添加新操作"下拉列表框中输入宏操作名称。

② 单击"添加新操作"下拉列表框右侧的向下箭头，在打开的下拉列表中选择相应的宏操作。

③ 从"操作目录"任务窗格中把某个宏操作拖拽到组合框中或双击某个宏操作。

例如，双击"操作目录"任务窗格中"数据库对象"中的"OpenForm"命令后，即可在设计窗口中添加一个"OpenForm"操作，并在操作名称下方出现 6 个参数，供用户根据需要来设置。

当光标指向某个参数时，系统会显示相应的说明信息。在操作名称前的"_"用于折叠或展开参数设置提示，而操作名称最右侧的 X 按钮用于删除该操作，如图 6-4 所示。

图 6-4 在宏设计窗口中添加宏操作命令

ⓘ 注意

宏只有设计视图一种方式，在设计视图下可以创建、修改、运行宏。

6.1.3 常用的宏操作

Access 2010 提供了 86 种基本的宏操作命令，在"操作目录"任务窗格的"操作"部分会显示所有操作命令并且分类管理。单击宏设计窗口操作列右侧下拉按钮，会显示一个列表框，如图 6-5 所示。该列表框中按字母顺序列出了所有的操作命令，可以在该列表框中选择需要的操作命令。

图 6-5 宏操作命令列表框

常用的宏操作命令及其功能如下：

1. 打开或关闭库对象

① OpenForm：打开指定的窗体。

② OpenReport：打开指定的报表。

③ OpenQuery：打开指定的查询。

④ OpenTable：打开指定的表。

⑤ CloseDatabase：关闭当前数据库。

2. 运行和控制流程

① RunMacro：运行选定的宏。

② StopAllMacros：终止当前所有宏的运行。

③ StopMacro：终止当前正在运行的宏。

④ QuitAccess：退出 Access。

⑤ RunSQL：执行指定的 SQL 语句完成操作查询。

3．记录操作

① FindNextRecord：查找满足条件的下一条记录。

② FindRecord：查找满足条件的第一条记录。

③ GoToRecord：将指定的记录作为当前记录。

4．控制窗口

① MaximizeWindow：将活动窗口最大化。

② MinimizeWindow：将活动窗口最小化。

③ RestoreWindow：将处于最大化或最小化的窗口恢复为原来的大小。

④ CloseWindow：关闭指定或活动窗口。

5．用户界面

AddMenu：创建菜单栏。

6．通知或警告

① Beep：让扬声器发出"嘟嘟"声。

② MessageBox：显示包含警告信息或提示信息的消息框。

宏操作命令包括了对数据库及数据库各个对象的操作，而由这些命令组成的宏功能也就十分强大。

6.2　创建和编辑宏

创建一个宏，主要用到宏设计窗口和宏设计工具栏。在 Access 中使用宏来设计程序与传统意义上的程序设计有很大的区别，用户无须编写程序代码，只需在表格中选择有关的内容，填写一份宏操作表格即可。

6.2.1　创建独立的宏

要创建宏，需在宏设计窗口中添加宏操作命令、提供注释说明及设置操作参数。选定某个操作后，在宏设计窗口的操作参数设置区会出现与该操作对应的操作参数设置表。通常情况下，当单击操作参数列表框时，会在列表框的右侧出现一个向下箭头，单击该向下箭头，可在弹出的下拉列表中选择操作参数。

1．创建操作序列宏

由于操作序列宏中各命令的执行是按命令在宏中的先后次序，所以在建立操作序列宏时，要按照命令执行的顺序依次添加每一条命令。

例6-1　创建宏，其功能是打开"员工"表和"销售单查询"查询，然后先关闭查询，再关闭表，关闭前用消息框提示操作。操作步骤如下：

① 要创建宏，首先要打开一个数据库，然后单击"创建"选项卡，在"宏与代码"组中单击"宏"按钮，打开宏设计窗口。新建一个宏，进入宏设计窗口。

② 在"操作目录"任务窗格中把"程序流程"中的注释"Comment"拖到"添加新操作"组合框中或双击"Comment"，在宏设计器中出现相应的"注释"行，在其中输入"打开员工表"，注释不

是必须的，但要养成写注释的习惯。把光标定位在"添加新操作"下拉列表框中，单击下拉按钮，在打开的下拉列表中选择"Open Table"命令，单击"表名称"下拉按钮，选择"员工"表，其他参数取默认值，如图 6-6 所示。

图 6-6　操作序列宏的设置

单击宏操作命令的"上移""下移"箭头可以改变发作的序。单击右侧"删除"按钮可以删除宏操作。

③ 将"Comment"拖到"添加新操作"下拉列表框中，在注释中输入"打开销售单查询"。在"添加新操作"下拉列表框中选择"OpenQuery"命令，设置查询名称的参数为"销售单查询"查询，其他参数取默认值。

④ 将"Comment"拖到"添加新操作"下拉列表框中，在注释中输入"提示信息"。

在"添加新操作"下拉列表框中选择"MessageBox"命令，在"消息"参数中输入"关闭查询吗?"，在"标题"中输入"提示信息!"，其他参数取默认值。

⑤ 将"Comment"拖到"添加新操作"下拉列表框中，在注释中输入"关闭查询"。在"添加新操作"下拉列表框中选择"Closewindow"命令，在"对象类型"参数的下拉列表中选择"查询"选项，在"对象名称"参数的下拉列表中选择"销售单查询"查询，其他参数取默认值。

图 6-7　例 6-1 操作序列宏

⑥ 用类似的操作方法再加入 MessageBox 命令和 CloseWindow 命令，注意选择不同的操作参数。

⑦ 以"操作序列宏"为名保存设计好的宏。

⑧ 在"宏工具/设计"选项卡的"工具"组中单击"运行"命令按钮，运行设计好的宏，将按顺序执行宏中的操作。

宏是按宏名进行调用的。命名为 AutoExec 的宏将在打开该数据库时自动运行，如果要取消自动运行，则在打开数据库时按住【Shift】键即可。

2．创建子宏

创建子宏通过"操作目录"窗格中"程序流程"下的"Submacro"来实现。可通过与添加宏操作相同的方式将"Submacro"块添加到宏，然后，将宏操作添加到该块中，并给不同的块加上不同的名称。也可以先在宏设计窗口添加宏操作，然后选中并右击它们，再在出现的快捷菜单中选择"生成子宏程序块"命令，直接创建子宏。子宏必须始终是宏中最后的块，不能在子宏下添加任何操作（除非有更多子宏）。

例6-2 创建子宏，其功能是将例 6-1 中的 6 个操作分成两个宏，打开和关闭"员工"表是第 1 个宏，打开和关闭"销售单查询"是第 2 个宏，关闭前都用消息框提示操作。

操作步骤如下：

① 打开例 6-1 中创建的"操作序列宏"，进入宏设计窗口。

② 在"操作目录"任务窗格中，把"程序流程"中的子宏"Submacro"拖到"添加新操作"下拉列表框中，在子宏名称文本框中，默认名称为 Sub1，把该名称修改为"宏 1"。在"添加新操作"下拉列表框中选择"OpenTable"命令，设置表名称为"员工"表。继续在"添加新操作"下拉列表框中选择"MessageBox"和"CloseWindow"命令。

③ 按照上面的方法设置"宏 2"。

④ 以宏名"子宏"保存宏。设置后的宏设计窗口如图 6-8 所示。

如果运行的宏仅包含多个子宏，但没有专门指定要运行的子宏，则只会运行第一个子宏。

在导航窗格中的宏名称列表中将显示宏的名称。如果要引用宏中的子宏，其引用格式是"宏名.子宏名"。例如，直接运行"子宏"则自动运行"宏 1"，要运行"宏 2"，可以单击"数据库工具"选项卡，再在"宏"命令组中单击"运行宏"命令按钮，在出现的"执行宏"对话框中输入"子宏.宏 2"，如图 6-9 所示。

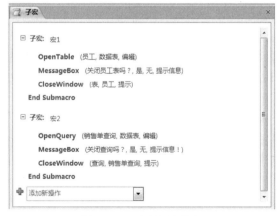

图 6-8 子宏设置　　　　　　　　　图 6-9 "子宏"的执行

3．创建宏组

如果有许许多多的宏，可以将相关的宏定义到一个组中，称为宏组，以减少"宏"对象列表的数量，有助于更方便地对数据库进行管理，创建宏组通过"操作目录"任务窗格中"程序流程"下的"Group"来实现。首先将"Group"块添加到宏设计窗口中，在"Group"块顶部的框中，输入宏组的名称，然后将宏操作添加到"Group"块中。如果要分组的操作已在宏中，可以选择要分组的宏操作，右击所选的操作，然后选择"生成分组程序块"命令，并在"Group"块顶部的框中输入宏组的名称。

ⓘ说明

"Group"块不会影响宏操作的执行方式，组不能单独调用或运行。此外，"Group"块可以包含其他"Group"块，最多可以嵌套9级。

例6-3 将例6-2中的子宏改为宏组，再执行宏组。操作步骤如下：

① 将"子宏"另存为"宏组"，并打开"宏组"。

② 添加"Group"块，并输入名称"组1"。

③ 使用宏操作命令右侧的"上移"或"下移"箭头按钮，将原来"宏1"中的操作移入"组1"。最后使用"子宏:宏1"右侧的"删除"按钮删除"Submacro"块。

④ 用同样的方法，修改、添加"组2"。

⑤ 保存，设计的宏组如图6-10所示。

图6-10 宏组设置

⑥ 运行"宏组"将依次执行"组1"和"组2"中的操作，所以分组只是宏的一种组织方式，它不改变宏的执行方式，组不能单独运行。

4. 创建条件操作宏

在某些情况下，可能希望在满足一定条件时才执行宏中的一个或多个操作，可以使用"操作目录"任务窗格中的"If"流程控制，通过设置条件来控制宏的执行流程，形成条件操作宏。条件是一个逻辑表达式，返回值是真（True）或假（False）。运行时将根据条件结果，决定是否执行对应的操作。如果条件结果为True，则执行此行中的操作；若条件结果为False，则忽略其后的操作。

例6-4 创建一个条件操作宏完成如下的操作：先在屏幕上用消息框提示"是否显示'商品'表"，如果用户单击"是"按钮，则执行以下3个操作：显示"商品"表、显示消息框、关闭"商品"表，不论用户是否单击"是"按钮，最后都显示一个消息框，框内提示信息为"欢迎测试"。具体操作步骤如下：

① 打开宏设计窗口，把"程序流程"中的"If"操作拖入"添加新操作"下拉列表框中。

② 单击"条件表达式"文本框，输入下面的条件。

```
MsgBox("是否显示'员工'表?",4)=6
```

这里，条件中的 MsgBox 是一个函数，表示要显示一个消息框，框内显示的提示信息为"是否显示'商品'表?"，括号内的参数"4"表示消息框中要显示两个命令按钮"是"和"否"，等号后面的"6"表示用户如果单击"是"按钮后函数的返回值，关于该函数的使用将在第 7 章详细介绍。

③ 单击下一行的"添加新操作"，在下拉列表框中选择"OpenTable"命令，设置表为"商品"。

④ 单击下一行的"添加新操作"，在下拉列表框中选择"MessageBox"命令，在消息框中输入"单击'确定'关闭商品表"。

⑤ 单击下一行的"添加新操作"，在下拉列表框中选择"CloseWindow"命令，在"对象类型"中选择"表"，在下一行的"对象名称"中选择"商品"。

⑥ 输入与条件无关的第 4 条命令。在 endif 后单击单击"添加新操作"，在下拉列表框中选择"MessageBox"命令，在消息框中输入"欢迎测试!"。

设置后的条件操作宏如图 6-11 所示。

⑦ 单击"保存"按钮，弹出"另存为"对话框，在宏名称文本框中输入宏名"条件宏"，然后单击"确定"按钮，条件宏创建完毕。

"条件宏"由 4 个操作命令组成，其中前 3 个带有条件，最后一个是无条件的操作，带有条件的操作只有在条件表达式为真时，才被执行。

本例中的条件使用了函数 MsgBox，它是 MessageBox 的简写。

图 6-11　条件操作宏设计窗口

在输入条件表达式时，还可以使用窗体或报表上控件的值，引用格式为：

Forms! [窗体名]![控件名]

或

[Forms]! [窗体名]![控件名] 或[Reports]![报表名]![控件名]

6.2.2　创建嵌入的宏

嵌入的宏与独立的宏的不同之处在于，嵌入的宏存储在窗体、报表或控件的事件属性中。它们并不作为对象显示在导航窗格中的"宏"对象下面，而成为窗体、报表或控件的一部分。创建嵌入的宏与宏对象的方法略有不同。嵌入的宏必须先选择要嵌入的事件，然后再编辑嵌入的宏。使用控件向导在窗体中添加命令按钮，也会自动在按钮单击事件中生成嵌入的宏。

例6-5 在"员工"窗体的"加载"事件中创建嵌入的宏，用于显示打开"员工"的提示信息操作步骤如下。

① 打开"商品销售管理"数据库，打开"员工"窗体，切换到设计视图或布局视图。

② 在对象下拉列表框中选中"窗体"，在"窗体"属性表中，单击"事件"选项卡，选择"加载"事件属性，并单击框旁边的省略号按钮，在"选择生成器"对话框中进择"宏生成器"选项，然后单击"确定"按钮，如图 6-11 所示。

③ 这时进入宏设计窗口，添加"MessageBox"操作，"消息"参数填"打开员工窗体"，"标题"参数填"提示"。

④ 保存窗体，退出宏设计窗口。

⑤ 进入窗体视图或布局视图，该宏将在"员工"窗体加载时触发运行，弹出一个提示消息框。

图 6-12　嵌入宏操作

6.2.3　创建数据宏

在数据表视图中查看表时，可从"表格工具/表"选项卡管理数据宏。根据数据宏的触发时机，数据宏包括 5 种：更改前、删除前、插入后、更新后、删除后。每当在表中添加、更新或删除数据时，都会发生表事件。可以编写一个数据宏，使其发生这 3 种事件中的任一种事件之后，或发生删除、更改事件之前立即运行。

例 6-6　创建数据宏，当输入"商品"表中生产日期字段时在更改前进行数据验证，并给出错误提示。操作步骤如下：

① 在导航窗格中，双击要向其中添加数据宏的"商品"表。

② 单击"表格工具/表"选项卡，在"前期事件"组中单击"更改前"按钮，打开宏设计窗口。

③ 在宏设计窗口添加需要宏执行的操作，如图 6-13 所示。

④ 保存并关闭宏。

⑤ 在表中输入数据验证，当输入生产日期大于当前日期时，比如"#2021-1-1#"时，系统会给出提示，如图 6-14 所示。

图 6-13　数据宏的设置

图 6-14　数据宏的运行

导航窗格的"宏"对象下不显示数据宏，而必须使用表的数据表视图或设计视图中的功能区命令，才能创建、编辑、重命名和删除数据宏。在导航窗格中，双击其中包含要编辑的数据宏的表，在"表格工具/表"选项卡的"前期事件"组或"后期事件"组中，单击要编辑的宏的事件。例如，要编辑在删除表记录后运行的数据宏，则单击"删除后"按钮，Access 打开宏设计窗口，随后可开始编辑宏。

6.3　运行与调试宏

设计完一个宏对象或嵌入宏后即可运行、调试其中的各个操作。Access 2010 提供了 OnError 和 ClearError 宏操作，可以在宏运行过程中出错时执行特定操作。另外，SingleStep 宏操作允许在宏执行过程中进入单步执行模式，可以通过每次执行一个操作来了解宏的工作状态。

6.3.1　宏的运行

运行宏时，Access 将从宏的起始点启动，并执行宏中所有操作，直到另一个子宏或宏的结束点。在 Access 中，可以直接运行某个宏，也从其他宏中执行宏，还可以通过响应窗体、报表或控件的事件来运行宏。

1．直接运行宏

直接运行宏主要是为了对创建的宏进行调试，以测试宏的正确性。直接运行宏有以下 3 种方法。

① 在导航窗格中选择"宏"对象，然后双击宏名。

② 在"数据库工具"选项卡的"宏"组中单击"运行宏"按钮，弹出"执行宏"对话框，如图 6-15 所示。在"宏名称"下拉列表框中选择要执行的宏，然后单击"确定"按钮。

③ 在宏的设计视图中，单击"宏工具/设计"选项卡，在"工具"组中单击"运行"按钮。

图 6-15　"执行宏"对话框

2．从其他宏中执行

如果要从其他的宏中运行另一个宏，必须在宏设计视图中使用 RumMacro 宏操作命令，要运行的另一个宏的宏名作为操作参数。

3．自动执行宏

将宏的名字设为"AutoExec"，则在每次打开数据库时，将自动执行该宏，可以在该宏中设置数据库初始化的相关操作。

4．通过响应事件运行宏

在实际的应用系统中，设计好的宏更多的是通过窗体、报表或控件上发生的"事件"触发相应的宏或事件过程、使之投入运行。下面来看一个以事件响应方式执行宏的例子。

例 6-7　在窗体中显示要打开或关闭的表、在窗体命令按钮"单击"事件中加入宏来控制打开或关闭所选定的表。操作步骤如下：

① 创建图 6-16 所示的"数据表选择"窗体，其中包含一个标签、一个组合框(名称为 Frame1、其中包含 3 个选项按钮及派生的标签)和两个命令按钮(名称为 Command1 和 Command2)，并设置窗体和控件的其他属性。

② 创建图 6-17 所示的"打开数据表宏"窗体，其中包含"打开"和"关闭"两个宏，设置相关操作参数。

③ 设置"数据表选择"窗体中命令按钮 Command1 的"单击"事件属性为"打开数据表宏.打开"，设置命令按钮 Command2 的"单击"事件属性为"打开数据表宏.关闭"。

④ 在窗体视图中打开"数据表选择"窗体，在单击按钮后，会自动运行设置的宏来打开与关闭相应的表。

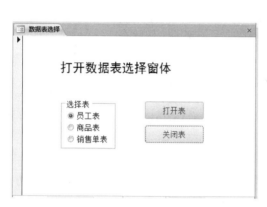

图 6-16 "数据表选择"窗体

图 6-17 "打开数据表宏"的设置

6.3.2 宏的调试

Access 提供了单步执行的宏调试工具。使用单步跟踪执行，可以观察宏的执行流程和每一步操作的结果，便于分析和修改宏中的错误。

例 6-8 利用单步执行，观察例 6-1 中创建的"操作序列宏"的执行流程。

操作步骤如下：

① 在导航窗格中选择"宏"对象，打开"操作序列宏"宏的设计视图。

② 在"宏工具/设计"选项卡的"工具"组中，选中"单步"按钮，然后单击"运行"按钮，系统将出现"单步执行宏"对话框，如图 6-18 所示。此对话框显示与宏及宏操作有关的信息以及错误号。"错误号"文本框中如果为零，则表示未发生错误。

③ 在"单步执行宏"对话框中可以观察宏的执行过程，并对宏的执行进行干预。单击"单步执行"按钮，会执行其中的操作；单击"停止所有宏"按钮，会停止宏的执行并关闭对话框；单击"继续"按钮，会关闭单步执行方式，并执行宏的未完成部分。如果要在宏执行过程中暂停宏的执行，可按【Ctrl+Break】组合键。

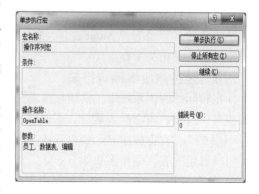

图 6-18 "单步执行宏"对话框

6.4 宏 的 应 用

宏可以加载到窗体及控件的各个事件中，利用宏可以实现经常要重复的操作，如打开窗体、关闭窗体、跳转到某条记录等。本节介绍宏的典型应用。

6.4.1 创建登录窗体

登录窗体是数据库应用系统中必须有的窗体，用于验证用户身份，只有拥有合法用户名和密码的用户才能进入系统操作。

例6-9 创建一个用户登录窗体，使用条件宏检验用户输入的用户名和密码，如果输入正确，会弹出"欢迎使用系统！"的消息框，然后关闭登录窗体，打开"员工"窗体；如果不正确则提示"用户名或者密码错误！"消息框，并关闭登录窗体。操作步骤如下：

（1）创建"系统登录"窗体

① 打开窗体设计视图，在窗体上添加两个文本框，用来输入用户名和密码，名称分别为"usename""password"，将 password 文本框的"输入掩码"属性设置为"密码"；两个文本框附加标签的"标题"属性分别设置为"用户名""密码"。

② 再添加两个按钮，名称分别为"cmdok""cmdcance"，"标题"属性分别为"确定""取消"。

③ 打开"窗体"对象的"属性"窗口，在"格式"选项卡中将"导航按钮"与"记录选择器"属性的值都设置为"否"，以"系统登录"为窗体名称，存盘，创建好的窗体如图 6-19 所示。

（2）创建条件操作宏

① 双击"确定"按钮，弹出"属性表"对话框，在"事件"选项卡中选择"单击"事件，单击其右侧的省略号按钮，弹出"选择生成器"对话框，选择"宏生成器"选项，然后单击"确定"按钮，启动宏设计器窗口。

② 添加"if"操作，在"条件表达式"框中输入"[Forms]![系统登录]![username]="Admin" And [Forms]![系统登录]![password]="123456""，在此，将用户名设为"Admin"，密码设为"123456"，即当在窗体中输入的用户名和密码都正确时，关闭该登录窗体，弹出下一个对话框。

③ 添加"Close Window"操作，在其"对象类型"参数中选择"窗体"，"对象名称"中选择"系统登录"，表示

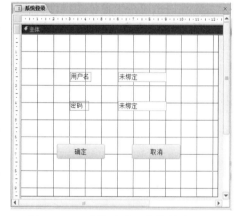

图 6-19 "系统登录"窗体设计界面

用来关闭"系统登录"窗体。添加"MessageBox"操作，在"消息"参数中输入"欢迎使用系统！"，在"标题"参数中输入"欢迎"，表示在登录窗体关闭后弹出"欢迎"对话框。添加"OpenForm"操作，在"窗体名称"参数中选择"员工"窗体，即打开"员工"窗体。

④ 添加"Else"操作，并添加"MessageBox"操作，在"消息"参数中输入"用户名或密码不正确，请重新输入！"，在"标题"参数中输入"提示"。

⑤ 添加"SetProperty"操作，将"控件名称"设置为"username"，"属性"设置为"值"。其作用是将用户名文本框中的值设置为空。再添加"SetProperty"操作，将"控件名称"设置为"password"，

"属性"设置为"值",其作用是将密码文本框中的值设置为空,宏的设置如图 6-20 所示。

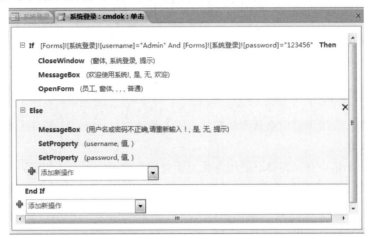

图 6-20 "确定"按钮宏的设置

⑥ 接下来创建"取消"按钮的宏。双击"取消"按钮,弹出"属性表"对话框,在"事件"选项卡中选择"单击"事件,单击其右侧的省略号按钮,弹出"选择生成器"对话框,选择"宏生成器"选项,然后单击"确定"按钮,启动宏设计器窗口。

⑦ 添加"Close Window"操作,在"对象类型下拉列表框中选择"窗体","对象名称"下拉列表框中选择"系统登录",表示用来关闭"系统登录"窗体。宏的设置如图 6-21 所示。

⑧ 返回系统登录窗体的设计视图界面,选择"窗体视图"按钮,出现图 6-22 所示的登录界面,输入不同的用户名和密码实现不同的操作。

图 6-21 "取消"按钮宏的设置

图 6-22 "系统登录"窗体运行界面

6.4.2 用宏控制窗体

宏可以对窗体进行很多操作,包括打开、关闭、最大化、最小化等,下面通过建立一个 AutoExec 宏来说明用宏控制窗体的操作。AutoExec 宏会在打开数据库时触发,可以利用该宏启动"系统登录"窗体。

例6-10 使用 AutoExec 宏自动启动"系统登录"窗体。操作步骤如下:

① 打开"商品销售管理"数据库,单击"创建"选项卡,在"宏与代码"组中单击"宏"按钮,打开宏设计窗口。

② 添加"OpenForm"操作,"窗体名称"参数选择"系统登录","窗口模式"选择"普通"。

③ 添加 MoveAndSizeWindow 操作,参数设置为右"100",向下"100°",宽度"8000",高度"5000"如图 6-23 所示。

图 6-23 Autoexec 宏的设置

④ 以名称"AutoExec"保存宏。

⑤ 关闭数据库,重新打开数据库,会自动打开"系统登录"窗体,并自动调整窗体的位置。如果不想在打开数据库时运行 AutoExec 宏,可在打开数据库时按【Shift】键。

习　题

一、选择题

1. 在宏表达式中要引用报表 test 上的控件 txtName 的值,使用的引用式是(　　　)。

　　A. [txtName]　　　　　　　　B. [test]![txtName]

　　C. [Reports]![test]![txtName]　　D. [Report]![txtName]

2. 在 Access 中打开一个数据库时,会先扫描数据库中是否包含(　　　)宏,如果有,就自动执行该宏。

　　A. OnEnter　　　　B. OnExit　　　　C. AutoExec　　　　D. OnClick

3. 宏组中宏的调用格式是(　　　)。

　　A. 宏组名.宏名　　B. 宏名　　　　C. 宏名.宏组名　　D. 以上都不对

4. 下列关于宏的运行方法中,错误的是(　　　)。

　　A. 运行宏时,每个宏只能连续运行

　　B. 打开数据库时,可以自动运行名为 AutoExec 的宏

　　C. 可以通过窗体、报表上的控件来运行宏

　　D. 可以在一个宏中运行另一个宏

5. 打开查询的宏操作是(　　　)。

　　A. OpenQuery　　B. OpenTable　　C. OpenForm　　D. OpenReport

6. 停止当前运行的宏的宏操作命令是(　　　)。

　　A. QuitAccess　　B. RunMacro　　C. StopMacro　　D. StopAllMacros

7. 下列各项中,不属于宏命令 MoveAndSizeWindow 中的操作参数是(　　　)。

A. 右　　　　　　　B. 向上　　　　　C. 向下　　　　　　D. 宽度

8. 条件宏的条件项是一个（　　　）。

　　A. 字段列表　　　　B. 算术表达式　　C. SQL 语句　　　　D. 逻辑表达式

9. 对于宏操作命令中的每个操作名称，用户（　　　）。

　　A. 能够更改操作名称　　　　　　　B. 不能更改操作名称

　　C. 对有些操作命令可以更改名称　　D. 能够通过调用外部命令更改操作名称

10. 要限制宏命令的操作范围，可以在创建宏时定义（　　　）。

　　A. 宏操作对象　　　　　　　　　　B. 宏条件表达式

　　C. 窗体或报表控件属性　　　　　　D. 宏操作目标

11. 下列关于宏的说法中，错误的是（　　　）。

　　A. 宏是 Access 数据库的一个对象

　　B. 宏的主要功能是使操作自动进行

　　C. 使用宏可以完成许多繁杂的人工操作

　　D. 只有熟悉掌握各种语法、函数，才能写出功能强大的宏命令

12. 下列有关宏运行的说法中，错误的是（　　　）。

　　A. 宏除了可以单独运行外，也可以运行宏组中的宏或另一个宏或事件过程中的宏

　　B. 可以为响应窗体、报表上所发生的事件而运行宏

　　C. 可以为响应窗体、报表中的控件上所发生的事件而运行宏

　　D. 用户不能为宏的运行指定条件

13. 若在宏的操作中想要弹出一个消息框，可以在"操作"列选择（　　　）。

　　A. Close　　　　　B. MessageBox　　C. OpenForm　　　D. Echo

二、填空题

1. 系统会自动运行的宏的名字是＿＿＿＿＿＿。

2. 引用宏组中的宏，采用的语法是＿＿＿＿＿＿。

3. 采用＿＿＿＿＿＿便于对数据库中宏对象进行管理。

4. 通过＿＿＿＿＿＿可以一步一步地检查宏中的错误操作。

5. 通过宏打开某个数据表的宏操作命令是＿＿＿＿＿＿。

6. 打开窗体的宏命令的操作参数中必选项是＿＿＿＿＿＿。

7. 在移动宏操作过程中，Access 将移动该宏操作的＿＿＿＿＿和＿＿＿＿＿。

三、简答题

1. 什么是宏、宏组？它们的主要功能是什么？

2. 如何将宏链接到窗体中？

3. 直接运行宏有哪几种方式？

4. 如何进行宏的调试和执行？

5. 简述 Access 自动运行宏的作用及创建过程。

第**7**章

模块与 VBA 编程基础

在 Access 系统中，借助宏对象能够完成一般的数据库管理工作，如打开和关闭窗体、报表等。但宏的使用有一定的局限性，对于复杂的数据库维护和数据处理的工作，宏则表现的无能为力。如宏不能自己定义一些复杂的函数，不能利用条件、循环等程序结构来解决数据处理过程中的一些复杂运算等。鉴如此，在给数据库系统设计一些特殊功能时，需要用到"模块"对象来处理，而"模块"对象是由一种称为 VBA 的程序设计语言实现的。通过模块的组织和 VBA 代码设计，可以大大提高 Access 数据库应用的处理能力，解决复杂问题。

本章主要介绍 Access 数据库的模块类型及创建、VBA 程序设计基础。

7.1 模块与 VBA 概述

7.1.1 模块概述

在 Access 中，模块是数据库的主要对象之一，它是用 VBA 语言编写的程序代码的集合，利用模块可以创建自定义函数、子过程或事件过程等。模块分为标准模块和类模块两类。

1．标准模块

标准模块包含的是通用过程和常用过程，用户可以像创建新的数据库对象一样创建包含 VBA 代码的通用过程和常用过程。这些过程可以在数据库的其他模块中进行调用，但不与任何对象相关联。

标准模块通常安排一些公共变量或过程供类模块里的过程调用。在各个标准模块内部也可以定义私有变量和私有过程仅供本模块内部使用。标准模块的公共变量或过程具有全局性，其作用范围在整个应用程序里，生命周期是伴随着应用程序的运行而开始，关闭而结束。

2．类模块

类模块是含有类定义的模块，包括其属性和方法的定义。窗体模块和报表模块都是类模块，它们分别与某个窗体和报表相关联。

在创建窗体和报表时，可以为窗体和报表中的控件建立事件过程，而过程的运行用于响应窗体报表上的事件。使用事件过程可以控制窗体或报表的行为以及它们对用户操作的响应。

窗体模块和报表模块中的过程可以调用标准模块中已定义好的过程。

窗体模块和报表模块具有局部特性，其作用范围局限在所属窗体或报表内部，而生命周期是伴随着窗体或报表的打开而开始，关闭而结束。

7.1.2　VBA 概述

VBA（Visual Basic For Application）是微软 Office 套件的内置语言，其语法与独立运行的 Visual Basic 语言互相兼容。两者都源于同一种编程语言 Basic。VBA 从 VB 中继承了主要语法结构，但 VBA 不能在一个环境中独立运行，也不能使用它创建独立的应用程序，必须在 Access 或 Excel 等应用程序的支持下才能使用。

7.2　模块的创建与 VBA 编程环境

7.2.1　模块的创建

过程是模块的组成单元，由 VBA 代码编写而成，过程有两种类型：sub 子过程和 Function 函数过程。

1. 模块的组成

模块是由声明和过程两个部分组成，一个模块有一个声明区域和一个或多个过程，在声明区域对过程中用到的变量进行声明，过程有如下两类：

① Sub 子过程，又称为子过程。执行一序列操作，无返回值。定义格式如下：

```
Sub 过程名
    [程序代码]
End Sub
```

可以引用过程名来调用该子过程，也可以在过程名前加一个关键字 Call 来调用。

② Function 函数过程，又称函数过程。执行一序列操作，有返回值。定义格式如下：

```
Function 过程名  As  返回值类型
    [程序代码]
End Function
```

函数过程不可以用 Call 来调用执行，需要直接引用函数过程名。

2. 进入 VBA 编程环境

Access 提供了一个编程界面 VBE（Visual Basic Editor）。在 VBE 窗口中可以完成 Access 模块设计。它以 Visual Basic 集成开发环境为基础，集编辑、编译、调试等功能于一体。在 VBE 中可以创建过程，也可以编辑已有的过程。

进入 VBE 的方法有多种，常用的有如下几种：

① 单击"创建"选项卡，在"宏与代码"组中单击"模块"按钮，"类模块"或 "Visual Baisc"按钮，均可打开 VBE 窗口。

② 在导航窗格的"模块"组中双击所要显示的模块名称，就会打开 VBE 窗口并显示该模块的内容。

③ 进入相应窗体或报表属性对话框，选择"事件"选项卡，单击某个事件，如单击或双击事件，即可看到某栏右侧的"…"引导标记，单击即可进入 VBE 窗口。

④ 在"数据库工具"选项卡中，单击"宏"组中的"Visual Baisc"按钮，启动 VBE 编辑器窗口。

⑤ 按【Alt+F11】组合键，可以在 Access 主窗口和 VBE 窗口之间进行切换。

无论使用哪种方法，都可以打开并进入 VBE 环境，如图 7-1 所示。

图 7-1 VBE 环境

7.2.2 VBE 编辑环境

VBE 编辑器是编辑 VBA 代码时使用的界面。VBE 编辑器提供了完整的开发和调试工具。图 7-1 所示是 Access 数据库的 VBE 窗口。窗口主要由标准工具栏、工程窗口、属性窗口和代码窗口组成。

1. 标准工具栏

VBE 窗口中的标准工具栏如图 7-2 所示。工具栏中主要按钮的功能如表 7-1 所示。

图 7-2 VBE 标准工具栏

表 7-1 标准工具栏按钮功能说明

按　钮	名　称	功　能
	Access 视图	切换 Access 数据库窗口
	插入模块	用于插入新模块
	运行子模块/用户窗口	运行模块程序
	中断运行	中断正在运行的程序
	终止运行/重新设置	结束正在运行的程序，重新进入模块设计状态
	设计模式	打开或关闭设计模式
	工程项目管理器	打开工程项目管理器窗口
	属性窗体	打开属性窗口
	对象游览器	打开对象游览器窗口
行 3, 列 1	行列	代码窗口中光标所在的行号和列号

2. 工程窗口

工程窗口又称工程资源管理器。在其中的列表框中列出了应用程序的所有模块文件。单击"查看代码"按钮可以打开相应代码窗口，单击"查看对象"按钮可以打开相应对象窗口，单击"切换文件夹"按钮可以隐藏或显示对象分类文件夹。

3. 属性窗口

属性窗口列举了所选对象的各个属性，分"按字母序"和"按分类序"两种查看形式。可以直接在属性窗口中编辑对象的属性，这种方法称为对象属性的"静态"设置法；此外，还可以在代码窗口内用 VBA 代码编辑对象的属性，这种方法称为"动态"设置方法。

4. 代码窗口

代码窗口是由对象组合框、事件组合框和代码编辑区 3 部分组成，如图 7-3 所示。

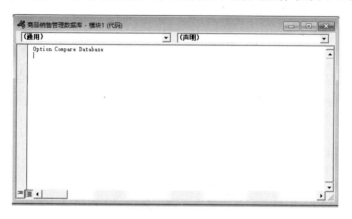

图 7-3　代码窗口

代码窗口的顶部有两个下拉列表框，左侧的是对象列表，右侧的是过程列表。在左侧选定一个对象后，右侧的列表框中会列出对象的所有事件过程。在该事件过程列表框中选定某个事件过程名后，系统会自动在代码编辑区生成相应事件过程的模板，用户可以向模板中添加代码。

代码窗口实际上是一个标准的文本编辑器，它提供了功能完善的文本编辑功能，可以对代码进行复制、删除、移动等操作。

下面举一个例子，来说明创建和应用模块的具体方法。

例7-1　以员工表为数据源创建一个窗体，如图 7-4 所示。要求单击计算年龄按钮时，在左侧的文本框中显示该员工的实际年龄。

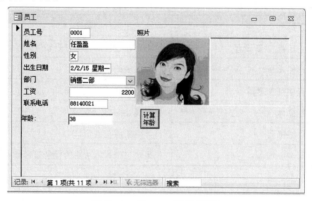

图 7-4　例 7-1 窗体界面

设计步骤如下：

① 创建用户界面。自动创建一个以员工表为数据源的纵栏式窗体，如图 7-5 所示，在窗体中添加一个文本框，名称改为"年龄"，再添加一个按钮，名称改为"计算年龄"。

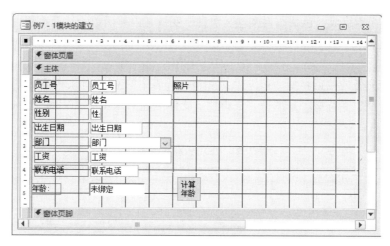

图 7-5　窗体设计视图

② 选择事件并打开 VBE。按如下顺序操作：在窗体设计视图中，右击"计算年龄"按钮，打开"属性"窗口；在"属性"窗口中选择"事件"选项卡；选定"单击"事件行；单击该行的"···"按钮打开 VBE。

③ 在 VBE 中编写程序代码

打开 VBE 后，光标会自动停留在所选定的事件过程框架内，代码窗口如图 7-6 所示，第一行和最后一行是自动显示出来的事件过程框架。第一行 " 计算年龄_Click() " 是事件过程名称，最后一行 " End Sub " 为过程代码结束标记，中间是输入的 VBA 代码．本例的代码是：

年龄 = Year(Date) - Year(出生日期)

输入结束后，选择"文件"菜单中的"保存"命令，保存过程代码，然后关闭 VBE。

图 7-6　代码窗口

④ 运行程序。切换到窗体视图，运行窗体，如图 7-4 所示，此时单击"计算年龄"按钮，即可显示该员工的实际年龄。

7.3　VBA 程序设计基础

VBA 应用程序包括两个部分，即用户界面和程序代码。其中，用户界面由窗体和控件组成，而代码则由程序的基本元素组成，包括数据类型、常量、变量、内部函数、运算符和表达式等。

7.3.1 数据类型

VBA 提供了较完备的数据类型，它包括了除 Access 表中的 OLE 对象和备注类型以外的其他所有数据类型，有数值型、字符型、日期型、逻辑型、变体型和对象型等。VBA 规定的标准数据类型如表 7-2 所示。

表 7-2 VBA 标准数据类型

数据类型	关 键 字	类型符后缀	前　　缀	占字节数	表 示 范 围
整型	Integer	%	int	2	–32 768 ~ 32 767
长整型	Long	&	lng	4	–2 147 483 648 ~ 2 147 483 647
单精度型	Single	!	sng	4	±1.401298E–45 ~ ±3.402823E+38
双精度型	Double	#	dbl	8	±4.94D–324 ~ ±1.79D+308
货币型	Currency	@	cur	8	–922 337 203 685 477.580 8 ~ 922 337 203 685 477.580 7
字节型	Byte	无	byt	1	0 ~ 255
日期型	Date	无	dtm	8	01,01,90 ~ 12,31,9999
逻辑型	Boolean	无	bln	2	True 或 False
字符型	String	$	str	与长度有关	0 ~ 65 535 个字符
对象型	Object	无	obj	4	任何对象引用
变体型	Variant	无	vnt	—	可以存放任何数据类型

除系统提供的上述基本数据类型以外，VBA 还支持用户自定义类型。

用户自定义数据类型格式如下：

```
Type 自定义类型名
    数据类型元素名 As 类型名
    数据类型元素名 As 类型名
    …
End Type
```

7.3.2 常量与变量

1. 常量

在程序执行的过程中保持不变的数据称为常量，如圆周率就是一个常量。在 VBA 中，常量分为两种：直接常量和符号常量。

（1）直接常量

直接常量是在程序中以直接明显的方式给出的数据。按照数据类型又分为字符串常量、数值常量、日期常量和逻辑常量。

例如，123、3.14、1.26E2 都是数值常量；" 1234 "、" abc "、" 程序设计 " 为字符串常量；True 和 False 是两个逻辑常量；#9/1/2011#为日期常量。

（2）符号常量

符号常量就是用标识符来表示一个常量，例如，把 3.14 定义为 pi，程序代码为：

```
Const Pi = 3.1416
```
定义符号常量的一般格式为： Const 常量名 = 表达式 [As 类型]

标识符的命名要遵循以下规则：

① 以字母或汉字开头，由字母、数字或下画线组成。长度小于等于 255 个字符。

② 不能使用 VBA 中的关键字。关键字又称保留字，是在语法上有固定意义的字母组合，主要包括：命令名、函数名、数据类型名、运算符、VBA 系统提供的标准过程等。在联机帮助系统中可以找到全部关键字。

③ 保证标识符在同一范围内是唯一的。

为了方便用户编程，VBA 系统预定义了一些符号常量，如 True、False、Null 等，用户可以在代码中直接引用。

2．变量

在程序执行过程中，其值可以改变的量称为变量。计算机处理数据时,必须将其存储在内存中,内存的位置借助于一个内存单元编号(地址)来标识,这个编号实际用起来很不方便,因此高级语言允许用一个标识名来区别这些内存,这个标识名也就是我们所说的变量名。变量名的命名规则遵循上面提到的标识符命名规则。

在使用变量前，一般要对变量的名称及变量的类型进行声明。可以用以下几种方式来定义一个变量的数据类型：

（1）显式声明定义变量

使用声明语句定义变量称为显式声明，语法格式如下：

```
Dim 变量名 [As 数据类型][,变量名 [As 数据类型]]…
```

其中，变量名必须符合变量名的命名规则，数据类型可以是基本数据类型，也可以是用户自定义数据类型，例如：

```
Dim score  As Integer        '定义了一个整型变量
Dim name   As String         '定义了一个字符串型变量
```

以上声明也可以改为：

```
Dim score  As Integer, name  As String
```

"As 数据类型"部分可省略。若省略了该部分，则该变量被看作变体类型。例如：

```
Dim  score                   '相当于定义了一个变体型变量
```

（2）隐式声明定义变量

不声明直接使用变量称为隐式声明，所有隐式声明变量都是变体类型，Visual Basic 会自动根据数据值对其规定数据类型，例如：

```
A=90                         'A 为 Integer 类型
A="湖北武汉"                  'A 为 String 类型
```

用类型说明符直接声明变量。可以把类型说明符直接放在变量的尾部来声明一个变量的类型，例如：

```
name$                        '声明了一个字符串型变量
score%                       '声明了一个整型变量
Price!                       '声明了一个单精度浮点型变量
```

在使用变量的时候，既可以保留类型说明符，也可以省略类型说明符。例如，对于上面定义变量的引用如下：

```
name$ = "张三"
name = "李四"
```

7.3.3 运算符与表达式

在 VBA 中，运算符有 5 种，分别是算术运算符、关系运算符、逻辑运算符、对象运算符、字符串运算符。表达式是运算符将常量、变量、函数或对象连接而成的式子。根据运算符的不同，表达式可分为算术表达式、关系表达式、逻辑表达式、对象运算表达式、字符串表达式。

1．算术运算符与算术表达式

算术运算符是进行数学运算的运算符，运算对象是数值型数据。VBA 有 8 个算术运算符，只有取负运算的是单目运算，其余的都是双目运算，各运算符的功能如表 7-3 所示。

表 7-3 算术运算符功能表

算术运算符	功　　能	算术表达式实例	结　　果	优　先　级
^	乘方	3^2	9	1
−	求负	−2	−2	2
*	乘法	3*2	6	3
/	除法	3/2	1.5	3
\	整除	3\2	1	4
Mod	取余	3 Mod 2	1	5
+	加法	5+2	7	6
−	减法	5−2	3	6

算术表达式也称数值表达式，是用算术运算符把数值型常量、变量、函数连接起来的式子。表达式的运算结果是一个数值型数据。

说明：

① 当运算符乘方（^）与负号（−）相邻时，负号（−）优先。

② 整除运算的运算规则是取商的整数部分，舍弃小数部分，若参加运算的数据有小数部分，则按四舍五入的原则进行取整，再运算。例如，5.4\2 的结果为 2，5.5\2 的结果为 3。

③ 取余运算是计算两个数整除后的余数，若参加运算的数据有小数部分，则按四舍五入的原则取整，再运算。若参加运算的数据是负数，则用绝对值进行运算，运算结果的符号和第一个操作数的符号一致。例如，5.5 mod 2 结果为 0，−5.4 mod 2 结果为−1。

2．字符串运算符与字符串表达式

字符串运算符也称连接运算符，其功能是将两个字符串连接起来，结果是一个字符串。运算符有两个，分别是"+"和"&"。

① "&"连接运算符，用于强制将两个表达式作为字符串连接。例如：

```
"111" & "222"          '结果为"111222"
111 & "222"            '结果为"111222"
111 & 222              '结果为"111222"
111 & "abc"            '结果为"111abc"
```

② "+"连接运算符：当两个表达式都是字符串时，将两个字符串连接；若一个是字符串而另一个是数字，则进行加运算，结果是两个数字相加的结果。例如：

```
"111" + "222"          '结果为"111222"
111 + "222"            '结果为 333
111+222                '结果为 333
111 +"abc"             '出现"类型不匹配"的错误提示信息
```

> ⓘ 说明
>
> 要达到连接字符串的目的，用 "&" 运算符较好，但要注意，"&" 本身是长整型的类型符，若想用 "&" 作为连接运算符时，变量名和 "&" 之间一定要加一个空格，否则系统会将其作为类型符处理，从而导致语法错误。

3. 关系运算符与关系表达式

关系运算符用于比较两个表达式之间的大小关系，又称比较运算符，运算结果是逻辑值，即结果为 True 或 False。各运算符的功能如表 7-4 所示。

表 7-4 关系运算符功能表

关系运算符	功 能	关系表达式实例	结 果	优 先 级
=	是否相等	"123"="122"	False	
>	大于	"123">"122"	True	
>=	大于等于	（5+2）<=5	False	具有相同的优先级
<	小于	#1999-5-6#<#2003-6-13#	True	
<=	小于等于	"abc"<="adc"	True	
<>	不等于	"A"<>"a"	True	

关系运算规则：

① 数值型数据比较大小时，按数值大小比较。

② 字符型数据比较大小时，若比较两个单个的字符，则比较 ASCII 码值的大小；对于两个汉字字符，大小由汉语拼音的顺序决定，如"武">"汉"。若比较两个字符串，则按字符的 ASCII 码值从左到右一一比较，直到出现不同的字符为止。 例如，" ABCDE " > " ABDA "， 结果为 False。

常见的字符值的大小比较关系如下：

"空格"<"0"<…<"9"<"A"<…<"Z"<"a"<…<"所有汉字"

③ 日期型数据比较大小时，日期在前的较小。例如，#209-07-18#>#209-07-19#，结果为 False。

4. 逻辑运算符与逻辑表达式

逻辑运算符用于将操作数进行逻辑运算，又称布尔运算符，运算结果是逻辑值。各运算符的功能如表 7-5 所示。

表 7-5　逻辑运算符功能表

逻辑运算符	功　　能	逻辑表达式实例	结　　果	优　先　级
Not	逻辑非	NOT(5<3)	True	1
And	逻辑与	5<3 And 6>5	False	2
Or	逻辑或	5<3 Or 6>5	True	3
Xor	逻辑异或	5<3 Xor 6>5	True	4
Eqv	逻辑同或	5<3 Eqv 6>5	False	5
Imp	逻辑蕴涵	5<3 Imp 6>5	True	6

逻辑运算规则如下：

① Not 运算符：反，假取真，真取假。一般用于描述一个相反的条件。

② And 运算符：操作数均为真时，结果为真，其余为假。一般用于描述同时满足多个条件。

③ Or 运算符：操作数均为假时，结果为假，其余为真。一般用于描述多个条件只需满足其中一个时。

④ Xor 运算符：两操作数相反时，结果为真，其余为假。

⑤ Equ 运算符：两操作数相同时，结果为真，其余为假。

⑥ Imp 运算符：两操作数左真右假时，结果为假，其余为真。

说明

关系表达式一般用于描述一个简单的条件，例如，x>y, x>=90。逻辑表达式一般用于描述复合的条件，例如，数学中的 0<x<1，用逻辑表达式描述应为：x>0 and x<1。

5. 对象运算符与对象表达式

VBA 中有各种对象，如表、查询、窗体、报表等。窗体上的控件，如文本框、按钮等都是对象。所谓对象表达式是指用来说明具体对象的表达式，对象表达式中使用"!"和"."两种运算符。

例如，假设有一个员工基本信息窗体，窗体上有文本框控件"员工"，如要引用该文本框控件，可用的对象表达式是：

forms!员工基本信息!员工

如要引用文本框的 visible 属性,则表达式是:

forms!员工基本信息!员工.visible

6. 运算符的优先级

一个表达式中，通常包含不同类型的运算符，这时系统会按预先确定的顺序运算，这个顺序称为运算符的优先级。各种运算符的优先级别为：算术运算符>字符运算符>关系运算符>逻辑运算符。

说明

可以使用括号改变优先顺序，括号内的运算总是最优先计算的。

7.3.4　常用内部函数

在 VBA 中有很多内置函数，每个内置函数完成某个特定的功能。可直接使用这些内置函数，使用函数也称为函数调用。

函数调用的一般格式如下：

`函数名（参数表）`

参数放在圆括号内，若有多个参数，以逗号间隔。

1．数学函数

用于数学计算的函数称为数学函数。

（1）Abs()函数

格式：`Abs(x)`

功能：返回 x 的绝对值，x 是任何有效的数字表达式。如果 x 是未初始化的变量，则返回值为 0。

例如：Abs(2.3)结果为 2.3；Abs(-2*4+3)结果为 5。

（2）EXP()函数

格式：`Exp(x)`

功能：返回 e 的 x 次方，返回值是 Double 类型值，常数 e 的值大约是 2.718 282，x 是任何有效的数字表达式。

例如：Exp(4)结果为 54.5981500331442，相当于求 e^4。

（3）Sgn()函数

格式：`Sgn(x)`

功能：返回 Integer 类型的值，指出 x 的正负号。x 大于 0，返回值为 1；x 等于 0，返回值为 0；x 小于 0，返回值为-1。

例如：Sgn(20)结果为 1，Sgn(-20)结果为-1，Sgn(0)结果为 0。

（4）Sqr()函数

格式：`Sqr(x)`

功能：返回一个 Double 类型值，指定 x 的平方根，x 是任何有效的非负数值表达式。

例如：Sqr(4)的结果为 2。

（5）Int()函数

格式：`Int(x)`

功能：返回不大于 x 的最大整数，x 是任何有效的数值表达式。

例如：Int(5.5)结果为 5，Int(-5.5)结果为-6。

（6）Fix()函数

功能：返回 x 的整数部分，x 是任何有效的数值表达式。

例如：Fix(5.5)结果为 5，Fix(-5.5)结果为-5。

ℹ️ 说明

　　Int 和 Fix 都是取整函数，当 x 是正数时，两函数的结果相同；当 x 是负数时，两函数的结果不同。

（7）Round()函数

格式：`Round(x,[n])`

功能：返回一个数值，该数值是按照指定的小数位数进行四舍五入运算的结果。x 是要进行四舍五入运算的数值表达式，n 是可选的数字值，表示进行四舍五入运算时，小数点右边应保留的位数。如果忽略，则 Round() 函数返回整数。

例如：Round(3.1415) 结果为 3；Round(3.1415,3) 结果为 3.142。

（8）三角函数

格式：Sin(x)、Cos(x)、Tan(x)、Atn(x)

功能：分别返回 x 的正弦值、余弦值、正切值、反正切值，x 的单位为弧度。

例如：求 Sin(60°)，应该写成 Sin(3.14159/180*60)。

2. 随机函数

格式：Rnd[(x)]

功能：返回一个大于等于 0 且小于 1 的随机数，x 是随机数种子，当 x 小于 0 时，每次都使用 x 作为随机数种子，得到相同的随机数；当 x 大于 0 时，得到以 x 为随机数种子的随机数序列中的下一个随机数；当 x 等于 0 时，得到一个最近生成的数；当 x 省略时，得到序列中的下一个随机数。

例如：Rnd(-2)，结果为 0.7133257，每次运行得到的结果都一样。

说明：

① 使用 Rnd() 函数之前，先用 Randomize 语句来初始化随机数生成器，可以使得产生的随机数为不同的序列。

② 要生成 [a,b] 区间范围内的随机整数，可以采用 Int((b-a+1)*Rnd+a)。

3. 字符串函数

（1）Len() 函数

格式：Len(Str)

功能：返回字符串 Str 的长度，Str 是任何有效的字符串表达式。

例如：Len("武汉") 结果为 2。

（2）Left() 函数

格式：Left(Str,n)

功能：返回字符串 Str 左边的 n 个字符，Str 是任何有效的字符串表达式，n 是任何有效的数值表达式，如果 n 大于 Str 的字符数，则返回整个字符串。

例如：Left("武汉科技大学",4) 结果为"武汉科技"，Left("武汉科技大学",7) 结果为"武汉科技大学"。

（3）Right() 函数

格式：Right(Str,n)

功能：返回字符串 Str 右边的 n 个字符，Str 是任何有效的字符串表达式，n 是任何有效的数值表达式，如果 n 大于 Str 的字符数，则返回整个字符串。

例如：Right("武汉科技大学",4) 结果为"科技大学"，Right("武汉科技大学",7) 结果为"武汉科技大学"。

（4）Mid() 函数

格式：Mid(Str,m,n)

功能：取字符串 Str 第 m 个字符开始的 n 个字符，Str 是任何有效的字符串表达式，m 是 Long 型数据，n 是任何有效的数值表达式，如果 m 大于 Str 的字符数，则返回零长度字符串""；如果 n 省略或超过 Str 的字符数，则返回从 m 到尾端的所有字符。

例如：Mid("武汉科技大学",3,4) 结果为"科技大学"，Mid("武汉科技大学",7) 结果为""。

（5）Lrim()、Rtrim()、Trim()函数（去空格）

格式：`Ltrim(Str)`、`Rtrim(Str)`、`Trim(Str)`

功能：分别去掉字符串 Str 左边的空白字符、右边的空白字符、左边和右边的空白字符，Str 是任何有效的字符串表达式。

例如：Ltrim("武汉科技大学")结果为"武汉科技大学"，Rtrim("武汉科技大学")结果为"武汉科技大学"，Trim("武汉科技大学")结果为"武汉科技大学"。

（6）String()函数

格式：`String(n,Str)`

功能：返回包含 Str 第一个字符重复 n 次的字符串，n 是有效的数字表达式，Str 是任何有效的字符串表达式。

例如：String(4,"wuhan")结果为"wwww"。

（7）Space()函数

格式：`Space(n)`

功能：返回包含 n 个空格的字符串，n 是有效的数字表达式。

例如：Space(6)结果为：" "。

（8）Ucase()、Lcase()函数

格式：`Ucase(Str)`、`Lcase(Str)`

功能：分别将字符串 Str 转换为大写字母字符串、小写字母字符串。

例如：Ucase("wuhan")结果为"WUHAN"，Lcase("WUHAN")结果为"wuhan"。

4．类型转换函数

（1）Asc()函数

格式：`Asc(Str)`

功能：返回字符串 Str 首字符的 ASCII 码值，Str 是任何有效的字符串表达式，Str 中没有包含任何字符，则会产生运行错误。

例如：Asc("A")结果为 65，Asc("ABC")结果也为 65。

（2）Chr()函数

格式：`Chr(x)`

功能：返回 ASCII 码值 x 对应的字符。

例如：Chr(65)结果为"A"，Chr ("97")结果为"a"。

（3）Val()函数

格式：`Val(Str)`

功能：返回 Str 中所包含的数值，Str 是任何有效的字符串表达式。

例如：Val("1265")结果为 1265，Val("1265ab12")结果为 1265，遇到字母停止转换，字母后所有内容忽略。

（4）Str()函数

格式：`Str(x)`

功能：返回 x 对应的字符串，x 为正数，省略符号，转换为空格，负号直接转换。

例如：Str(123)结果为" 123"，Str(-123)结果为"-123"。

5．判断函数

（1）IsNull()函数

格式：`IsNull(x)`

功能：返回一个逻辑值，用来检测 x 的值是否为 Null，x 是一个 Variant 类型的值，其中包含数值表达式或字符串表达式。

例如：IsNull("abcd")结果为 False，IsNull(Null)结果为 True。

（2）IsNumeric()函数

格式：`IsNumeric(x)`

功能：返回一个逻辑值，用来检测 x 的值是否为数值，x 是一个 Variant 类型的值，其中包含数值表达式或字符串表达式。

例如：IsNumeric("123")结果为 False，IsNumeric(123)结果为 True。

6．日期和时间函数

（1）Date()、Now()、Time()函数

格式：`Date()、Time()、Now()`

功能：根据计算机系统设置的日期和时间，分别返回系统日期、系统时间和系统日期时间。

例如：如果今天是 2020 年 1 月 21 日 9：03，则 Date()的结果为 2020/1/21；Time()的结果为 9:03:46；Now()的结果为 2020/1/21 9:03:46。

（2）Year()、Month()、Day()、WeekDay()函数

格式：`Year(D)、Month(D)、Day(D)、WeekDay(D)`

功能：分别返回日期数据 D 的年、月、日，以及它是这个星期中的第几天，周日是第 1 天。D 可以是任何能够表示日期的表达式，如果 D 包含 Null，则返回 Null 。

例如：如果今天是 2020 年 1 月 15 日星期三，则 Year(Date)的结果为 2020，Month(Date)的结果为 1，Day(date)的结果为 15，WeekDay(Date)的结果为 4。

（3）Hour()、Minute()、Second()函数

格式：`Hour(D)、Minute(D)、Second(D)`

功能：分别返回时间数据 D 的时、分、秒部分，D 可以是任何能够表示时刻的表达式，如果 D 包含 Null，则返回 Null 。

例如：如果现在是 9:46:49，则 Hour(Time)的结果为 9，Minute(Time)的结果为 46，Second(Time)的结果为 49。

（4）DateDiff()函数

格式：`DateDiff(时间单位,D1,D2)`

功能：以年、月、日、星期为单位获得两个时间之间的差值。其中，时间单位为字符串表达式，用来计算 D1 和 D2 的时间差的时间间隔，D1 和 D2 为日期表达式。时间单位参数的设定值为："yyyy"表示单位为年，"m"表示单位为月，"d"表示单位为日，"w"表示一周的日数。如果 D1 比 D2 来得晚，则函数的返回值为负数。

例如：DateDiff("yyyy",#2008/7/21#,#2009/7/21#)结果为-1；

DateDiff("m",#2008/7/21#,#2009/7/21#)结果为-12。

7.4　程 序 语 句

程序是由语句组成,语句是执行具体操作的指令,语句的组合决定了程序结构.VBA 与其他高级语言一样,也具有结构化程序设计的 3 种基本结构:顺序、选择、循环结构.

7.4.1　顺序结构

顺序结构就是按各语句出现的先后次序执行的程序结构。顺序结构是程序的三种基本结构中最常见、最简单的一种，一般由赋值语句、输出数据语句和输入数据语句组成。

1．赋值语句

赋值语句是程序设计中最基本、最常用的语句，其语法格式如下：

<变量名>=<表达式>

或：

[<对象名>.]<属性名>=<表达式>

功能：计算右端的表达式的值，并把结果赋值给左端的变量或对象属性。其中"="符号被称为赋值号。

例如： x=9　　　　　　　　　　　'把数值 9 赋给变量 x

　　　 Text1.text=3.14*9*9 　　'把表达式的结果 314 赋给文本框 text1

2．数据输入/输出

在编写程序对数据处理时,先要输入被处理的数据,在处理之后要对结果进行输出.在 VBA 中提供了两个函数 InputBox()和 MsgBox()用于输入和输出.

（1）IuputBox()函数

Inputbox()函数可以产生一个对话框，这个对话框作为输入数据的界面，等待用户输入数据，并返回所输入的内容。

格式：Inputbox(<提示信息>[,<对话框标题>][,<默认值>][,xpos][,ypos])

说明：

① 提示信息：指定在对话框中显示的文本，是字符串的表达式。如果要使"提示"文本换行显示，可在换行处插入回车符（Chr(13)）、换行符（Chr(9)）（或系统符号常量 vbcrLf）或回车换行符（Chr(13)+ Chr(9)），使显示的文本换行。

② 对话框标题：指定对话框的标题，字符串表达式，是可选项。运行时该参数显示在对话框的标题栏中。如果省略，则在标题栏中显示当前的应用程序名称。

③ 默认值：用于指定输入框中显示的默认文本，字符串表达式，是可选项。如果省略，则对话框的文本框内容为空。

④ Xpos 和 Ypos：分别指定对话框的左边和上边与屏幕左边和上边的距离。数值型，可省略。

（2）MsgBox()函数

MsgBox()函数的功能是，当操作有疑问时，屏幕上会显示一个对话框，让用户进行选择，然后根据选择确定其后的操作。MsgBox()函数可以向用户传送信息，并可通过用户在对话框上的选择接收用户所做的响应，作为程序继续执行的依据。

格式：变量=MsgBox(提示[,按钮类型[,对话框标题]])

功能：打开一个对话框，在对话框中显示消息，等待用户单击按钮，并返回一个整数告诉用户单击了哪个按钮。

说明：

① 提示：字符串表达式是指定在对话框中显示的文本。在"提示"的文本中使用回车符（Chr(13)）、换行符（Chr(9)）、回车换行符（Chr(13)+Chr(9)），可以使显示的文本信息换行。

② 按钮类型：数值型数据，可选项。用来指定对话框中出现的按钮和图标，一般有 3 个参数，其具体的取值和含义如表 7-6 ~ 表 7-8 所示，该参数的值由三类参数值相加产生。这三类参数值分别表示按钮的类型、显示图标的种类及默认按钮的位置。

表 7-6　显 示 按 钮

参　数　值	符　号　常　量	显示的按钮
0	vbOKOnly	"确定"按钮
1	vbOKCancel	"确定"和"取消"按钮
2	vbAbortRetryIgnore	"终止""重试"和"忽略"按钮
3	vbYesNoCancel	"是""否"和"取消"按钮
4	vbYesNo	"是"和"否"按钮
5	vbRetryCancel	"重试"和"取消"按钮

表 7-7　图 标 类 型

参　数　值	符　号　常　量	显示的图标
16	vbCritical	停止图标
32	vbQuestion	问号（？）图标
48	vbExclamation	感叹号（！）图标
64	vbInformation	消息图标

表 7-8　默 认 按 钮

参　数　值	符　号　常　量	默认的活动按钮
0	vbDefaultButton1	第一个按钮
256	vbDefaultButton2	第二个按钮
512	vbDefaultButton3	第三个按钮

例 7-2　用 InputBox 函数输入一个圆的半径,用 MsgBox 函数输出圆的面积.

操作步骤如下：

① 创建一窗体,窗体主体节空白处右击打开快捷菜单，选择"属性"命令，打开"属性"窗口，在"属性"窗口中选择事件选项卡，"单击"事件处单击"…"，进入 VBE 环境,输入如下代码：

```
Private Sub 主体_Click()
    Dim r As Single, s As Single
    r = InputBox("请输入半径", "输入处理的数据")
    s = 3.14 * r * r
    l = MsgBox("半径为" & r & "的圆的面积是" & s, , "输出结果")
```

```
End Sub
```

② 保存代码，窗体切换到窗体视图，单击窗体运行程序，弹出输入窗体，如图 7-7 所示。输入半径后单击"确定"按钮，弹出"输出结果"对话框，如图 7-8 所示。

图 7-7　调用 InputBox() 函数　　　　　图 7-8　调用 MsgBox() 函数

MsgBox() 返回值指明了用户在对话框中选择了哪一个按钮，如表 7-9 所示。

表 7-9　MsgBox() 函数返回值

返 回 值	符 号 常 量	所对应的按钮
1	vbOk	"确定"按钮
2	vbCancel	"取消"按钮
3	vbAbort	"终止"按钮
4	vbRetry	"重试"按钮
5	vbIgnore	"忽略"按钮
6	vbYes	"是"按钮
7	vbNo	"否"按钮

7.4.2　选择结构

在实际应用中，有许多问题需要判断某些条件，根据判断的结果来控制程序的流程。在这种情况下，使用顺序结构是不可能达成的，必须借助选择结构来完成。VBA 中实现选择结构的语句主要有 If 语句和 Select Case 语句。

1．单分支选择结构

用 If 语句实现单分支选择结构的格式有以下两种：

格式 1（行 If 语句）：

```
If <条件> Then <语句块>
```

格式 2（块 If 结构）：

```
If <条件> Then
    <语句块>
End If
```

功能：若条件成立（值为真），则执行 Then 后面的语句或语句块，否则直接执行下一条语句或"End If"后的下一条语句。

说明：

① <条件>可以是关系表达式、布尔表达式、数值表达式或字符串表达式。对于数值表达式，VB

中将 0 当成 False，将非 0 值当成 True；对于字符串表达式，符合条件的只有包含数字的字符串，当字符串中的数字值为 0 时，则认为是 False，否则认为是 True。

② <语句块>是可以包含多条语句的，各语句之间用冒号分隔。例如：

```
If x>0 then y=1: z=x+y
```

③ 在行 If 结构中，由于要求在一行内书写完本语句，会出现语句太长需要换行的情况，此时必须在换行处使用续行符号，即一个空格跟一个下画线。

④ 在行 If 结构中，无论条件成立与否，本条件语句的出口都是该条件语句之后的语句。例如：

```
If x>0 then y=1: z=x+y
    Y=3
Print "y=";y, "z=";z
```

当 x=9 时，条件 x>0 成立，执行 then 后面的两条语句，y=1，z=9，然后执行条件语句之后的语句 y=3，所以输出的结果为 y=3，z=9。

当 x=-9 时，条件 x>0 不成立，直接执行条件语句之后的语句 y=3，所以输出结果是 y=3。

也就是说，不论条件 x>0 是否成立，都要执行 If 语句后面的语句 y=3。

⑤ 块 If 结构中必须以 If 语句开头，End If 语句结束。

2．双分支选择

用 If 语句实现双分支选择结构的格式有以下两种：

格式 1（行 If 语句）：

```
If <条件> Then <语句块1> Else <语句块2>
```

格式 2（块 If 结构）：

```
If <条件> Then
    <语句块1>
Else
    <语句块2>
End If
```

功能：首先测试条件，如果条件成立（值为真），执行 Then 后面的语句块 1；如果条件不成立（值为假），执行 Else 后面的语句块 2。在执行完 Then 或 Else 之后的语句块后，对于行 If 结构，会执行下一行的语句；对于块 If 结构，会执行 End If 之后的语句。

3．多重选择分支语句

在某些情况下，同一性质的语句块有多个，而只能从中选择一个语句块来执行，而究竟选择哪种语句块取决于语句块的执行条件。以下是多分支 If 语句的格式：

```
If <条件1> Then
    <语句块1>
ElseIf <条件2> Then
    <语句块2>
…
ElseIf <条件n> Then
    <语句块n>
[Else
    <语句块n+1>]
End If
```

功能：首先测试<条件 1>，如果为假，依次测试<条件 2>，依此类推，直到找到为真的条件。一旦找到为真的条件，VB 就会执行相应的语句块，然后执行 End If 语句后面的代码。如果所有的条件都为假，VB 就会执行 Else 后面的<语句块 n+1>，然后执行 End If 语句后面的代码。

说明：

① 不管有几个分支，程序执行了一个分支后，其余分支就不再执行。

② 注意 ElseIf 不能拆开写成 Else If。

③ 当多分支中有多个条件同时为 True 时，则只执行第一个 True 条件所对应的语句段。因此，要注意对多分支中表达式的书写顺序，以确保每个值都包含在其中。

4．多重分支语句 Select Case

Select Case 语句也称情况语句，其语法格式为：

```
Select Case 测试表达式
    Case 表达式 1
      语句块 1
    [Case 表达式 2
      语句块 2]
      …
    [Case Else
      语句块 n]
End Select
```

功能：先计算"测试表达式"的值，然后将该值依次与结构中每个 Case 的值进行比较。如果该值符合某个 Case 指定的值条件，执行该 Case 的语句块，然后跳到 End Select 语句之后继续执行。如果没有相符合的 Case 值，则执行 Case Else 中的语句块 n。

说明：

① <测试表达式>可以是任何数值表达式或字符表达式。

② Case 表达式可以有如下三种形式：

● 形式 1：一组值，用逗号隔开。

例如：`Case 2，4，6`

测试表达式的值为 2、4 或 6 时，将执行该 Case 语句之后的语句组。

● 形式 2：表达式 1 to 表达式 2。

例如：`Case 1 to 12`

测试表达式的值在 1～12 之间（包括 1 和 12）时，将执行该 Case 语句之后的语句组。

● 形式 3：Is 关系式。

例如：`Case  Is <90`

测试表达式的值在小于 90 时，将执行该 Case 语句之后的语句组。

以上三种形式可以同时出现在同一个 Case 语句之后，各项之间用逗号分隔。

例如：`Case 2，4，6，1 to 12，Is<90`

7.4.3　循环结构

循环结构主要用于处理重复执行的结构，可以重复执行若干条语句。循环结构由两部分构成：循环体，即要重复执行的语句序列；循环控制部分，用于规定循环的重复条件或重复次数，同时确定循环环范围的语句。

VBA 中提供的循环语句有 Do...Loop、For...Next、While...Wend、For Each...Next 等，其中最常用的是 For...Next 和 Do...loop 语句。

1. For...Next 循环语句

For...Next 循环语句也称为计数型循环语句，适用于循环次数预知的情况。For 循环结构使用非常灵活，在循环中使用一个计数器，每循环一次，计数器变量的值就会增加或者减少。其语法格式如下：

```
For <循环变量>=<初值> To <终值> [Step <步长>]
    <循环体>
    [Exit For]
Next [<循环变量>]
```

功能：指定循环变量取一系列的值，并且对于循环变量的每一个值，将循环体执行一次。其具体执行步骤如下：

① 求出初值、终值和步长值，并保存。

② 将初值赋给循环变量。

③ 判断循环变量值是否超过终值（步长值为正时，要大于终值；步长值为负时，要小于终值）。超过终值时，退出循环，执行 Next 之后的语句。未超过终值时，执行循环体。

④ 遇到 Next 语句时，修改循环变量值，即把循环变量的当前值加上步长值后再赋给循环变量。

⑤ 转到③去判断循环条件，然后继续执行。

说明：

① <循环变量>、<初值>、<终值>和<步长>都是数值型的数据，其中<循环变量>、<初值>和<终值>是必需的，不能够省略。

② <步长>可以是正数，也可以是负数，也可以省略。

如果<步长>为正，则<初值>要小于或等于<终值>，才能够执行循环体内的语句；如果<步长>为负，则<初值>要大于或等于<终值>，才能够执行循环体内的语句；如果<步长>省略，则默认步长值为 1。

③ [Exit For]语句，是可选项，用来强行退出循环结构，执行完该语句后，接下来应该执行 Next 语句之后的语句。该语句一般用于放在某条件结构中，表示当某种条件成立时，强行退出循环。

④ Next 语句中的<循环变量>必须与 For 语句中的<循环变量>一致，也可以省略。

2. Do...Loop 循环语句

For...Next 循环语句主要用在已知循环次数的情况下，若事先并不清楚循环的次数，可以使用 Do...Loop 的循环。Do...Loop 的循环有两种语法格式：前测型循环结构和后测型循环结构。两者的主要区别在于判断条件的先后次序不同。

（1）前测型 Do...Loop 语句

格式 1：

```
Do While <条件>
    循环体
    [ Exit Do]
Loop
```

功能：当<条件>成立（为真）时，执行循环体；当<条件>不成立（为假）时，终止循环。

格式 2：

```
Do Untill <条件>
    循环体
    [ Exit Do]
Loop
```

功能：当<条件>不成立（为假）时，执行循环体，直到<条件>成立（为真）时，终止循环。

说明：

① [Exit Do]：是可选项，用于强制退出循环，执行 Loop 后的语句。该语句一般与条件语句配合使用，表示当某种条件成立时，强行退出循环。

② Do 语句和 Loop 语句之后也可以没有条件判断，这时循环将无条件地重复，因此在这种情况下，最好使用 Exit Do 语句，来保证循环在执行有限次数后退出。

（2）后测型 Do...Loop 语句

格式 1：

```
Do
    循环体
    [ Exit Do]
Loop  While <条件>
```

功能：先执行循环体，然后对条件进行判断，根据条件决定是否继续执行循环；当<条件>成立（为真）时，执行循环体；当<条件>不成立（为假）时，终止循环。

格式 2：

```
Do
    循环体
    [ Exit Do]
Loop Untill <条件>
```

功能：先执行循环体，然后对条件进行判断，根据条件决定是否继续执行循环；当<条件>不成立（为假）时，执行循环体，直到<条件>成立（为真）时，终止循环。

ⓘ 说明

　　前测型循环先判断条件，后决定是否执行循环体，因此循环体被执行的最少次数为 0；后测型循环至少要先执行一次循环体，然后再判断循环条件。因此，对于在循环一开始就可能会遇到条件不满足的情况下，应当使用前测型循环。在大多数的情况下，前测型循环和后测型循环是可以互相代替的。

7.5　过程定义与调用

本节介绍 Sub 子过程和 Function()函数过程。通常用户自定义的 Sub 子过程和 Function()函数过程称为通用过程，二者之间的差异并不大，只是函数过程有一个返回值，而 Sub 子过程则没有。

7.5.1　Sub 子过程的定义与调用

通用子过程的一般定义格式：

```
[Static][Public|Private]Sub 子过程名([形式参数列表])
 [局部变量或常数定义]
 [语句序列]
 [Exit  Sub]
 [语句序列]
End  Sub
```

说明：

① 子程序以 Sub 开头，以 End Sub 结束，Sub 与 End Sub 之间的部分称为"子程序体"，它们是描述过程操作的语句块，是过程的主体部分。

② Public：表示是公有过程，可以在程序的任何地方调用它。各窗体通用的过程必须在标准模块中用 Public 定义；在窗体层定义的通用过程只能在本窗体模块中使用，其他窗体如要使用，调用的方法稍有不同。

③ Private：表示 Sub 过程是私有的，只能被本模块内的其他过程调用，不能被其他模块中的过程访问。

④ Static：指定过程中的局部变量在内存中的存储方式。如果使用了 Static，过程中局部变量为静态变量，在每次调用过程时，局部变量都保留上一次调用结束时的值；如果省略 Static，则局部变量默认为自动变量，每次调用过程时，局部变量被初始化为 0 或空字符串。

⑤ 子过程名：一个长度不超过 255 个字符的变量名，其命名规则与变量名命名规则相同。子过程名只代表名字，不返回值，子过程和主调过程之间是通过形式参数（以下简称形参）和实际参数（以下简称实参）传递得到一个或多个结果。

⑥ 形式参数列表：表示形参的类型、个数和位置，形参在定义时是无值的，因此形参只能用变量表示，只有在子程序被调用时，形参和实参结合后才能得到实际的值。子程序可以没有形参，但括号不能省略。形参的格式如下：

```
[Byval|ByRef] 变量名[( )] [As 数据类型] [, …]
```

其中，变量名可以是普通变量名或数组名，如是数组名，则要在数组名后加上一对圆括号，数据类型用来说明变量类型，若缺省，则变量为变体型（Variant）。Byval 表示该过程调用是值传递的，默认或 ByRef 表示调用时是地址传递的。

⑦ 每个 Sub 过程必须由一个 End Sub 作为结束语句。当程序执行到 End Sub 时，将退出过程，并返回到调用语句下方的语句。另外，在过程体内可以使用一个或多个 Exit Sub 语句退出过程。

例7-3　定义一个子过程，计算任意两个整数之和。

```
Public Sub test1(x As Integer, y As Integer, z)
    z = x + y
End Sub
```

从这个例子中可以看出，形参列表中有三个参数 x、y、z，在过程中都是作为变量使用。由于过程只有在被调用时，这些参数才分配实际的存储单元，所以这些参数称为形参。而当过程调用时，由调用程序传递给过程的实际参数称为实参。

在程序调用过程有如下两种方法：

（1）用 Call 语句调用 Sub 过程

格式：Call　过程名([实际参数列表])

例如：Call　test1(a,b,c)

（2）把过程名作为一个语句来使用

格式：过程名[实际参数列表]

与第一种调用方法相比，这种调用方式省略了关键字 Call，去掉了"参数列表"的括号。

例如：test1　a,b,c

调用子过程的程序称为主调程序。在主调程序中调用子过程时，将使程序流程自动转向被调用子过程。在子过程执行完最后一行语句 End Sub 之后，程序流程将自动返回到主调程序语句的下一行继续运行。

例 7-4　下面编写一个打开指定窗体的子过程　Open forms()

在 Access 中打开窗体的命令是 Docmd.openform。

代码如下：

```
Sub openforms(strFormName As String)
    DoCmd.OpenForm strFormName
End Sub
```

如果此时需要调用该子过程打开名为"员工"的窗体，只需在主调过程合适位置增添调用语句，例如，响应命令按钮 command1 的单击事件调用该过程。代码如下：

```
Private Sub command1_Click()
  Call openforms("员工")
End Sub
```

7.5.2　函数过程（Function）

函数过程定义的一般形式：

```
[Public|Private][Static]Function 函数名([形式参数列表])[As 类型 ]
    [局部变量或常数定义]
    [语句序列]
    [函数名=返回值]
    [Exit Function]
    [语句序列]
    [函数名=返回值]
End Function
```

说明：

① Function 过程是以 Function 开头，以 End Function 结束，两者之间描述过程操作的语句块，称为"过程体"或"函数体"。 Public、Private、Static 各选项与 Sub 子过程中代表的意义完全相同，这里不再赘述。

② 函数名：命名规则与变量名规则相同，但不能与系统的内部函数或其他通用子过程同名，也不能与已定义的全局变量和本模块中模块级变量同名。

③ 在函数体内，函数名可以当变量使用，函数的返回值就是通过对函数名的赋值语句来实现的，在函数过程中至少要对函数名赋值一次。如果过程中没有"函数名 = 返回值"这一赋值表达式，则该函数过程返回一个默认值。数值函数过程返回 0，字符串函数返回空字符串。因此，为了能使

一个 Function 过程完成指定操作，通常要在过程中为"函数名"赋值。

例如，用函数过程修改上例，求任意两整数之和，结果作为函数的返回值。

```
Public Function test1(x As Integer, y As Integer) as Integer
    Test1= x + y
End Sub
```

在这个例子中，任意两个整数分别用 x、y 两个参数表示，函数体有一个赋值表达式 Test1= x + y，其中 Test1 是该函数的"函数名"，它被赋值为 x+y，因此该函数过程的返回值为两数之和。

④ AS 类型：指函数返回值的类型，若省略，则函数返回变体类型值（Variant）。

⑤ Exit Function：表示退出函数过程，常常是与选择结构（If 或 Select Case 语句）联用，即当满足一定条件时，退出函数过程。

⑥ 形式参数列表：形参的定义与子过程完全相同。

Function 过程调用比较简单，因为可以像使用 VB 内部函数，如 Sqr()、Str$()等一样来调用 Function 过程。实际上，由于 Function 过程能返回一个值，因此可以把它看成一个函数。它与内部函数没什么区别，只不过内部函数是由语言系统定义好的，可直接调用，而 Function 过程是用户自己定义的。

7.6 VBA 程序的调试

Access 的 VBA 编程环境提供了完整的一套调试工具和调试方法。熟练掌握好这些调试工具和调试方法，可以快速地找到问题所在，不断修改，加以完善。

1."断点"的概念

所谓"断点"就是在过程的某个特定语句上设置点以中断程序的执行。"断点"的设置和使用贯穿在程序调试运行的整个过程。

设置和取消"断点"可以使用下列方法之一：

方法 1：单击"调试"工具栏上"切换断点"按钮。

方法 2：单击"调试"菜单中"切换断点"命令项。

方法 3：按【F9】键。

方法 4：单击该行的左侧边缘部分。

如果要继续运行代码，可以单击"调试"工具栏的"运行"按钮。

在 VBA 环境中，设置好的"断点"行是以"酱色"亮杠显示，如图 7-9 所示。

2．调试工具的使用

在 VBA 环境中，右击菜单空白位置，弹出快捷菜单，选中"调试"命令使其前边"？"出现，这时就会弹出"调试"工具栏，如图 7-10 所示。

调试工具栏中主要按钮功能说明如表 7-10 所示。

调试工具一般是与"断点"配合使用进行各种调试操作。下面简要介绍"调试"工具栏上的一些主要调试工具。

（1）"中断工具"按钮

用于中断程序运行，进行分析。此时，在程序中断位置会出现一个"黄色"亮杠，如图 7-11 所示。

图 7-9　"断点"设置

图 7-10　"调试"工具栏

表 7-10　"调试"工具栏按钮功能

按　　钮	名　　称	功　　能
▶	运行	运行或继续运行中断的程序
Ⅱ	中断	暂时中断程序的运行
■	重新设置	中止程序调试运行、返回到编辑状态
✋	切换断点	切换断点
⬚	逐语句	单步跟踪操作，每操作一次，程序执行一步
⬚	逐过程	在本过程内单步执行
⬚	跳出	提前结束正在调试运行的程序，返回到主调程序

```
Sub a()
    Dim r As Single, s As Single
    r = InputBox("请输入半径", "输入处理的数据")
⇨  s = 3.14 * r * r
    1 = MsgBox("半径为" & r & "的圆的面积是" & s, , "输出结果")
End Sub
```

图 7-11　中断设置

（2）"本地窗口"工具按钮

用于打开"本地窗口"对话框，如图 7-12 所示。其内部自动显示出所有当前过程中的变量声明及变量值，从中可以观察各种数据信息。

（3）"立即窗口"工具按钮

用于打开"立即窗口"对话框，如图 7-13 所示。在中断模式下，立即窗口中可以安排一些调试语句，而这些语句是根据显示在立即窗口区域的内容或范围来执行的。如果输入 Print（变量名），则输出的就是局域变更的值。

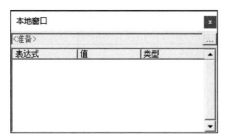

图 7-12 "本地窗口"对话框

图 7-13 "立即窗口"对话框

（4）"监视窗口"工具按钮

用于打开"监视窗口"对话框，如图 7-14 所示。在中断模式下，右击监视窗口区域会弹出如图 7-14 所示的快捷菜单，选择"编辑监视"或"添加监视"命令，则打开"编辑监视"对话框或"添加监视"对话框，在表达式位置进行监视表达式的修改或添加，如图 7-15 所示；选择"删除监视"命令会删除存在的监视表达式。

图 7-14 "监视窗口"对话框

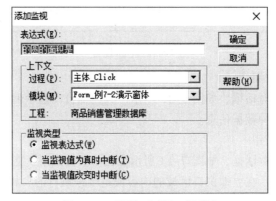

图 7-15 "添加监视"对话框

通过在监视窗口增添表达式的方法，程序可以动态了解一些变量或表达式的值的变化情况，进而对代码的正确与否有清楚的判断。

（5）"快速监视"工具按钮

在中断模式下，先在程序代码区选定某个变量或表达式，然后单击"快速监视"工具钮，则打开"快速监视"对话框，如图 7-16 所示。从中可以快速观察到该变量或表达式的当前值，达到了快速监视的效果。如果需要，还可以单击"添加"按钮，将变量或表达式添加到随后打开的"监视窗口"对话框中，以做进一步分析。

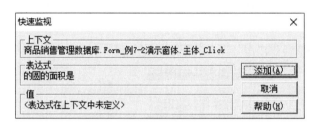

图 7-16　"快速监视"对话框

7.7　VBA 数据库编程

在前面的章节中，已经介绍了使用各种类型的 Access 数据库对象来处理数据的方法和形式。实际上，要想快速、有效地管理好数据，开发出更具有实用价值的 Access 数据库应用程序，还应当了解和掌握 VBA 的数据库编程方法。

7.7.1　数据库引擎及其接口

VBA 通过 Microsoft Jet 数据库引擎工具来支持对数据库的访问。所谓数据库引擎实际上是一组动态链接库（DLL），当程序运行时被连接到 VBA 程序而实现对数据库的数据访问功能。数据库引擎是应用程序与物理数据之间的桥梁，它以一种通用接口的方式，使各种类型的物理数据库对用户而言都具有统一的形式和相同的数据访问与处理方法。

在 VBA 中主要提供了 3 种数据库访问接口：开放数据库互连应用编程接口（Open Database Connectivity，ODBC API）、数据访问对象（Data Access Objects，DAO）、ActiveX 数据对象（ActiveX Data Objects，ADO）。

① ODBC API，Windows 提供的 ODBC 驱动程序对每一种数据库都可以使用，只是在实际应用中，直接使用 ODBC API 需要大量的 VBA 函数的原型声明，并且编程比较烦琐。因此，在实际编程中很少直接进行 ODBC API 的访问。

② 数据访问对象是 VBA 提供的一种数据访问接口，包括数据库创建、表和查询的定义等工具，借助 VBA 代码可以灵活地控制数据访问的各种操作。

③ ActiveX 数据对象是基于组件的数据库编程接口，它是一个和编程语言无关的 COM 组件系统，可以对来自多种数据提供者的数据进行读取和写入操作。

本节简要介绍 DAO 和 ADO 访问数据库的方法。

7.7.2 DAO

在 Access 模块设计时要想使用 DAO 的各个访问对象，首先应该增加一个 DAO 库的引用。Access 2010 的 DAO 引用库为 DAO3.6，其引用设置方式为：先进入 VBA 编程环境 ABE，打开"工具"菜单并选择"引用"菜单项，弹出"引用"对话框，如图 7-17 所示，从"可使用的引用"列表框选项中选中"Microsoft DAO 3.6 Object Library"，并按"确定"按钮即可。

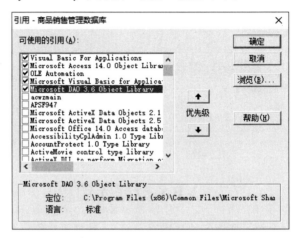

图 7-17 DAO 对象库"引用"对话框

1．DAO 模型结构

DAO 模型的分层结构如图 7-18 所示。它包含了一个复杂的可编程数据关联对象的层次，其中 DBEngine 对象处于最顶层，它是模型中唯一不被其他对象所包含的数据引擎。本身层次低一些的对象，如 Workspace(s)、Database(s)、QueryDef(s)、RecordSet(s)和 Field(s)是 DBEngine 下的对象层，其下和各种对象分别对应被访问的数据库的不同部分。在程序中设置对象变量，并通过对象变量来调用访问对象方法、设置访问对象属性，这样就实现了对数据库的各项访问操作。

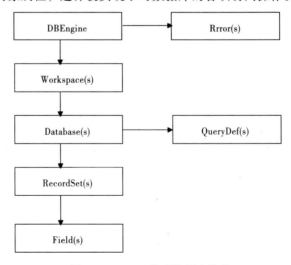

图 7-18 DAO 模型的层次结构

下面对 DAO 的对象层次分别进行说明：

① DBEngine 对象：表示 Microsoft Jet 数据库引擎。它是 DAO 模型最上层对象，而且包含并控制 DAO 模型中的其余全部对象。

② Workspace 对象：表示工作区。

③ Database 对象：表示操作的数据库对象。

④ RecordSet 对象：表示数据操作返回的记录集。

⑤ Field 对象：表示记录中的字段数据信息。

⑥ QueryDef 对象：表示数据库查询信息。

⑦ Error 对象：出错处理。

2．利用 DAO 访问数据库

通过 DAO 编程实现数据库访问时，首先要创建对象变量，然后通过对象方法和属性来进行操作。下面举一个例子，通过该例，了解数据库操作一般语句和步骤。

例7-5　使用 ADO 访问商品销售管理数据库，在商品表中对每件商品的价格降低 5%。

程序代码如下：

```
Sub setprice()
    '定义对象变量
    Dim ws As Workspace
    Dim db As Database
    Dim rs As Recordset
    Dim fd As Field
    '设置对象变量的值
    Set ws = DBEngine.Workspaces(0)
    Set db = ws.OpenDatabase("d:\商品销售管理数据库.accdb")
    Set rs = db.OpenRecordset("商品")
Set fd = rs.Fields("价格")      '设置价格字段的引用
'处理每条记录
    Do While Not rs.EOF
        rs.Edit             '设置为编辑状态
        fd = fd * 0.95      '价格降低 5%
        rs.Update           '更新记录集，保存所做的修改
        rs.MoveNext         '记录指针下移
    Loop
    '关闭并回收对象变量
    rs.Close
    db.Close
    Set rs = Nothing
    Set db = Nothing
End Sub
```

7.7.3　ADO

微软公司的 ADO 是一个用于存取数据源的 COM 组件。它提供了编程语言和统一数据访问方式 OLE DB 的一个中间层。允许开发人员编写访问数据的代码而不用关心数据库是如何实现的。

使用 ADO 之前，也要设置 ADO 库的引用，方法是见图 7-17，从"可使用的引用"列表框选项

中选中 "Microsoft ActiveX Data Object 2.5 library"，并按 "确定" 按钮即可。

1. ADO 的模型结构

ADO 对象模型如图 7-19 所示，它是提供一系列组件对象供使用。不过，ADO 接口与 DAO 不同，ADO 对象无须派生，大多数对象都可以直接创建（Fields 和 Error 除外），没有对象分级结构。使用只需在程序中创建对象变量，并通过对象变量来调用访问对象方法，设置访问对象属性，这样实现对数据库的各项访问操作。

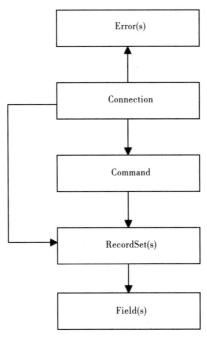

图 7-19　ADO 对象模型简图

其主要对象是：

① Connection 对象：用于建立与数据库的连接。

② Command 对象：在建立数据库连接后，可以发出命令操作数据源。

③ Recordset 对象：表示数据操作返回的记录集。

④ Fields 对象：表示记录集中的字段信息。

⑤ Error 对象：表示数据提供程序出错时的扩展信息。

2. 使用 ADO 访问数据库的方法

在使用 ADO 时，也是在程序中先创建对象变量，然后通过对象变量的方法和属性实现对数据库的操作。

下面举一个例子，通过该例，了解数据库操作一般语句和步骤。

例 7-6　使用 ADO 访问商品销售管理数据库，在商品表中对每件商品的价格降低 5%。

程序代码如下：

```
Sub setprice()
    '定义对象变量
    Dim cn As New ADODB.Connection          '定义连接对象变量 cn
```

```
Dim rs As New ADODB.Recordset          '定义记录集对象变量 rs
Dim fd As ADODB.Field                  '定义字段对象变量 fd
Dim str As String                      '定义查询字符串
'建立连接
Set cn = CurrentProject.Connection     '设置连接数据库（本地数据库）
str = "select 价格 from 商品"            '设置查询表
'打开记录集
rs.Open str, cn, adOpenDynamic, adLockOptimistic
Set fd = rs.Fields("价格")              '设置价格字段的引用
'处理每条记录
Do While Not rs.EOF
    fd = fd * 0.95                     '价格降低 5%
    rs.Update                          '更新记录集，保存所做的修改
    rs.MoveNext                        '记录指针下移
Loop
'关闭并回收对象变量
rs.Close
cn.Close
Set rs = Nothing
Set cn = Nothing
End Sub
```

习　题

一、选择题

1. 下列选项中不属于事件的是（　　　）。

　　A. Dblclick　　　　　　　　　　B. Load

　　C. Show　　　　　　　　　　　　D. KeyUp

2. 以下关系表达式中，其值为假的是（　　　）。

　　A. "XYZ" <"XYz"　　　　　　　　B. "VisualBasic"="visualbasic"

　　C. "the"<>"there"　　　　　　　 D. "Integer">"Int"

3. 用于获得字符串 S 最左边的 4 个字符的函数是（　　　）。

　　A. Left(S,4)　　　B. Left(1,4)　　　C. Leftstr(S)　　　D. Leftstr(3,4)

4. 有如下程序：

```
Private Sub Form_Click()
    x = InputBox("请输入 x 的值: ")
    y = Text1.Text
    z = x + y
    Print z
End Sub
```

在 Inputbox() 函数弹出的对话框中输入 123，在文本框 Text1 中输入 456，则单击窗体后，得到的运行结果为（　　　）。

　　A. 123　　　　　　B. 579　　　　　　C. 123456　　　　　D. 出错信息

5. 下列程序段的执行结果为（   ）。

```
Private Sub Form_Click()
    i = 4
    x = 5
    Do
        i = i + 1
        x = x + 2
    Loop Until i >= 7
    Print "i="; i
    Print "x="; x
End Sub
```

    A. i=4　x=5   B. i=7　x=11   C. i=6　x=8   D. i=7　x=15

6. 下列程序段的执行结果为（   ）。

```
Private Sub Form_Click()
    x = 75
    If x > 60 Then y = 1
    If x > 70 Then y = 2
    If x > 80 Then y = 3
    If x < 90 Then y = 4
    Print "y="; y
End Sub
```

    A. y=1   B. y=2   C. y=3   D. y=4

7. 如果调用子过程后通过参数返回两个结果，下面子过程语句说明合法的是（   ）。

    A. Sub f2(ByVal n%,ByVal m%)   B. Sub f1(n%,ByVal m%)

    C. Sub f1(n%,m%)   D. Sub f1(ByVal n%,m%)

8. 假定有以下两个过程：

```
Sub s1(ByVal x As Integer, ByVal y As Integer)
    Dim t As Integer
    t = x : x = y : y = t
End Sub
Sub s2(x As Integer, y As Integer)
    Dim t As Integer
    t = x : x = y : y = t
End Sub
```

则以下说法中正确的是（   ）。

    A. 用过程 s1 可以实现交换两个变量的值的操作，s2 不能实现

    B. 用过程 s2 可以实现交换两个变量的值的操作，s1 不能实现

    C. 用过程 s1 和 s2 都可以实现交换两个变量的值的操作

    D. 用过程 s1 和 s2 都不能实现交换两个变量的值的操作

9. 假定有以下函数过程：

```
Function Fun(S As String) As String
    Dim s1 As String
    For i = 1 To Len(S)
        s1 = UCase(Mid(S, i, 1)) + s1
```

```
    Next i
    Fun = s1
End Function
```

在窗体上添加一个命令按钮，然后编写如下事件过程：

```
Private Sub Command1_Click()
    Dim str1 As String, str2 As String
    str1 = InputBox("请输入一个字符串")
    str2 = Fun(str1)
    Print str2
End Sub
```

程序运行后，单击命令按钮，在对话框中输入字符串"abc"，则输出结果为（　　　）。

    A. abc   B. cba   C. ABC   D. CBA

10.　在窗体上添加一个命令按钮 Command1 和两个名称分别为 Label1 和 Label2 的标签，在通用声明段声明变量 x，并编写如下事件过程和 Sub 过程：

```
Private x As Integer
Private Sub Command1_Click()
    x = 5: y = 3
    Call proc(x, y)
    Label1.Caption = x
    Label2.Caption = y
End Sub
Sub proc(ByVal a As Integer, ByVal b As Integer)
    x = a * a
    y = b + b
End Sub
```

程序运行后，单击命令按钮，则两个标签中显示的内容分别是（　　　）。

    A. 5 和 3   B. 25 和 3   C. 25 和 6   D. 5 和 6

11.　以下各对象中，不属于 ADO 模型中对象的是（　　　）。

    A. WorkSpace   B. Connention   C. RecorSet   D. Command

12.　以下各对象中，不属于 DAO 模型中对象的是（　　　）。

    A. WorkSpace   B.Connention   C. RecorSet   D. DBEngine

13.　属于 VBA 提供了数据库访问接口的是（　　　）。

    A. ODBC API   B. 数据访问对象 DAO

    C. Active 数据对象 ADO   D. 以上都是

14.　DAO 模型层次中处在最顶层的对象是（　　　）。

    A. WorkSpace   B. Connention

    C. RecorSet   D. DBEngine

15.　VBA 中用实际参数 a 和 b 调用有参过程 Area(m,n) 的正确形式是（　　　）。

    A. Area m,n   B. Area a,b

    C. Call Area(m,n)   D. Call Area a,b

二、填空题

1.　VBA 的全称是_____。

2. 在 VBA 中，分支结构根据_____选择执行不同的程序语句。

3. VBA 中，模块有_____和_____两类。

4. VBA 中打开窗体的命令语句是_____。

5. VBA 的逻辑值在表达式中参与算术运算时，True 值被当作_____处理，False 值被当作_____来处理。

6. VBA 中提供了三种数据库访问接口，分别是_____、_____、_____。

7. 在调试程序时，在过程的某个位置上设置一个位置用来中断程序的执行，这个位置点称为_____。

8. 在模块中编辑程序时，当某一条命令呈红色时，表示该命令_____。

第8章

数据库系统实例

前面 1 至 7 章介绍了 Access 数据库管理系统的具体功能和详尽的应用方法，并且在各章节中列举了大量实例，使大家对 Access 数据库有了比较全面的了解，但仍比较零散而不够系统。本章将通过建立一个商品销售管理系统实例，综合运用前面所学的知识，设计和开发一个功能比较完善的数据库应用系统，使大家进一步掌握 Access 数据库知识，熟悉并掌握使用 Access 数据库管理系统进行数据库应用开发的方法。

8.1   商品销售管理系统设计

本章使用 Access 数据库管理系统开发一个功能较为简单的商品销售管理系统，本系统面向小型商店，能方便地管理商店员工、商品和销售信息，以及员工和各件商品销售情况的统计，包括信息的录入、信息查询、系统管理等模块。

8.1.1   需求分析

本系统的功能如图 8-1 所示，主要包括以下几方面功能：

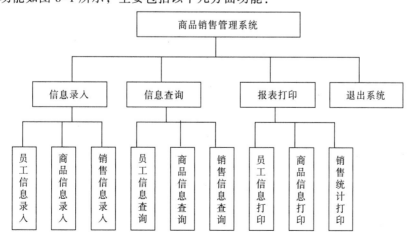

图 8-1   系统总体设计图

① 提供员工基本信息和商品信息的录入。
② 提供商品销售信息的录入，包括销售单、销售明细的录入。

③ 可通过输入员工号查询员工的基本信息和销售信息，也可以输入商品号查询商品的销售信息。
④ 提供对员工、商品和销售情况的报表打印。

8.1.2 概念模式设计

图 8-2 所示为"商品销售管理"数据库的 E-R 图。

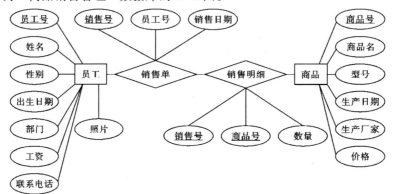

图 8-2　"商品销售管理"数据库 E-R 图

8.1.3 逻辑模式设计

完成概念模式设计后，得到一个与具体计算机软硬件无关的概念模式，数据库设计从逻辑模式设计开始就与具体的机器世界建立关联，也就是说，要将独立于机器世界的概念模式转换为关系数据库管理系统所支持的关系模式。将图 8-2 所示的 E-R 图转换为关系模式如下：

员工(员工号，姓名，性别，出生日期，部门，工资，联系电话，照片)

销售单(销售号，员工号，销售日期)

销售明细(销售号，商品号，数量)

商品(商品号，商品名，型号，生产日期，生产厂家，价格)

8.2　数据库实施

数据库实施主要是根据数据库的逻辑模式设计的结果，将数据按一定的分类、分组系统和逻辑层次组织起来，分析各个数据之间的关系，按照 DBMS 提供的功能和描述工具，设计出规范适当、正确反映数据关系、数据冗余少、存取效率高、能满足多种查询要求的数据模型。

8.2.1 建立商品销售管理数据库

在 Access 中，建立一个商品销售管理系统数据库，该数据库包括员工信息表、商品信息表、销售单、销售明细 4 个表。

8.2.2 建立数据表

1. 建立员工表

员工表结构如表 8-1 所示。

表 8-1　员工表结构

字 段 名	字 段 类 型	字 段 大 小	是 否 主 键
员工号	文本	4	是
姓名	文本	5	
性别	文本	1	
出生日期	日期		
部门	文本	20	
工资	数字	单精度型	
联系电话	文本	12	
照片	OLE 对象		

在表设计器中,根据员工表结构,逐一定义员工表每个字段的类型、长度等属性,如图 8-3 所示。

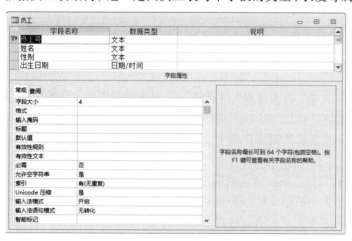

图 8-3　数据表"设计视图"

2．建立商品表

商品表结构如表 8-2 所示。

表 8-2　商品表结构

字 段 名	字 段 类 型	字 段 大 小	是 否 主 键
商品号	文本	6	是
商品名	文本	10	
型号	文本	10	
生产日期	日期		
生产厂家	文本	20	
价格	货币	2 位小数	

3．建立销售单表

销售单表结构如表 8-3 所示。

表 8-3　销售单表结构

字 段 名	字 段 类 型	字 段 大 小	是 否 主 键
销售号	文本	9	是
员工号	文本	4	
销售日期	日期		

4. 建立销售明细表

销售明细表结构如表 8-4 所示。

表 8-4　销售明细表结构

字 段 名	字 段 类 型	字 段 大 小	是 否 主 键
销售号	文本	9	是
商品号	文本	6	
数量	数字	整形	

8.2.3　建立表间关系

在多个表之间建立关系，前提是相关字段在一个表中必须作为主键或主索引，并在相关的另一个表中作为外键存在，这两个表的索引字段的值必须相等。

按照关系模型，相关字段的记录在两个表之间的匹配类型，关系的类型有 3 种：一对一、一对多和多对多。

两个相关的表通过其相关字段建立关系之后，还应当对该关系实施"参照完整性规则"。当该规则被实施、删除和更新表中的记录时，数据库管理系统将参照并引用另一个表中的数据，以约束对当前表的操作，保证相关表中记录的有效性以及恰当的相容性。

单击"常用"工具栏上的"关系"按钮，可对数据库的相关表进行建立表间关系的操作。下面为商品销售管理系统数据库建立表间关系，注意所有表间关系都必须实施"参照完整性规则"，如图 8-4 所示。

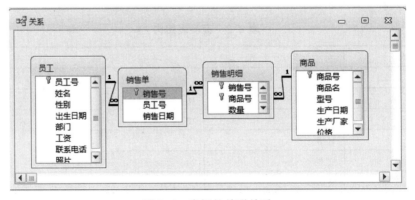

图 8-4　表间的关联关系

8.3　窗体设计

完成了数据库的设计,就可以依据系统设计的要求,逐步建立各个窗体以完成相应的功能。

8.3.1　流程控制窗体的设计

流程控制窗体主要是用于连接各个功能窗体,以便将其整合成一个完整的系统。在商品销售管理系统中,有主窗体、信息录入、信息查询和报表打印 4 个流程控制窗体。

1. 主窗体的设计

主窗体是系统的一级流程控制窗体,其运行界面如图 8-5 所示。该窗体指明了系统的主要应用功能,通过命令按钮可切换到各二级流程控制窗体。

图 8-5　主窗体运行界面

创建主窗体的操作步骤如下:

① 在设计视图中新建如图 8-6 所示的窗体,在这个窗体中有 5 个标签、4 个命令按钮控件、1 个图像控件和 1 个矩形控件。

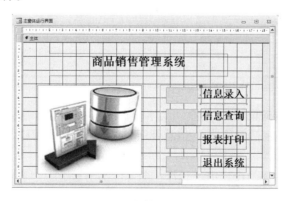

图 8-6　主窗体的设计视图

② 打开窗口属性对话框,将属性记录选择器与导航按钮的值均设置为否。

③ 在窗体中分别添加相应的控件并调整各控件间的位置,设置标题、字体名称、大小等属性,使其界面美观。

④ 打开宏对象窗口，建立一个名为"主窗体调用宏"的子宏，以创建本窗体中 4 个命令按钮控件的单击触发事件，在该宏组中，前面三个宏 m1、m2、m3 实现打开窗体（OpenForm）的操作，分别对应打开信息录入、信息查询和报表打印三个二级流程控制窗体，最后一个宏 m4 为退出数据库（Quit）的操作，如图 8-7 所示。

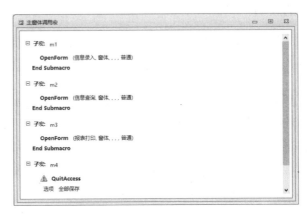

图 8-7　主窗体调用宏的设计

⑤ 设置各命令按钮的单击事件对应到相应的宏命令，如信息录入所对应的命令按钮的单击事件设置为"主窗体调用宏.m1"，如图 8-8 所示，其他三个按钮按此方法分别设置其单击事件所对应的宏命令。

⑥ 保存所建立的窗体为主窗体。

图 8-8　命令按钮属性的设置

2．二级流程控制窗体的设计

系统二级流程控制窗体包括信息录入、信息查询和报表打印三个窗体，其运行界面如图 8-9 ~ 8-11 所示。

在系统二级流程控制窗体的设计中，对每一个窗体都建立了一个宏以定义各按钮的单击事件操作。在信息录入和信息查询流程控制窗体中，在其对应宏中定义的宏操作均为打开窗体（OpenForm），所打开的窗体分别为 8.3.2 节和 8.3.3 节中所建立的窗体。在报表打印流程控制窗体中，其对应宏中定义的宏操作为打开报表（OpenReport）并设置视图属性值为打印预览，所打开的报表为 8.3.4 节中所建立的报表。这些窗体的设计与前面所述的主窗体设计类似，可仿照前面的步骤完成二级流程控制窗体的建立。

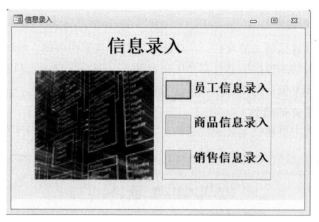

图 8-9　信息录入流程控制窗体运行界面

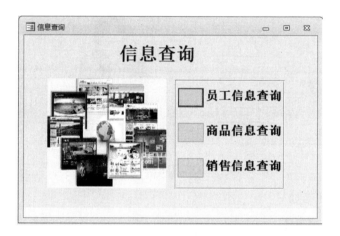

图 8-10　信息查询流程控制窗体运行界面

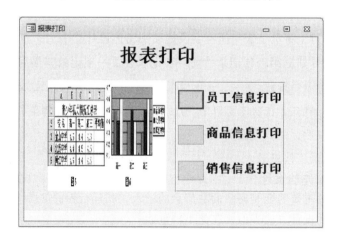

图 8-11　报表打印流程控制窗体运行界面

8.3.2　信息录入窗体的设计

信息录入窗体是原始数据输入的窗口，在功能上应具有数据的编辑、增加和删除的功能。在商品销售管理系统中信息录入功能模块部分包括员工信息录入、商品信息录入和销售信息录入 3 个窗体，这些窗体将挂接到如图 8-9 所示的信息录入流程控制窗体中。

1．员工信息录入窗体的设计

员工信息录入窗体的主要功能是完成员工的基本信息的录入，其运行界面如图 8-12 所示。

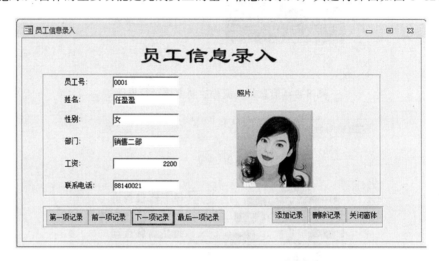

图 8-12　员工信息录入窗体运行界面

创建该窗体的操作步骤如下：

① 在设计视图中新建窗体。

② 打开窗口属性对话框，将属性记录源的值设置为员工，将属性记录选择器与导航按钮的值均设置为否。

③ 打开字段列表窗口，将员工表中所有字段拖动到窗体设计器中。

④ 通过命令按钮向导建立第一项记录、前一项记录、下一项记录、最后一项记录、添加记录、删除记录和关闭窗体 7 个命令按钮。

⑤ 按图 8-13 所示的样式，在窗体窗口中，分别添加相应的控件并调整各控件间的位置，设置标题、字体名称、大小等属性，使其界面美观。

⑥ 保存所建窗体为员工信息录入。

2．商品信息录入窗体的设计

商品信息录入窗体的主要功能是完成商品信息的录入，其运行界面如图 8-14 所示。该窗体的设计与员工信息录入窗体的设计方法类似，在此不再重述。

3．销售信息录入窗体的设计

销售信息录入包括两个方面信息的录入：一是销售单；一是销售明细，涉及两个表的数据录入。因此设计时窗体用的是主子窗体结构。主窗体使用销售单表作数据源，子窗体使用销售明细表作数据源。销售信息录入窗体运行界面如图 8-15 所示。主子窗体连接字段用销售号。销售明细录入子窗体属性设置如图 8-16 所示，将链接子字段和链接主字段都选择为销售号。主子窗体设计详细步骤参见窗体章节的设计方法，在此也不再赘述。

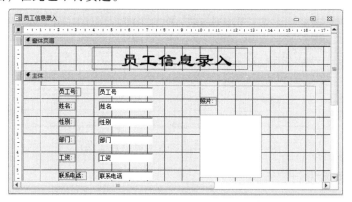

图 8-13 员工信息录入窗体的设计视图

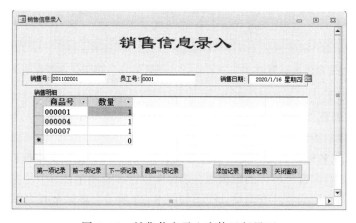

图 8-14 商品信息录入窗体运行界面

图 8-15 销售信息录入窗体运行界面

图 8-16　销售信息录入子窗体属性设置

8.3.3　信息查询窗体设计

信息查询窗体主要是为用户提供搜索数据的功能，用户通过输入员工号、商品号、商品销售日期等信息就能够快速获取相应的员工、商品、销售金额等信息。在商品销售管理系统中，信息查询功能模块包括员工信息查询、商品信息查询和销售信息查询 3 个窗体，这些窗体将挂接在如图 8-10 所示的信息查询流程控制窗体上。

1.　员工信息查询窗体设计

员工信息查询窗体运行界面如图 8-17 所示，用户在文本框中输入员工号，单击旁边的"查询"按钮将进入到如图 8-18 所示的查询结果界面。在查询结果中显示有关员工的基本信息、销售情况以及销售总额等。

图 8-17　员工信息查询窗体运行界面

图 8-18　员工信息查询结果运行界面

实现该功能步骤如下：

①　在设计视图中新建如图 8-19 所示窗体。在这个窗体中有一个标签、一个文本框、一个命令按钮。设置相关窗体属性，实现如图 8-17 显示效果。

②　保存窗体，对象名称取名为"员工信息查询运行界面"，并记住文本框控件的名称"文本 1"。

③　设计如图 8-18 查询窗体所需的数据源，该窗体数据源有两个：一个是主窗体用的数据源，设计一个查询作为主窗体的数据源。查询设计视图如图 8-20 所示。在这个查询中，除了员工的一些基本信息外，还要加上以员工号作为分组依据，分组统计每位员工的销售总额。在员工号字段准则中输入 "[forms]![员工信息查询运行界面]![文本 1]"，以便查询到员工信息查询运行界面窗体中用户输入的

员工号所对应的员工记录。另一个数据源作为子窗体的数据源，也用一个查询，该查询的设计视图如图 8-21 所示。在这个查询中，需要计算销售小计，分别保存这两个查询。

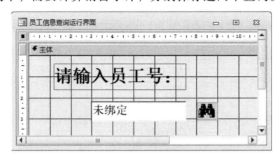

图 8-19　员工信息查询窗体设计视图

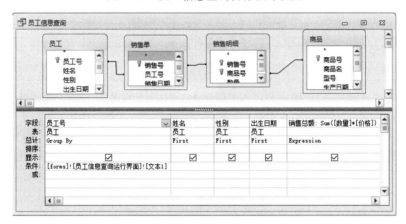

图 8-20　主窗体数据源的查询设计视图

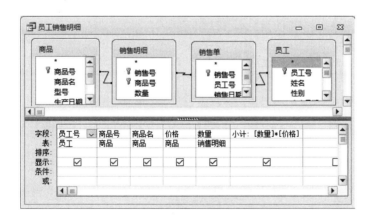

图 8-21　子窗体数据源的查询设计视图

④ 以第③步设计的查询为数据源设计员工查询窗体，如图 8-22 所示。主子窗体以"员工号"字段作为关联字段。在子窗体属性对框中做如图 8-23 所示的设置。

⑤ 创建一个宏对象，命名为"打开员工信息查询窗体"，其操作为打开窗体（OpenForm），打开的窗体名称为第④步设计的窗体"员工信息查询"。

⑥ 回到第①步设计的窗体，图 8-19 所示，在设计视图中，打开命令按钮属性对话框，在单击事件中选择上一步设计的宏对象。如图 8-24 所示。

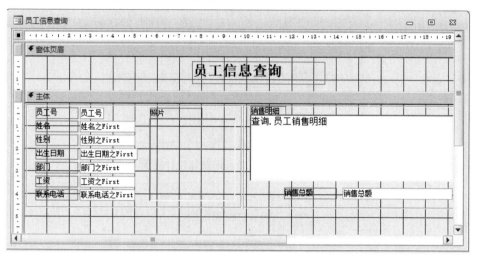

图 8-22 员工信息浏览窗体设计视图

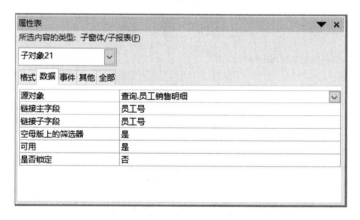

图 8-23 子窗体属性设置窗口

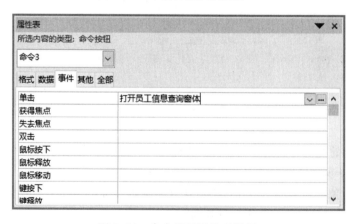

图 8-24 命令按钮属性对话框

2．商品信息查询窗体设计

商品信息查询运行界面如图 8-25 和图 8-26 所示，用户输入商品号，即可查询到相对应的商品信息以及商品销售情况等信息。这些窗体设计方法参照前述建立员工信息查询窗体的设计方法，在此也不再赘述。

图 8-25　商品信息查询运行界面

图 8-26　商品信息浏览窗体运行界面

3．销售信息查询窗体设计

销售信息查询运行界面如图 8-27 和图 8-28 所示，用户输入销售日期，即可查询到相对应的商品销售情况。

图 8-27　销售信息查询运行界面

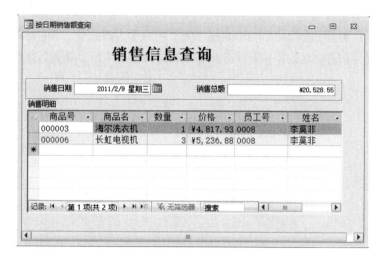

图 8-28　销售信息浏览窗体运行界面

8.4　报　表　设　计

报表用于以一定的输出格式来体现数据，可以利用报表来控制数据内容的外观，并实现排序、汇总等功能。报表既可以将数据显示在屏幕上，也可以将数据输出到打印设备上。

报表的功能一般有格式化呈现数据，对数据进行分类汇总，显示子报表和图表，打印输出标签、信封等样式的报表，对数据进行统计，嵌入图形图像。

Access 提供了 6 种创建报表的方法：设计视图、报表向导、自动创建报表：纵栏式、自动创建报表：表格式、图表式、图表向导和标签向导。在实际应用中，为了提高工作效率，通常先使用向导或自动创建报表功能，以实现快速创建报表结构功能，再使用设计视图对该报表进行外观、功能的修改和完善。

1. 员工信息报表

员工信息报表输出结果如图 8-29 所示。输出时以部门分组，输出员工的各类信息。

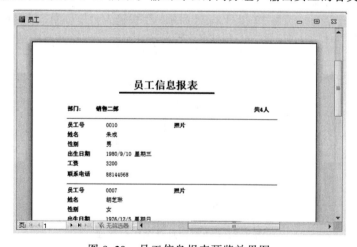

图 8-29　员工信息报表预览效果图

该报表设计步骤如下：

① 以员工表为数据源，自动创建纵栏式报表。

② 切换到设计视图，在工具栏中选择"排序与分组"按钮，在"排序与分组"窗口中以部门字段为分组依据，将"组页眉"选项选为"是"。

③ 调整各控件位置、字体大小、对齐方式等，以使报表外观达到所需要求。设计视图如图 8-30 所示。

图 8-30　员工信息报表设计视图

④ 在"部门组页眉"上添加文本框控件，作为计算控件，输入公式"="共" & Count(*) & "人""，以统计各部门人数。

2．商品信息报表

商品信息报表输出结果如图 8-31 所示。该报表以商品表为数据源，自动创建表格式报表，调整各控件位置即可完成。

图 8-31　商品信息报表预览效果图

3．销售信息报表

销售信息报表预览效果如图 8-32 所示。该报表用的数据源是 8.3 节中销售信息查询窗体所用的数据源"按日期销售明细查询"，设计视图如图 8-33 所示。因设计步骤基本相同，在此不再重述设计过程。

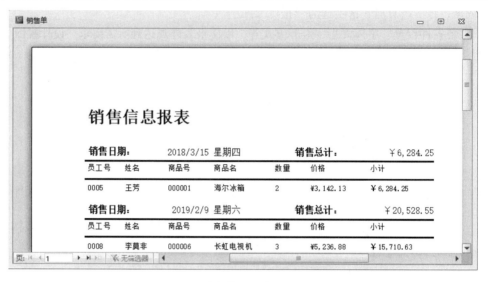

图 8-32　销售信息报表预览效果图

图 8-33　销售信息报表设计视图

8.5　应用系统的设置

当数据库应用系统的所有功能模块设计完成后，需要对应用系统进行密码保护和启动窗体的相关设置。

8.5.1 数据库密码的设置

为了保护数据库系统的安全，防止被别人使用、修改，用户可以给数据库设置密码。通过数据库密码的设置，使得用户在使用数据库时必须知道密码才能进行进一步的操作。在 Access 中，分别提供了设置数据库密码和撤销数据库密码的功能。

1．设置用户密码

设置数据库用户密码的操作步骤如下：

① 以独占方式打开数据库。

② 单击"文件"菜单"信息"子菜单项，单击"用密码进行加密"命令，弹出"设置数据库密码"对话框，如图 8-34 所示。

③ 在"设置数据库密码"对话框"密码"和"验证"文本框，分别输入要设定的密码，单击"确定"按钮，若密码和验证中输入的相同，则完成了数据库密码的设置。

设置完密码后，当打开数据库时，系统会弹出对话框，要求用户输入密码，只有密码正确才能进行下一步的操作。

2．撤销用户密码

撤销数据库用户密码的操作步骤如下：

① 以独占方式打开数据库，输入数据库密码，进入数据库窗口。

② 单击"文件"菜单"信息"子菜单项，单击"解密数据库"命令，弹出"撤销数据库密码"对话框如图 8-35 所示。

③ 在"密码"文本框中输入数据库密码，单击"确定"按钮，若密码正确，则撤销对数据库密码的设置。

图 8-34　"设置数据库密码"对话框　　　　图 8-35　"撤销数据库密码"对话框

8.5.2 启动窗口的设置

为了能在应用系统启动后自动打开商品销售系统的主窗体，可通过设置启动窗口来实现，其操作步骤如下：

① 单击"文件"菜单"选项"子菜单项，弹出"Access 选项"对话框，选择"当前数据库"选项，如图 8-36 所示。

② 在"应用程序标题"文本框中输入"商品销售管理系统"，"显示窗体"下拉列表框中选定"主窗体运行界面"，如图 8-36 所示，选定应用程序图标后，单击"确定"按钮完成启动窗口的设置。

设置好启动窗口后，当打开商品销售管理系统数据库时，将自动弹出主窗体。

图 8-36 "Access 选项"对话框

设计题

1. 开发一个个人收藏品管理系统。
2. 开发一个小型图书管理系统。